Stephan Spitz | Michael Pramateftakis | Joachim Swoboda

Kryptographie und IT-Sicherheit

D1619071

Aus dem Programm IT-Sicherheit und Datenschutz

Kryptografie in Theorie und Praxis
von A. Beutelspacher, H. B. Neumann und T. Schwarzpaul

Moderne Verfahren der Kryptografie
von A. Beutelspacher, J. Schwenk und K.-D. Wolfenstetter

IT-Sicherheit mit System
von K.-R. Müller

Mehr IT-Sicherheit durch Pen-Tests
von E. Rey, M. Thumann und D. Baier

Sicherheit und Kryptografie im Internet
von J. Schwenk

Praxis des IT-Rechts
von H. Speichert

Datenschutz kompakt und verständlich
von B. C. Witt

IT-Sicherheit kompakt und verständlich
von B. C. Witt

www.viewegteubner.de

Stephan Spitz | Michael Pramateftakis | Joachim Swoboda

Kryptographie und IT-Sicherheit

Grundlagen und Anwendungen

2., überarbeitete Auflage

Mit 115 Abbildungen

STUDIUM

VIEWEG+ TEUBNER

Bibliografische Information der Deutschen Nationalbibliothek
Die Deutsche Nationalbibliothek verzeichnet diese Publikation in der
Deutschen Nationalbibliografie; detaillierte bibliografische Daten sind im Internet über
<http://dnb.d-nb.de> abrufbar.

Das in diesem Werk enthaltene Programm-Material ist mit keiner Verpflichtung oder Garantie irgend-
einer Art verbunden. Der Autor übernimmt infolgedessen keine Verantwortung und wird keine daraus
folgende oder sonstige Haftung übernehmen, die auf irgendeine Art aus der Benutzung dieses
Programm-Materials oder Teilen davon entsteht.

Höchste inhaltliche und technische Qualität unserer Produkte ist unser Ziel. Bei der Produktion und
Auslieferung unserer Bücher wollen wir die Umwelt schonen: Dieses Buch ist auf säurefreiem und
chlorfrei gebleichtem Papier gedruckt. Die Einschweißfolie besteht aus Polyäthylen und damit aus
organischen Grundstoffen, die weder bei der Herstellung noch bei der Verbrennung Schadstoffe
freisetzen.

1. Auflage 2008
2., überarbeitete Auflage 2011

Alle Rechte vorbehalten
© Vieweg+Teubner Verlag | Springer Fachmedien Wiesbaden GmbH 2011

Lektorat: Christel Roß | Maren Mithöfer

Vieweg+Teubner Verlag ist eine Marke von Springer Fachmedien.
Springer Fachmedien ist Teil der Fachverlagsgruppe Springer Science+Business Media.
www.viewegteubner.de

Die Wiedergabe von Gebrauchsnamen, Handelsnamen, Warenbezeichnungen usw. in diesem Werk
berechtigt auch ohne besondere Kennzeichnung nicht zu der Annahme, dass solche Namen im
Sinne der Warenzeichen- und Markenschutz-Gesetzgebung als frei zu betrachten wären und daher
von jedermann benutzt werden dürften.

Umschlaggestaltung: KünkelLopka Medienentwicklung, Heidelberg
Gedruckt auf säurefreiem und chlorfrei gebleichtem Papier.
Printed in Germany

ISBN 978-3-8348-1487-6

Nachruf

Diese Zeilen sind im Gedenken an Herrn Professor Swoboda, der an der TU München sowohl die Lehre als auch die Forschung auf dem Gebiet der Informationssicherheit begründete. Er bleibt uns als freundlicher und offener Kollege, sowie geschätzter und respektierter Wissenschaftler in Erinnerung, der bis kurz vor seinem Tod für die Anliegen der Studierenden und Mitarbeiter offen war.

Er starb leider viel zu früh kurz vor Veröffentlichung dieses Buchs. Seine Art komplexe Zusammenhänge einfach zu vermitteln hat unser Denken und auch dieses Buch geprägt. Durch seine engagierte Arbeit an der TU München beeinflusste er viele Generationen von Ingenieuren und trug dazu bei, dass IT-Sicherheit und Kryptographie wichtiger Bestandteile an der Universität und im industriellen Umfeld wurden.

München und Athen im Sommer 2010

Die Mitarbeiter des Lehrstuhls für Datenverarbeitung an der TU München

und Co-Autoren dieses Buchs

Vorwort

Dieses Buch entstand auf der Basis von Vorlesungen über Kryptographie und angewandte IT-Sicherheit, die seit Jahren in der Elektrotechnik und Informationstechnik (EI) der Technischen Universität München (TUM) gehalten werden, aber ebenso auf der Basis von industrieller Erfahrung auf diesem Gebiet. Wir wünschen Ihnen, verehrte Leserinnen und Leser dieses Buches, Gewinn und auch Freude.

Am Anfang des Vorhabens fragten wir uns: Wozu noch ein Buch über Kryptographie schreiben, wenn man fast alle Informationen dazu schon im Internet oder anderen Büchern findet? Wo können wir Studenten und Lesern dieses Buchs mehr bieten als Wikipedia oder existierende Literatur? Man findet zwar im Netz viele und gute Einzeldarstellungen. Ein Buch hat jedoch die Chance einer einheitlichen und ausgewogenen Darstellung. Es behandelt sowohl die Sicherheits-Technologien als auch die technischen und mathematischen Grundlagen.

Dieses Buch wurde von Ingenieuren für Ingenieure und Informatiker geschrieben. Die moderne Kryptographie benötigt diskrete Mathematik für endliche Zahlenmengen (Modulo-Arithmetik). Sie wird hier jedoch nur als Hilfsmittel in einer pragmatischen Weise benutzt, so dass man die Verfahren der Kryptographie und die darauf aufbauenden Sicherheits-Technologien verstehen kann. Beweise stehen im Hintergrund. Im Vordergrund steht das Verständnis für die Leistung kryptographischer Verfahren und deren Anwendung in der Informationstechnologie.

Kryptographie, die Verschlüsselung von Information, war lange Zeit eine Sache der Geheimdienste. Mit der Verbreitung des Internet wurde die Nutzung von Kryptographie eine Sache von jedermann: Bei Online-Banking ist sicherzustellen, dass wir PINs und TANs nicht einer vorgespiegelten Bank übermitteln (Authentizität), dass eine Überweisung nicht verändert wird (Integrität) und auch nicht abgehört werden kann (Vertraulichkeit). Bei einem Kauf über das Internet sollen die Kundendaten durch Dritte nicht beobachtbar sein.

Allgemein sind kryptographische Verfahren unverzichtbar bei der Realisierung von elektronischen Geschäftsprozessen. In Mobilfunknetzen sichern sie die Abrechnung. Kryptographische Verfahren sind eine Basis für Sicherheit im Internet und in Endgeräten oder für die Vergabe elektronischer Lizenzen.

Seit der Entwicklung des Internet wurde in den 1970er Jahren eine der wichtigsten Erfindungen seit Jahrtausenden der Kryptographie gemacht: Mit den asymmetrischen Schlüsseln, die aus einem geheimen, privaten Schlüssel und einem zugehörigen öffentlichen Schlüssel bestehen, ist es nicht mehr erforderlich, einen geheimen (symmetrischen) Schlüssel im Agentenkoffer zu übertragen. Diese Aufgabe kann heutzutage eine Verschlüsselung mit dem öffentlichen Schlüssel des Empfängers leisten.

In *Kapitel 1 „Ziele und Wege der Kryptographie"* werden Sicherheitsdienste und Sicherheitsmechanismen begrifflich eingeführt und einfache kryptographische Mechanismen anhand historischer Verfahren veranschaulicht. Was muss für die praktische Sicherheit beachtet werden und was versteht man unter perfekter Sicherheit.

Kapitel 2 „Symmetrische Chiffren" beginnt mit endlichen Zahlenmengen und Restklassen. Es wird dabei Wert auf Anschaulichkeit gelegt und die Mathematik auf den Bedarf der Folgekapitel beschränkt. Man kann damit die Mathematik in kleinen Portionen und nahe zur Anwendung „verdauen". Es folgen die aktuell wichtigen symmetrischen Verschlüsselungsverfahren, wie die Blockchiffren DES, Triple-DES und AES als Nachfolger von DES sowie die Stromchiffren RC4 und A5. Ein vorgeschalteter Abschnitt über Erweiterungskörper dient nur einem tieferen Verständnis von AES und kann auch übergangen werden.

„Hash-Funktionen" in Kapitel 3 erzeugen für ein Dokument einen charakteristischen Fingerabdruck, der als Hash-Wert bezeichnet wird. Hash-Funktionen sollen kollisionsresistent sein. Das heißt, es soll nicht möglich sein, unterschiedliche Dokumente mit gleichem Hash-Wert zu finden. Hash-Funktionen können mit Hilfe von Blockchiffren oder eigenständig konstruiert werden. Eine Hash-Funktion kann auch mit einem geheimen Schlüssel kombiniert werden, um damit einen „Message Authentication Code" (MAC) auf Basis einer Hashfunktion zu bilden (HMAC).

Für *„Asymmetrische Chiffren" in Kapitel 4* wird das Rechnen mit Potenzen modulo n benötigt. Mit anschaulichen Beispielen wird erleichtert, diese Grundlagen zu verstehen. Die Verfahren mit asymmetrischen Schlüsseln RSA und ElGamal sind inzwischen die Klassiker für die Übertragung von symmetrischen Sitzungsschlüsseln und für die digitale Signatur. Neuere Verfahren auf der Basis von elliptischen Kurven kommen mit kürzeren Schlüsseln aus. Zu ihrem Verständnis wird in möglichst anschaulicher Weise in die erforderliche Mathematik eingeführt. „Elliptic Curve Cryptography" (ECC) eignet sich besonders für Realisierungen auf Chipkarten.

„Authentifikations-Protokolle" in Kapitel 5 dienen dazu, um Sicherheit über die Identität des Kommunikationspartners zu erhalten. Ein wichtiges Verfahren ist die „Challenge-Response-Authentifikation", die eine aktuelle Antwort auf eine spezielle Frage anfordert. Für die Authentifikation werden meist asymmetrische Schlüssel in Verbindung mit Challenge-Response benutzt.

Die beiden letzten Kapitel widmen sich dem Einsatz der zuvor dargestellten kryptographischen Verfahren und Protokolle in Anwendungen, die bereits seit längerem Einzug in den elektronischen Alltag gefunden haben. *Kapitel 6 „Sicherheitsprotokolle und Schlüsselverwaltung"* beschreibt, wie durch eine Schlüsselverwaltung der öffentliche Schlüssel einer Person verfügbar gemacht und bescheinigt wird, dass der öffentliche Schlüssel sicher zu einer bestimmten Person gehört. Diese sogenannten „Public Key Infrastrukturen" (PKI) sind eine Grundlage für die Sicherheit im Internet. Sicherheitsprotokolle werden für drahtgebundene und für Funk-Netze besprochen. Gerade bei offenen Computer-Netzen spielen die in den vorherigen Kapiteln behandelten Verfahren für Authentifikation, Integrität und Vertraulichkeit eine wichtige Rolle.

Kapitel 7 „Chipkarten und Sicherheitsmodule" bietet einen Einblick in deren Anwendung und Funktionsweise. Die häufigste Anwendung von Chipkarten ist die Authentisierung von Teilnehmern in Mobilfunksystemen. Mit mehreren Milliarden ausgegebenen SIM-Karten (UMTS, GSM) ist dieser Markt für Chipkarten der größte. Neuere Entwicklungen, wie Java-Chipkarten, oder ganz aktuelle Trends, wie Internet-Protokolle auf Chipkarten, werden vorgestellt. Eine weitere Anwendung der Chipkarten-Technologie liegt in dem Bereich „Trusted Computing". Das hier eingesetzte „Trusted Platform Module" (TPMs) ist aus technischer Sicht den Chipkarten sehr ähnlich.

Dieses Buch ist gedacht als eigenständiges Fachbuch für das Selbststudium oder als begleitende Unterlage zu einer Vorlesung. Übungsbeispiele mit Lösungen können zur weiteren Vertiefung herangezogen werden. Neben den grundlegenden kryptographischen Algorithmen, Mechanismen und Protokollen gibt das Buch Einblick in Anwendungsgebiete, wie Sicherheitsverfahren in Internet und Mobilfunknetzen, Betriebssysteme von Chipkarten, Trusted Computing und Public-Key-Infrastrukturen. Das Buch zielt auf eine kompakte und ausgewogene Einführung in die Kryptographie und deren aktuelle Anwendung. Dabei sind die neuesten und praktischen Erfahrungen eingeflossen, einerseits über Schlüsselverwaltung (PKI) und Sicherheitsprotokolle und andererseits über Chipkarten und Sicherheitsmodule (TPM).

Für weitergehende und spezielle Fragen bieten die angegebene Literatur und auch das Internet oft aktuelle Antworten. Zum Experimentieren mit den einzelnen Algorithmen kann das Werkzeug CrypTool (http://www.cryptool.de/) sehr empfohlen werden.

Wir danken Herrn Bernhard Esslinger für das umfangreiche fachliche Feedback und für das externe Vorwort. Unser Dank gilt ferner dem Vieweg-Verlag für eine vertrauensvolle Zusammenarbeit sowie Frau L. Heckmann für die redaktionelle Durchsicht des Skripts.

München und Athen, im Dezember 2007

Joachim Swoboda
Stephan Spitz
Michael Pramateftakis

Vorwort von Bernhard Esslinger

Die Autoren dieses Buches danken Herrn Bernhard Esslinger für dieses externe Vorwort. Herrn Esslinger braucht man nicht vorzustellen. Dennoch wollen die Autoren einige Worte zu seiner Einführung festhalten:

Hr. Esslinger hat intensive theoretische, praktische und berufliche Erfahrung auf dem Gebiet der IT-Sicherheit und Kryptographie. Er war Entwicklungsleiter der Sicherheitskomponenten des SAP-Systems R/3, Chief Information Security Officer (CISO) bei der SAP AG und Leiter IT-Sicherheit bei der Deutschen Bank AG. Derzeit leitet er bei der Deutschen Bank das Cryptography Competence Center, das dort weltweit für die angemessene Nutzung von Kryptographie zuständig ist. Außerdem hat Hr. Esslinger einen Lehrauftrag für IT-Sicherheit und leitet seit 10 Jahren das Open-Source-Projekt CrypTool, das das weltweit erfolgreichste Lernprogramm zum Thema Kryptologie erstellt. Hr. Esslinger schreibt dieses Vorwort als Privatperson.

Joachim Swoboda, Stephan Spitz, Michael Pramateftakis

In den letzten 10 Jahren gab es mehr und mehr Bücher zum Thema Kryptographie und IT-Sicherheit, und doch ist dies ein einzigartiges Buch, worauf ich am Ende meines Vorwortes noch eingehen möchte.

So wie die Bedeutung der EDV (oder neuer IT = Informationstechnologie) in der Gesellschaft in den letzten Jahren zunahm, so nehmen auch die Bedeutung von IT-Sicherheit und Kryptographie zu.

Unternehmen treffen ihre Entscheidungen basierend auf den Daten in ihren Computern, sie steuern Waren- und Geldströme damit, und das immer kurzfristiger. Gleichzeitig werden immer mehr Daten gesammelt, um fundiertere Entscheidungen zu treffen, besseren Service zu bieten oder vermeintlich besser Terroristen fangen zu können.

Die IT-Abhängigkeit ist den Firmen und Behörden bewusst: Regularien wie SOX (Sarbanes-Oxley Act), die sich eigentlich auf die Exaktheit der betriebswirtschaftlichen Daten beziehen, schließen inzwischen die EDV mit ein. Staaten weltweit definieren die „Kritischen Infrastrukturen", und Behörden wie das BSI oder das NIST bieten hervorragende Maßnahmenkataloge, mit deren Hilfe man seine EDV sicher betreiben kann.

Aber auch wenn die Verfahren der Kryptographie und IT-Sicherheit eigentlich relativ gut verstanden und ausgereift sind, so werden sie doch immer wieder fehlerhaft oder nachlässig angewandt. Hierzu ein paar **Beispiele** (Namen werden nur bei schon in der Presse publizierten Fällen genannt):

➤ Im 4. Quartal 2007 gab es in Großbritannien drei große Skandale mit Datenverlusten bisher unbekannten Ausmaßes:
Mitte November wurde bekannt, dass der britischen Behörde HM Revenues and Customs zwei CDs beim Postversand verloren gingen, auf denen Personendatensätze mit Name,

Adresse, Geburtsdatum, nationaler Versicherungsnummer und teilweise auch Kreditkartennummer gespeichert waren (angeblich Daten von 25 Millionen Menschen, die zu Familien mit Kindergeldempfängern gehörten).

Mitte Dezember wurde bekannt, dass dem Verkehrsministeriums durch Outsourcing der Datenspeicherung an eine US-Firma eine Festplatte mit Datensätzen von drei Millionen Fahrschülern abhanden gekommen ist.

Und kurz vor Weihnachten meldete der staatliche Gesundheitsdienst, dass „Tausende Patienteninformationen" verloren gegangen waren (laut Aufsichtsbehörde waren das allein im Osten Londons die Daten von 160.000 Kindern). Die Patientendaten von Erwachsenen und Kindern kamen neun Verwaltungszentren des britischen Nationalen Gesundheitssystems (NHS) abhanden. Wie immer hieß es auch vom britischen Gesundheitsministerium, es gebe keinen Hinweis darauf, dass sie in falsche Hände geraten seien.

Kritiker beanstandeten, dass die Regierung zu wenig für die Sicherheit sorgt, aber ständig neue Daten erhebt und speichert.

Warum brauchen untergeordnete Behörden Zugriff auf diese Datenmengen? Warum sind diese Daten beim Transfer nicht verschlüsselt? Warum werden zum Transfer CDs benutzt statt gesicherter TCP/IP-Verbindungen?

➢ Schlimmer noch als in UK, wo nur die Gefahr besteht, dass diese sensiblen Daten in die falschen Hände gelangen, ist ein Vorgang in Japan, der dort in der zweiten Jahreshälfte 2007 die Regierung erschütterte: Bei ungefähr einem Drittel der Rentenkonten können die Guthaben den Konten nicht korrekt zugeordnet werden. Laut Behördenangaben gingen Rentendaten von mindestens 8,5 Millionen Menschen verloren, und die Daten zu insgesamt 64 Millionen Anträgen auf Rente oder soziale Unterstützung konnten nicht mehr gefunden werden.

Wo ist die Datensicherung? Wo sind die Signaturen, die die Verbindung herstellen könnten?

➢ In den USA sind bis Ende 2007 in den verschiedenen Datenbanken der Geheimdienste und des Department of Homeland Security mehr als eine halbe Million Personen gespeichert, die dort fälschlicherweise aufgenommen wurden. Verfahren zur vollständigen Löschung auch rehabilitierter Personen existieren nicht oder funktionieren nicht korrekt. Trotzdem ist die Konsequenz nicht das Aufräumen und Konsolidieren, sondern: Ende 2007 meldete das FBI, dass es rund eine Milliarde USD investieren will, um bis 2013 die weltweit größte Datenbank mit biometrischen Daten zu erstellen.

Wo bleibt die alte Forderung, z.B. aus dem Datenschutz, nur notwendige Daten zu speichern, für alle Daten ein Verfallsdatum anzugeben und bei allen Daten die Nutzung nur für vorher explizit benannte Gründe zu zulassen?

➢ In Deutschland wurde bis Mitte 2007 bekannt, dass die Bundeswehr Daten mit Geheimdienstinformationen nicht mehr auf ihren Bändern lesen könne. Oder sollten diese Informationen nicht mehr auffindbar sein? Auf Daten, die explizit nur zur Erhebung von LkW-Maut gesammelt wurden, melden andere Behörden Ansprüche an.

➢ Aber auch im nichtpolitischen Bereich passieren Fehler mit manchmal schlimmen Folgen:
   o Nicht funktionierende Scanner für die Teile in einem Hochregallager führten fast zur Firmenpleite.
   o Kreditkartennummern, die verschlüsselt übertragen wurden, wurden danach in großem Stil von Webservern im Klartext abgezogen.

- o   Controller errechneten Kennzahlen für Managemententscheidungen mit Hilfe von Excel-Makros, obwohl nach unterschiedlichen Untersuchungen gerade die selbst erstellten Formeln in großen Excel-Tabellen immer wieder fehlerhaft sind.
- o   Die kompletten Kundendaten einer amerikanischen Großbank wurden regelmäßig als Backup auf Bänder gesichert, die von einer professionellen Firma zur Datensicherung und Datenspeicherung eingelagert wurden. Leider waren die Daten auf den Bändern nicht verschlüsselt, und manche Bänder gingen schon beim Transport verloren. Aber selbst bei den eingelagerten Bändern kann nicht sichergestellt werden, dass davon keine Kopien angefertigt werden.
- o   Bei der Einführung von Mitarbeiter-Smartcards und SecurID-Tokens wurden die Super-PINs zum Zurücksetzen der Smartcards auf CD geschickt – unverschlüsselt, ohne Schlüsselmanagement beim Kunden und ohne dass der Kunde die Super-PINs ändern konnte, so dass beim Hersteller theoretisch ebenfalls noch eine Kopie vorliegen kann, mit denen man die Kunden-Smartcards missbrauchen könnte.
- o   Applikationen verwenden moderne kryptografische Verfahren, aber alles basiert auf schwachen Passworten für Benutzer, Administratoren oder Super-User – ein Kartenhaus.
- o   Weil die modernen kryptografischen Verfahren inzwischen in Betriebssystemen zur Verfügung stehen, können sie leicht benutzt werden. Die Bedeutung von klar definierten Prozessen für ein gutes Schlüsselmanagement wird übersehen.
- o   Applikationen verwenden Protokolle, die die verwendeten Verfahren und die Mindeststandards nicht aushandeln können. Jede Umrüstung geht dadurch in die Millionen und wird entsprechend erst (zu) spät durchgeführt.

Das **Buch** bietet einen sehr breiten Überblick über den aktuellen Stand der Kryptographie und IT-Sicherheit und ist eher Praxis/Prozess-orientiert. Dazu definiert es die Ziele der IT-Sicherheit und erläutert, mit welchen kryptografischen Maßnahmen welche Ziele erreicht werden können. Es werden sowohl die Grundbegriffe der Sicherheitsmechanismen (wie beispielsweise Authentizität) als auch – wohl dosiert – die notwenigen mathematischen Grundlagen erläutert (z.B. welche Axiome der Arithmetik bei der Modulo-Operation erfüllt sind und immer wieder, warum dies von Bedeutung ist; siehe Kap. 2.1, 2.5 und 4.1). Die Algorithmen werden ausführlich genug besprochen, um sie nachvollziehen zu können.

Dabei wird der Inhalt stets mit Beispielen ergänzt: wo finden Verfahren wie z.B. AES und RSA Verwendung (z.B. Hybridverschlüsselung in dem E-Mail-Standard S/MIME oder in PGP) oder wie steht es um ihre Anwendbarkeit (z.B. Performance und Patentsituation bei Elliptischen-Kurven-Systemen). Immer wird auch der wichtige kryptoanalytische Aspekt behandelt.

Kapitel 5 (Authentifikationsprotokolle) enthält eine sehr schöne Zusammenstellung, wie die Authentisierung z.B. mit Passwort, mit Challenge-Response-Verfahren, mit digitalen Signaturen, etc. funktioniert.

Abgerundet wird das Buch mit den Kapiteln 6 und 7: Diese erläutern, wo die zuvor genannten Verfahren eine Anwendung finden. Natürlich muss hier eine Auswahl getroffen werden, welche Themen ausführlich besprochen und welche nur kurz angeschnitten werden. Darin enthalten sind aktuelle Themen, die über die einfachen Kryptoalgorithmen (kryptografische Primitive) hinausgehen: PKI, Sicherheitsprotokolle (wie Kerberos, SSL, IPsec, Protokolle zur IP-Telefonie, WLAN), Chipkarten und ihre Anwendungen (z.B. Verschlüsselung und Authentisierung in GSM-Netzen, Nutzung von SIM-Karten, TPM oder so moderne Tokens wie Internet-Smartcards, für die man keine Treiber mehr braucht, weil sie auf dem Chip selbst den nötigen TCP/IP-Stack implementieren).

Da das Buch als Zielgruppe den versierten Anwender und den Ingenieur hat, liegt der Schwerpunkt nicht auf der puren Mathematik, sondern auf der ausführlichen und klaren Vermittlung des Verständnisses der Grundlagen, der richtigen Anwendung und der korrekten und ausführlichen Darstellung der vorhandenen technischen Möglichkeiten.

Ich halte das Buch für ein schönes Nachschlagewerk und eine sehr gute Grundlage, um sich einen Überblick über das große Thema Kryptographie und IT-Sicherheit zu verschaffen. Vor allem gefiel mir die wohl dosierte Beschreibung der mathematischen Grundlagen sehr gut.

Die anwendungsbezogene Darstellung gelingt so gut, dass ich dem Buch sehr gerne eine gute Aufnahme bei den Lesern wünsche. Und wie die obigen Beispiele zeigen, ist dieses Wissen und die nötige Sensibilität für dieses Thema notwendiger denn je.

Bernhard Esslinger, Dezember 2007

Inhaltsverzeichnis

1 Ziele und Wege der Kryptographie

Was ist Kryptographie?

Wer erinnert sich nicht an einen Seeräuberroman mit einer verschlüsselten Botschaft über einen geheimen Schatz oder (vor der Erfindung von SMS) an verschlüsselte Liebesbotschaften in der Schule. In beiden Fällen soll eine Nachricht geheim bleiben und nur von einem bestimmten Adressaten gelesen werden können.

Kryptographie ist die Wissenschaft der Verschlüsselung von Information durch *Geheimschriften* bzw. *Chiffren* (griechisch: *kryptós* „verborgen" und *gráphein* „schreiben"). Dabei werden meist geheime Schlüssel benutzt. Die Kryptographie umfasst nicht nur die Anwendung, sondern auch die Entwicklung von Verfahren mit Verschlüsselung. Daneben bezeichnet die *Krypto-Analyse* (auch: Kryptanalyse) sowohl die Untersuchung von Verschlüsselungsverfahren auf ihre Resistenz gegenüber Sicherheitsangriffen als auch das Herausfinden von geheimen Schlüsseln. Kryptoanalyse wird auch *Brech*en oder *Knacken* einer Verschlüsselung genannt. Die Kryptographie bildet mit der Kryptoanalyse zusammen die *Kryptologie*.

Die ältesten Chiffren

Chiffren wurden bereits in Sparta (die Skytale) und dem alten Rom (Caesar-Chiffre) benutzt. Der griechische Historiker Plutarch beschreibt den Einsatz der Skytale während des Peloponnesischen Krieges (431 - 404 v.Chr.) gegen die Perser und Gaius Julius Caesar (100 - 44 v.Chr.) hat die nach ihm benannte Caesar-Chiffre zur geheimen Kommunikation für seine militärische Korrespondenz verwendet. Geheimschriften wurden sicherlich seit frühesten Zeiten benutzt. Es ist zu erwarten, dass Geheimschriften ähnlich alt sind wie die Entwicklung symbolischer Zeichen als eine Form von Schrift. Skytale, Caesar-Chiffre und weitere historische Verfahren werden unten in Kap. 1.1 beschrieben.

Steganographie

Neben der Verschlüsselung gibt es auch die Möglichkeit, die Existenz einer geheimen Botschaft zu verbergen. Solche Verfahren heißen *Steganographie* (griechisch: στεγανός „schützend, verdeckt"). Klassisches Beispiel ist das Schreiben mit Zitronensaft als Tinte, die über der Flamme einer Kerze sichtbar gemacht werden kann. Eine geheime Botschaft kann auch in einem Bild versteckt werden, z.B. codiert durch die Länge von Grashalmen einer Wiese. In digitalen Audio- oder Videodateien lassen sich geheime Botschaften verstecken, indem dafür die niederwertigen Bits der Audio- oder Videodaten genutzt werden, was kaum hörbar oder sichtbar ist. Wenn die versteckten Daten verschlüsselt wurden, dann können diese nur mit Kenntnis des Schlüssels erkannt werden. Versteckte Daten in Audio- oder Videodateien werden z.B. genutzt, um durch digitale Wasserzeichen unrechtmäßig kopierte Dateien zu verfolgen. Das Gebiet der Steganographie ist nicht Gegenstand dieses Buches.

Anwendung der Kryptographie

Kryptographie war lange Zeit eine Sache von Feldherren, Seeräubern und Geheimdiensten. Z.B. nannte sich das heutige Bundesamt für Sicherheit in der Informationstechnik (BSI) noch in den 1980er Jahren „Zentralstelle für das Chiffrierwesen" und war von einem Schleier militärischer Geheimhaltung umgeben. Erst mit der verbreiteten Benutzung von PCs und dem Internet rückte die Kryptographie in die allgemeine und zivile Anwendung. Die Anwendung der Kryptographie wird oft kaum bemerkbar, z.B. wenn bei Kauf über einen Web-Service die Kundendaten verschlüsselt übertragen werden.

Heutzutage benutzte Verfahren der Kryptographie haben meist eine mathematische Basis und sind meist standardisiert. Die Sicherheit der Verfahren beruht darauf, dass die Verfahren weltweit von Kryptologen untersucht und eventuelle Schwächen öffentlich bekannt gemacht werden. Falls neue Verfahren der Kryptographie erforderlich werden, hat es sich neuerdings besonders bewährt, dass zur Entwicklung eines neuen Verfahrens weltweit aufgerufen wird, die Vorschläge veröffentlicht werden und ihre Qualität weltweit untersucht wird (Beispiel AES, Kap. 2.6).

Sicherheit der Kryptographie

Die Sicherheit eines kryptographischen Verfahrens liegt also gerade nicht darin, sich ein skurriles Verfahren auszudenken und dieses geheim zu halten, sondern darin, dass die Menge der möglichen Schlüssel für ein Verfahren so groß ist, dass ein Angreifer sie nicht durchprobieren kann. Bei einer Schlüssellänge von z.B. 80 Bit gibt es insgesamt 2^{80} mögliche Schlüssel. Wenn ein Angreifer je Sekunde eine Milliarde (10^9) Schlüssel durchprobieren kann, dann benötigt er $2^{80}/10^9$ sec $\approx$ 38 Millionen Jahre. Diese Aufgabe ist praktisch nicht durchführbar. Jede Verlängerung des Schlüssels um 1 Bit verdoppelt den Aufwand für den Angreifer, d.h. bei 10 Bit Verlängerung vergrößert sich der Aufwand für den Angreifer jeweils ca. um den Faktor 1000.

Symmetrische und asymmetrische Verfahren

Historische Verfahren der Kryptographie sind *symmetrisch*, d.h. Sender und Empfänger benutzen den gleichen Schlüssel für die Verschlüsselung und die Entschlüsselung. In den 1970er Jahren wurden *asymmetrische* Verfahren der Kryptographie erfunden. Sie benutzen ein Schlüsselpaar, das aus einem öffentlichen Schlüssel und einem dazugehörigen privaten Schlüssel besteht. Der private Schlüssel ist geheim, nur sein Besitzer hat Zugang zu ihm.

Asymmetrische Verfahren der Kryptographie brachten — nach Jahrtausenden der symmetrischen Kryptographie — völlig neue Möglichkeiten: (1.) Zum Verschlüsseln braucht kein geheimer Schlüssel mehr übertragen zu werden. Der Sender benutzt dazu den öffentlich bekannten *öffentlichen Schlüssel* des Empfängers. Es muss nur sichergestellt sein, dass der benutzte öffentliche Schlüssel zu dem gewünschten Empfänger gehört. (2.) Asymmetrische Schlüssel erlauben *digitale Signaturen* bzw. *digitale Unterschriften*. Dazu benutzt die unterschreibende Person ihren *privaten Schlüssel*. Mit seinem öffentlichen Schlüssel kann jeder diese digitale Signatur nachprüfen. Da nur die unterschreibende Person Zugang zu ihrem privaten Schlüssel hat, kann sie die digitale Signatur nicht abstreiten. Die digitale Signatur ist also verbindlich.

Sicherheitsdienste

Die Ziele, die man durch kryptographische Verfahren erreichen will, werden als *Sicherheitsdienste* bezeichnet. Die Verbindlichkeit einer digitalen Signatur ist ein solches Ziel. Das bekannteste Ziel ist die Vertraulichkeit, d.h. nur ein bestimmter Adressat kann eine verschlüsselte Botschaft lesen. Weitere *Sicherheitsdienste* neben *Vertraulichkeit* und *Verbindlichkeit* sind

*Authentizität, Integrität, Anonymitä*t und *Zugriffskontrolle*. Sicherheitsdienste geben also die Ziele an, die ein Benutzer erreichen möchte. Neben kryptographischen Verfahren können Sicherheitsziele auch auf anderem Weg erreicht werden, z.B. die Vertraulichkeit durch einen Panzerschrank oder durch einen verlässlichen Boten. Sicherheitsdienste werden in Kap. 1.2 noch im Detail diskutiert.

Sicherheitsdienste werden durch *Sicherheits-Mechanismen* bereitgestellt. Z.B. bietet Verschlüsselung (ein Sicherheitsmechanismus) den Sicherheitsdienst der Vertraulichkeit. Sicherheits-Mechanismen sind die prinzipiellen technischen Mittel, welche die spezielle Wahl noch offen lassen, z.B. Caesar-Chiffre als Verschlüsselungs-Algorithmus. Die Diskussion von Sicherheits-Mechanismen (Kap. 1.3) hat den Vorteil, dass gemeinsame Eigenschaften von unterschiedlichen Sicherheits-Algorithmen zusammengefasst werden können.

Sicherheit und Angriffe, perfekte Sicherheit

Die Sicherheit von kryptographischen Verfahren hängt nicht zuletzt von den möglichen Angriffen ab. Sicherheit und Angriffe sowie der Begriff der perfekten Sicherheit werden in Kap. 1.4 diskutiert.

1.1   Historische Verfahren

Im Lauf der Geschichte ist eine große Vielfalt von Verschlüsselungsverfahren erdacht und benutzt worden. Hier werden nur einige der bekanntesten Vertreter angesprochen. Historische Verfahren sind aus heutiger Sicht einfache Beispiele, um die Prinzipien der Verschlüsselung und deren Resistenz gegen Angriffe anschaulich zu verstehen. Für weitergehende Darstellungen werden [B97], [CrypTool] und insbesondere [K67] empfohlen.

1.1.1   Skytale

Die Skytale wurde seit ca. 500 v.Chr. in Sparta benutzt. Das Gerät für die Verschlüsselung und Entschlüsselung ist ein Holzstab mit je gleichem Umfang. Um diesen wird ein Band aus Pergament oder Leder gewickelt und die geheime Botschaft in Längsrichtung des Stabes geschrieben. Im abgewickelten Zustand zum Transport der Botschaft steht auf dem Band eine unsinnige Folge von Buchstaben. Der Empfänger kann die Botschaft entschlüsseln, indem er das Band auf seinem Stab mit dem gleichen Umfang wieder aufwickelt, Abb. 1-1.

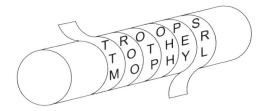

Abb. 1-1: Skytale, ca. 500 v.Chr. in Sparta.

Bei der Skytale handelt es sich um eine *Transpositions-Chiffre*. D.h. die Zeichen selbst sind unverändert, sie befinden sich nur in anderen Positionen. Formal kann man die Skytale durch eine Matrix beschreiben: Die Zahl der Zeilen entspricht dem Umfang und die Zahl der Spalten entspricht der Zahl von Umwindungen. Die Matrix wird im Klartext zeilenweise beschrieben und für die Übertragung als Folge der Spalten ausgelesen.

Eine Transpositions-Chiffre lässt sich verallgemeinern, indem in der genannten Matrix ihre Elemente zeilen- oder spaltenweise vertauscht werden. Diese Permutation der Matrixelemente ist dann der Schlüssel. Ein Angreifer kann bei einer Transpositions-Chiffre versuchen, aus dem Vorrat der (originalen) Zeichen der verschlüsselten Botschaft vermutete Wörter zu bilden und sie in eine sinnvolle Reihenfolge zu bringen. Er hat über seinen Erfolg jedoch keine Sicherheit. Ein Angriff kann beliebig erschwert werden, wenn die Matrix genügend groß gewählt wird. Bei einer Transpositions-Chiffre kann die Häufigkeitsverteilung der Zeichen nicht für einen Angriff genutzt werden, wie dies bei der Caesar-Chiffre der Fall ist, denn die Häufigkeit der Zeichen entspricht genau der des ursprünglichen Klartextes (und damit der der verwendeten Sprache), da nur die Reihenfolge des Zeichen vertauscht wurde.

1.1.2   Caesar-Chiffre

Die Caesar-Chiffre arbeitet zeichenweise, wobei jeder Buchstabe durch den drittnächsten Buchstaben im Alphabet ersetzt wird. Ein Klartext-Buchstabe „a" wird beim Verschlüsseln durch einen Chiffretext-Buchstaben „D" ersetzt, ein Klartext „b" durch ein Chiffre-Text „E" usw. In Tab. 1-1 steht unter jedem der 26 Klartext-Buchstaben der zugehörige Chiffretext-Buchstabe. In der unteren Zeile sind die Chiffretext-Buchstaben gegenüber der oberen Zeile um 3 Positionen zyklisch nach links verschoben, d.h. auf „Z" folgen „A", „B" und „C".

Tab. 1-1: Caesar-Chiffre
als Tabelle zum   Verschlüsseln: ↓   in: Klartext,   out: Chiffre-Text
                       Entschlüsseln: ↑   in: Chiffre-Text,   out: Klartext

Klartext	a b c d e f g h i j k l m n o p q r s t u v w x y z
Chiffre-Text	D E F G H I J K L M N O P Q R S T U V W X Y Z A B C

Beim Entschlüsseln wird die Tabelle in umgekehrter Weise benutzt, d.h. ein Chiffretext-Buchstabe wird durch den darüber stehenden Klartext-Buchstaben ersetzt.

Beispiel:
```
            this is a plaintext   (Klartext)
            WKLV LV D SODLQWHAW   (Chiffre)
```

Für Klartext bzw. Chiffretext wird Klein- bzw. Großschreibung benutzt. Dies ist für die Verschlüsselung unerheblich und dient nur der leichten Unterscheidung.

Alternativ zu Tab. 1-1 kann die Caesar-Chiffre durch Chiffrier-Scheiben mechanisiert werden, Abb. 1-2. Die 26 Buchstaben stehen zyklisch in 26 Sektoren. Die zwei Scheiben für Input und Output sind um 3 Buchstabenpositionen gegeneinander verdreht und fixiert. Die zyklische Verschiebung ergibt sich bei dem Zyklus der Scheiben von selbst. Auf der Input-Scheibe sind außen zusätzlich Nummern den Buchstaben zugeordnet.

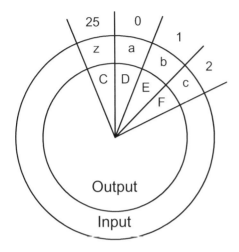

Abb. 1-2: Caesar-Chiffre, als Chiffrier-Scheibe

Die Caesar-Chiffre wird entsprechend der Verschiebung der Scheiben als *Verschiebe-Chiffre* (displacement cipher) sowie als *monoalphabetische Substitutions-Chiffre* bezeichnet: Es wird ein Klartext-Buchstabe durch einen Chiffretext-Buchstaben ersetzt bzw. „substituiert". Dabei wird eine einzige Alphabet-Zuordnungsliste benutzt („monoalphabetisch").

1.1.2.1 Verallgemeinerung der Caesar-Chiffre

Die Caesar-Chiffre kann verallgemeinert werden, indem statt einer fest eingebauten Verschiebung um 3 Buchstaben jeder Wert aus [0, 25] als Verschiebe-Schlüssel k gewählt wird. Caesar soll k=3 gewählt haben, weil C (Caesar) der 3. Buchstabe ist. Augustus soll k=1 gewählt haben, weil A (Augustus) der 1. Buchstabe ist. Zur formalen Beschreibung einer allgemeinen Verschiebung k ist es zweckmäßig, den Buchstaben eine Buchstaben-Nummer zuzuordnen:

Buchstaben-Zeichen B	a b c d e ... ... x y z
Buchstaben-Nummer BN	0 1 2 3 4 ... ... 23 24 25

BN_m Buchstabennummer im Klartext m (message)
BN_c Buchstabennummer im Chiffretext c
k   Schlüssel, k=3 für die Caesar-Chiffre, allgemein: k ∈ [0, 25]

$$\left.\begin{array}{ll} \text{Verschlüsselung}: & BN_c = (BN_m + k)\ \text{mod}\ 26 \\ \text{Entschlüsselung}: & BN_m = (BN_c - k)\ \text{mod}\ 26 \end{array}\right\} \qquad (1.1\text{-}1)$$

Durch die Modulo-Bildung (mod 26) in (1.1-1) wird der ganzzahlige Rest bei Division durch 26 gebildet, oder alternativ, das Ergebnis durch „+26" oder „−26" in den Bereich [0, 25] gebracht. Anschaulich gesprochen sorgt die Modulo-Bildung für die zyklische Zuordnung, wie sie von der Chiffrier-Scheibe direkt realisiert wird.

(Beispiele: Verschlüsselung von „y": „y"+"k"=24+3=27≡1="B" (mod 26); Entschlüsselung von „C": „C"−"k"=2−3=−1≡25="z" (mod 26). Das Zeichen „≡" wird als *Kongruenz* bezeichnet. Sie bedeutet eine Gleichheit in einem Zyklus mit n=26 Werten. Die Rechnung modulo n wird ausführlich in Kap. 2.1 dargestellt. Die Nummerierung der Buchstaben mit [0, 25] statt mit [1, 26]) vereinfacht die formale Darstellung in (1.1-1).

Die Caesar-Chiffre kann nochmals verallgemeinert werden, indem die Buchstabenpositionen der unteren Zeile in Tab. 1-1 beliebig permutiert werden. Bei 26 Buchstaben gibt es 26! mögliche Permutationen und damit 26! verschiedene Schlüssel. Diese Verallgemeinerung ist keine Verschiebe-Chiffre mehr, wohl aber eine monoalphabetische Substitutions-Chiffre. (Anm.: Das Symbol „!" bedeutet „Fakultät", 26!=1·2·3·...·25·26).

1.1.2.2 Kryptoanalyse der Caesar-Chiffre

Eine Verschiebe-Chiffre ist aus heutiger Sicht sehr einfach zu brechen. Sie hat ihren Dienst erfüllt, als zu Zeiten Caesars die meisten Menschen Analphabeten waren. Eine Verschiebe-Chiffre kann gebrochen werden, indem der Angreifer die 26 Möglichkeiten für den Schlüssel k durchprobiert, bis ein sinnvoller Klartext erscheint. Noch schneller geht es, wenn man von den unterschiedlichen Häufigkeiten der Buchstaben in einem natürlich sprachlichen Text Gebrauch macht. In der deutschen Sprache tritt der Buchstabe „e" mit 17,4 % auf gegenüber einer mittleren Häufigkeit für alle Buchstaben von 1/26 = 3,8 %. (In der englischen Sprache hat „e" die Häufigkeit von 12,7 %). Bei einer Verschiebe-Chiffre braucht ein Angreifer nur den häufigsten Buchstaben im Klartext ermitteln. Der Abstand zwischen dem Buchstaben „e" und dem häufigsten Buchstaben im Chiffretext ergibt mit hoher Sicherheit den Schlüssel k.

Ein Beispiel für die Häufigkeit der Buchstaben, die für eine natürliche Sprache charakteristisch ist, findet sich in Abb. 1-3. Das Histogramm wurde gewonnen aus dem einführenden Text von Kap. 1, der mit dem Werkzeug CrypTool [CrypTool] analysiert wurde.

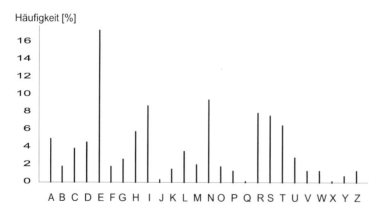

Abb. 1-3: Histogramm (Häufigkeitsverteilung) der Buchstaben eines Textes in deutscher Sprache.

Monoalphabetische Substitutions-Chiffren mit einer gegenüber Tab. 1-1 permutierten Zuordnungsliste sind durch Häufigkeitsanalyse ebenfalls leicht zu brechen: Im Chiffre-Text werden die häufigsten, die zweithäufigsten, die dritthäufigsten usw. Buchstaben festgestellt. Entsprechend der bekannten Häufigkeit in der verwendeten natürlichen Sprache können die Chiffre-Buchstaben durch Klartextbuchstaben probeweise ersetzt werden. Weitere Ersetzungen können durch den Kontext vermuteter Klartextwörter gefunden werden.

Die Verschlüsselung mit der Caesar-Chiffre und die Häufigkeitsanalyse können mit dem empfehlenswerten Werkzeug „CrypTool" [CrypTool] demonstriert und nachvollzogen werden. Das Werkzeug umfasst eine große Vielfalt von kryptographischen Verfahren, die durch die Demonstration begreifbarer werden.

1.1.3 Vigenère-Chiffre

Blaise de Vigenère (1523-1596) war ein französischer Diplomat und Kryptograph. Basierend auf den Ideen, die er bei einem diplomatischen Aufenthalt in Rom kennen gelernt hatte, beschrieb er 1585 u.a. die nach ihm benannte Vigenère-Chiffre. Sie wurde erst 3 Jahrhunderte später von Charles Babbage (1854) und Friedrich Wilhelm Kasiski (1863) systematisch gebrochen.

Die Vigenère-Chiffre ist eine Verallgemeinerung der Caesar-Chiffre, wobei statt eines Schlüssels k eine Folge von Schlüsseln k: k_1, k_2, ... k_r periodisch benutzt wird. Bei einer Periode von z.B. r=5 lautet die Schlüsselfolge k: k_1 k_2 k_3 k_4 k_5 | k_1 k_2 k_3 k_4 k_5 | k_1 k_2 k_3 k_4 k_5 | ... | ... Der 1. Buchstabe des Klartextes wird mit k_1, der zweite Buchstabe mit k_2 usw. verschlüsselt. Bei der Periode r=5 wird der 6. Buchstabe wieder mit k_1 verschlüsselt, der 7. Buchstabe mit k_2 usw. Die Verschlüsselung der einzelnen Buchstaben ist wie bei der Caesar-Chiffre: Es können die Chiffrier-Scheibe von Abb. 1-2 mit variablen Verdrehungen k_i oder die Formel (1.1-1) verwendet werden.

Die Vigenère-Chiffre ist, wie die Caesar-Chiffre, eine Verschiebe-Chiffre (displacement cipher), denn Klartextbuchstabe und Chiffretextbuchstabe sind um k_i Buchstaben im Alphabet zyklisch verschoben. Darüber hinaus ist die Vigenère-Chiffre eine *polyalphabetische Substitution*, denn es gibt, entsprechend den Werten der Schlüssel k_i, 26 verschiedene Alphabet-Zuordnungslisten.

1.1.3.1 Hilfsmittel zur Vigenère-Chiffre

Neben der Chiffrier-Scheibe und der Formel (1.1-1) ist als Hilfsmittel für die Verschlüsselung und Entschlüsselung das sog. Vigenère-Quadrat bekannt. Es ist eine Verallgemeinerung der Tab. 1-1 für die Caesar-Chiffre, wobei statt der 2. Zeile in Tab. 1-1 hier in Tab. 1-2 alle 26 Möglichkeiten der Verschiebungen aufgelistet sind. In dem Vigenère-Quadrat von Tab. 1-2 enthält die linke Spalte die Schlüssel, die oberste Zeile die Klartextbuchstaben und der Kreuzungspunkt den Chiffretextbuchstaben. Beispiel: Schlüssel k_i=13=n, Klartextbuchstabe B_m="e", Chiffretextbuchstabe B_c="R".

Tab. 1-2: Vigenère-Quadrat,
Links: der Schlüssel k_i, oben: der Klartexbuchstabe, im Kreuzungspunkt: der Chiffretextbuchstabe.
Der Chiffretext ist durch Großbuchstaben dargestellt.

```
        a b c d e f g h i j k l m n o p q r s t u v w x y z   ← Klartext

 0=a    A B C D E F G H I J K L M N O P Q R S T U V W X Y Z
 1=b    B C D E F G H I J K L M N O P Q R S T U V W X Y Z A
 2=c    C D E F G H I J K L M N O P Q R S T U V W X Y Z A B
 3=d    D E F G H I J K L M N O P Q R S T U V W X Y Z A B C
 4=e    E F G H I J K L M N O P Q R S T U V W X Y Z A B C D
 5=f    F G H I J K L M N O P Q R S T U V W X Y Z A B C D E
 6=g    G H I J K L M N O P Q R S T U V W X Y Z A B C D E F
 7=h    H I J K L M N O P Q R S T U V W X Y Z A B C D E F G
 8=i    I J K L M N O P Q R S T U V W X Y Z A B C D E F G H
 9=j    J K L M N O P Q R S T U V W X Y Z A B C D E F G H I
10=k    K L M N O P Q R S T U V W X Y Z A B C D E F G H I J
11=l    L M N O P Q R S T U V W X Y Z A B C D E F G H I J K
12=m    M N O P Q R S T U V W X Y Z A B C D E F G H I J K L
13=n    N O P Q R S T U V W X Y Z A B C D E F G H I J K L M
14=o    O P Q R S T U V W X Y Z A B C D E F G H I J K L M N
15=p    P Q R S T U V W X Y Z A B C D E F G H I J K L M N O
16=q    Q R S T U V W X Y Z A B C D E F G H I J K L M N O P
17=r    R S T U V W X Y Z A B C D E F G H I J K L M N O P Q
18=s    S T U V W X Y Z A B C D E F G H I J K L M N O P Q R
19=t    T U V W X Y Z A B C D E F G H I J K L M N O P Q R S
20=u    U V W X Y Z A B C D E F G H I J K L M N O P Q R S T
21=v    V W X Y Z A B C D E F G H I J K L M N O P Q R S T U
22=w    W X Y Z A B C D E F G H I J K L M N O P Q R S T U V
23=x    X Y Z A B C D E F G H I J K L M N O P Q R S T U V W
24=y    Y Z A B C D E F G H I J K L M N O P Q R S T U V W X
25=z    Z A B C D E F G H I J K L M N O P Q R S T U V W X Y
```

↑ Schlüssel k_i

Die Verschlüsselung und Entschlüsselung durch polyalphabetische Substitution ist in Abb. 1-4 als Blockschaltbild dargestellt. Auf den Klartext (hier „this is...") wird eine Folge von Schlüsseln (hier „cxfk go...") angewendet. Der verschlüsselte Text (hier „VENC OG...") wird auf der Empfängerseite mit der gleichen Schlüsselfolge („cxfk go...") wieder korrekt entschlüsselt. Das Blockschaltbild ist im Prinzip nur eine bildliche Darstellung der Formel (1.1-1), wobei als Schlüssel k eine Folge k: k_1 k_2 k_3 k_4... von Schlüsseln benutzt wird. Für die Verschlüsselung und Entschlüsselung in Abb. 1-4 muss die Schlüsselfolge nicht nur gleich, sondern auch synchron zu Klar- und Chiffretext sein.

In dem Beispiel von Abb. 1-4 sind in dem Chiffretext die Leerzeichen zwischen den Wörtern zu erkennen. Man kann dies vermeiden, indem entweder die Leerzeichen weggelassen werden oder indem man das Leerzeichen als 27. Buchstaben auffasst und die Operationen modulo 27 durchführt.

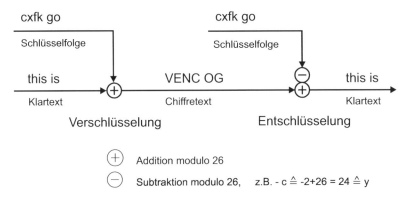

Abb. 1-4: Polyalphabetische Substitution, Erweiterung der Vigenère-Chiffre, Blockschaltbild für Verschlüsselung und Entschlüsselung mit einer Folge von Schlüsseln k: $k_1 k_2 k_3 k_4$ ...

1.1.3.2   Angriff auf die Vigenère-Chiffre

Für einen Angriff auf die Vigenère-Chiffre sind die von der Caesar-Chiffre bekannten Methoden nicht direkt anwendbar. Bei einem Durchprobieren aller Schlüssel sind bei der Vigenère-Chiffre nicht nur die 26 Möglichkeiten von k_1, sondern 26^r Möglichkeiten für eine Schlüsselperiode zu prüfen. Wenn die Schlüsselperiode r genügend groß gewählt wurde, ist diese Aufgabe praktisch nicht durchführbar.

Auch ist eine Häufigkeitsanalyse der Buchstaben im Chiffretext nicht direkt anwendbar. Denn bei den unterschiedlichen Teilschlüsseln k_i (i=1...r) der Schlüsselfolge k: $k_1 k_2 k_3 k_4...k_r$ vermischen sich die charakteristischen Häufigkeiten im Chiffretext und ein Rückschluss auf einen bestimmten Teilschlüssel k_i ist nicht möglich.

Ein erfolgreicher Angriff kann gefahren werden, wenn die Schlüsselperiode r bekannt ist. Für die Buchstabenpositionen i-j·r (i=1...r, j=0, 1, 2, ...), d.h. die Positionen, die zueinander den Abstand der Schlüsselperiode r haben, wurde für die Verschlüsselung jeweils der gleiche Teilschlüssel k_i verwendet. Mit einer Häufigkeitsanalyse der Positionen i-j·r (j=0, 1, 2, ...) kann der Teilschlüssel k_i ermittelt werden. Bei einer Schlüsselperiode r sind also r getrennte Häufigkeitsanalysen durchzuführen. Der für den Angriff verfügbare Chiffretext muss genügend lang sein (lang im Vergleich zur Schlüsselperiode), um eine signifikante Statistik zu ermöglichen.

Für eine Ermittlung der Schlüsselperiode r gibt es unterschiedliche Möglichkeiten:

(1.) Man versucht es mit einer Schlüssellänge $r_{Versuch}$ und führt Häufigkeitsanalysen im Chiffretext für die Buchstabenpositionen i-j·$r_{Versuch}$ (j=0, 1, 2, ...) durch, d.h. für alle Buchstabenpositionen, die den Abstand $r_{Versuch}$ zueinander haben. Falls $r_{Versuch}$=r war, dann zeigt die Häufigkeitsverteilung der Buchstaben die charakteristischen Unterschiede in den Häufigkeitswerten, und die Analyse war erfolgreich.

(2.) Wenn der Klartext zufällig gleiche Wörter im Abstand r oder einem Vielfachen der Schlüsselperiode r enthält, dann werden diese mit der gleichen Teilschlüsselfolge verschlüsselt und ergeben gleiche Muster von aufeinander folgenden Buchstaben im Chiffretext. Man sucht deshalb im Chiffretext nach gleichen Mustern von 2, 3 oder 4 aufeinander folgenden Buchstaben. Mit Wahrscheinlichkeit sind die Abstände zwischen diesen Mustern gleich der Schlüsselperiode r oder einem Vielfachen von ihr. Die Schlüsselperiode r ergibt sich mit Wahrscheinlichkeit aus den Primfaktoren, die in allen Abständen auftreten. Dieser Test wurde von Kasiski 1863 veröffentlicht (Friedrich Wilhelm Kasiski, 1805-1881).

(3.) Ein weiterer Test wurde 1925 von Friedman entwickelt (William Frederick Friedman, 1891-1969, Kryptologe der US Army). Der Test beruht auf der Eigenschaft, dass in einer natürlichen Sprache gleiche Buchstaben mit einer charakteristischen Häufigkeit sich wiederholen. Das wiederholte Auftreten gleicher Buchstaben wird als *Koinzidenz* bezeichnet. Eine Koinzidenz gleicher Buchstaben bleibt im Vigenére-Chiffretext erhalten, wenn der Abstand der Koinzidenz die Schlüsselperiode trifft. In dem Friedman-Test wird aus dem Chiffretext ein so genannter Koinzidenzindex ermittelt, aus dem die Schlüsselperiode r näherungsweise berechnet wird. Eine weiterführende Darstellung findet sich in [B97] oder [BNS05].

Die drei beschriebenen Methoden, die Periode zu ermitteln, werden zweckmäßigerweise kombiniert. Der Kasiski-Test (2.) liefert mit etwas Glück (wenn man sich wiederholende Buchstabenmuster findet) Primfaktoren der Schlüsselperiode, der Friedman-Test (3.) kann mit seinem Näherungswert eine Auswahl treffen und die Häufigkeitsanalyse (1.) gibt schließlich Sicherheit über die Schlüsselperiode und die Möglichkeit, die Teilschlüssel k_1, k_2, ... k_r zu ermitteln.

1.1.3.3   Ausblick

Die Vigenère-Chiffre kann verallgemeinert werden, indem die Schlüssellänge r ebenso lang gewählt wird wie der gesamte Klartext. Damit wiederholt sich die Schlüsselfolge k: k_1, k_2, ... k_r nicht. Wenn außerdem die Teilschlüssel der Folge zufallsmäßig und gleich verteilt ausgewählt werden, dann wird sogar perfekte Sicherheit erreicht. Diese Eigenschaft wird später noch in Kap. 1.4 diskutiert.

1.1.4   Vernam-Chiffre

Gilbert S. Vernam (1890-1960) arbeitete als Ingenieur bei AT&T (Bell Labs) und erfand 1917 die nach ihm benannte Chiffre. Sie kann als Spezialisierung / Erweiterung der Vigenère-Chiffre angesehen werden: Die Spezialisierung betrifft das Alphabet, das nicht mehr mit 26 Buchstaben, sondern mit nur 2 Buchstaben {0, 1} arbeitet. Aus heutiger Sicht ist uns die binäre Arbeitsweise vertraut. Vernam kannte sie aus der Telegraphentechnik. Die Erweiterung betrifft die Schlüsselfolge, die ebenso lang ist wie die Nachricht und nur ein einziges Mal verwendet werden darf (one-time pad). Die Verwandtschaft der Vernam-Chiffre mit der Vigenère-Chiffre ist auch in dem Blockschaltbild Abb. 1-5 im Vergleich zu Abb. 1-4 zu sehen. Die polyalphabetische Substitution der Vernam-Chiffre wird auch als *Strom-Chiffre* bezeichnet (siehe dazu auch Kap. 2.4).

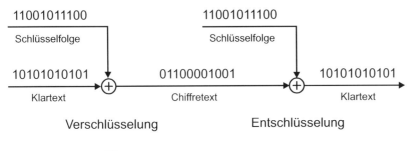

Addition modulo 2, identisch zu Subtraktion modulo 2

Abb. 1-5: Vernam-Chiffre, Blockschaltbild. Die Folge der Schlüssel ist zufallsmäßig gewählt, sie ist bei Sender und Empfänger gleich, und sie wird nur ein einziges Mal benutzt (one-time pad). Die Vernam-Chiffre liefert *perfekte Sicherheit*.

Statt modulo 26 wird hier die Addition und Subtraktion, den 2 Buchstaben {0, 1} entsprechend, molulo 2 ausgeführt. Die Addition mod 2 ist identisch der bitweisen XOR-Verknüpfung. Addition und Subtraktion modulo 2 sind identisch und müssen nicht unterschieden werden.

$\oplus$: Addition modulo 2:
$$0 \oplus 0 = 0$$
$$1 \oplus 0 = 1$$
$$0 \oplus 1 = 1$$
$$1 \oplus 1 = 0$$

Die Schlüsselfolge wird zufallsmäßig und gleich verteilt gewählt, d.h. jede Binärstelle der Schlüsselfolge wird gewürfelt. Die Werte „0" und „1" sollen die gleiche Wahrscheinlichkeit von 1/2 haben. Dieses Würfeln entspricht dem Werfen einer Münze. Die Schlüsselfolge muss als Geheimnis vor ihrer Benutzung auf einem vertraulichen Wege zu Sender und Empfänger übertragen werden. Auf dem vertraulichen Wege könnte man statt der Schlüsselfolge natürlich gleich die Nachricht selbst übertragen. Die Schlüsselfolge kann jedoch vorher bei einer günstigen Gelegenheit übergeben werden, z.B. durch Austausch eines Lochstreifens bei einem Treffen von Geheim-Agenten.

Die Vernam-Chiffre liefert *perfekte Sicherheit*: Ein Wert „1" im Chiffretext kann entstanden sein durch eine „0" im Klartext und eine „1" in der Schlüsselfolge oder durch eine „1" im Klartext und eine „0" in der Schlüsselfolge. In der Schlüsselfolge haben die Werte „1" und „0" die gleiche Wahrscheinlichkeit, und somit haben im Klartext die Werte „0" und „1" für einen Angreifer die gleiche Wahrscheinlichkeit. Für den Angreifer sind die Annahmen „0 im Klartext", und „1 im Klartext" gleich wahrscheinlich. Er hat damit keinerlei Information. Für einen Wert „0" im Chiffretext gilt Entsprechendes.

Die Schlüsselfolge darf nur ein einziges Mal verwendet werden. Andernfalls könnte ein Angreifer Schlüsselfolgen ausprobieren. Wenn sich für verschiedene Chiffretexte, die mit der gleichen Schlüsselfolge erzeugt wurden, jeweils sinnvolle Texte ergeben, dann war die angenommene Schlüsselfolge offenbar die richtige. Weiteres zum Thema der perfekten Sicherheit findet sich in Kap. 1.4.

1.1.5   Enigma

Die Enigma (griechisch: αίνιγμα „Rätsel") ist eine Chiffrier-Maschine, die im 2. Weltkrieg (1939-1945) von der deutschen Wehrmacht benutzt wurde. Sie gehört zu dem Typ der *Rotor-Maschinen* und entspricht technologisch einer elektrischen Schreibmaschine. Rotor-Maschinen wurden zu ähnlicher Zeit von mehreren Erfindern entwickelt: Von zwei holländischen Marine-Offizieren (Theo A. van Hengel, R. P. C. Spengler, beschrieben im Jahr 1915) sowie von Edward Hebern, Arvid Damm, Hugo Koch und Arthur Scherbius, wobei Scherbius 1918 ein erstes Patent in Deutschland anmeldete (Chiffrierapparat DRP Nr. 416 219).

Technisch enthält eine Rotor-Maschine mehrere Rotorscheiben R1, R2, R3 und eine Umkehr-scheibe U, Abb. 1-6. Die Rotorscheiben sind links und rechts jeweils mit 26 Kontakten verse-hen. Je ein linker Kontakt ist mit je einem rechten Kontakt elektrisch verbunden, wobei das Verbindungsschema einer Zufalls-ähnlichen Permutation entspricht. Die Rotorscheiben sind drehbar gelagert und können 26 Drehpositionen einnehmen. Die Umkehrscheibe U steht fest. Sie hat nur auf der rechten Seite Kontakte, die paarweise ebenfalls Zufalls-ähnlich verbunden sind.

In Abb. 1-6 ist dargestellt, wie ein Buchstabe „e" des Klartextes in einen Buchstaben „M" für den Chiffretext verschlüsselt wird. Die Verschlüsselung wird manuell durchgeführt, d.h. in dem dargestellten Beispiel wird die Taste „e" gedrückt und für „M" leuchtet ein Lämpchen auf, was dann abgelesen werden muss. Verschlüsselung und Entschlüsselung sind symmet-risch. Wenn man für die Entschlüsselung die Taste „m" drückt, werden die Leitungen und Kontakte in umgekehrter Richtung durchlaufen und es erscheint wieder „E" als Klartextbuch-stabe.

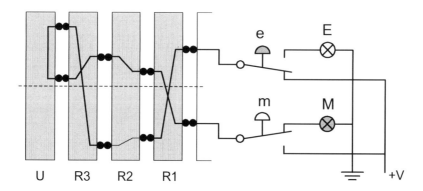

Abb. 1-6: Enigma, Stromlauf in einer 3-Rotor-Enigma mit Umkehrscheibe

Bei jedem Betätigen einer Eingabetaste wird die Rotorscheibe R1 um 1/26 einer Umdrehung weitergedreht. Nach 26 Eingaben, d.h. nach einer vollen Umdrehung von R1 wird wie bei einem Übertrag die nächste Rotorscheibe R2 um 1/26 Umdrehung weitergestellt. Entsprechendes gilt für R2 und R3. Die Rotorscheiben bewegen sich wie die Rädchen eines Kilometerzählers, nur dass die Rotoren 26 statt 10 Positionen einnehmen können.

Mit jedem Weiterstellen der Rotorscheiben wird ein anderes Zuordnungsschema zwischen den linken und den rechten Kontakten einer Rotorscheibe wirksam. Dadurch verändert sich die Zuordnung zwischen Eingabe und Ausgabe. Bei 3 Rotorscheiben können diese 26^3 verschiedene Rotations-Zustände einnehmen. Für jeden Zustand gilt eine unterschiedliche Zuordnung zwischen Eingabe und Ausgabe.

Nach jeder Verschlüsselung eines Buchstabens ändert sich die Stellung der Rotorscheiben und damit die Zuordnung für das Ersetzen der Buchstaben. Als Verschlüsselung ergibt sich eine *polyalphabetische Substitution*. Die Folge der Alphabet-Zuordnungslisten hat eine Periode von 26^3. Übertragene Botschaften sind kurz gegenüber dieser Periode.

1.1.5.1 Schlüsselraum der Enigma

Der Schlüssel k für die Verschlüsselung mit der Enigma entspricht dem Rotationszustand der Scheiben bei der Verschlüsselung des 1. Buchstabens der Botschaft. Die Quantität der Schlüssel ist damit $26^3 = 17.576$.

Der Rotationszustand der Scheiben bei der Verschlüsselung des 1. Buchstabens wird als Grundstellung bezeichnet. Gegenüber den ersten Rotor-Maschinen wurde bei der Enigma der Schlüsselraum durch mehrere Zusätze erheblich erweitert. Der Schlüsselraum umfasst damit:

- Grundstellung: Rotationszustand der Scheiben bei der Verschlüsselung des 1. Buchstabens der Botschaft. (Schlüsselraum $26^3 = 17.576$).

- Auswahl von Scheiben: Für die Rotorscheiben standen 5 verschiedene Scheiben zur Auswahl, von denen 3 auszuwählen sind. Für die Umkehrscheibe konnte eine aus 2 verschiedenen Scheiben ausgewählt werden. Das ergibt eine Wahlmöglichkeit von $(5 \cdot 4 \cdot 3) \cdot 2 = 120$. (Schlüsselraum um Faktor 120 vergrößert).

- Ringstellungen: Der Rotationszustand, bei dem der „Übertrag" von einer Scheibe auf die nächste Rotorscheibe erfolgt, war für die Scheiben R1 und R2 einstellbar. (Schlüsselraum um Faktor $26^2 = 676$ vergrößert).

- Steckverbindungen: Zwischen Rotorblock und Ein-/Ausgabe gibt es noch ein „Steckerbrett" (in Abb. 1-6 nicht dargestellt). Durch je ein Kabel mit 2 Steckern kann die Buchstabenzuordnung für die Ein-/Ausgabe zwischen je zwei Buchstaben vertauscht werden. Bei 26 Buchstaben sind bis zu 13 Vertauschungen möglich. Für ein einziges Vertauschungskabel gibt es $26 \cdot 25/2$ Steckmöglichkeiten. Für zwei Vertauschungskabel ist die Zahl der Steckmöglichkeiten: $(26 \cdot 25/2) \cdot (24 \cdot 23/2)/2!$. Wenn genau 10 von 13 Vertauschungskabel benutzt werden, gibt es 150.738.274.937.250 Steckmöglichkeiten. (Schlüsselraum um den Faktor $151 \cdot 10^{12}$ vergrößert).

Insgesamt ergibt sich damit ein Schlüsselraum von ca. $2 \cdot 10^{23}$, was einer Schlüssellänge von ca. 77 Bit entspricht. Von der Enigma wurde auch eine Version mit 4 Rotorscheiben benutzt. Deren Periode für die Rotationszustände ist dann um den Faktor 26 größer. Ein weiterer Faktor 26 ergibt sich durch die Ringstellungen der Scheibe R3.

1.1.5.2   Angriffe auf die Enigma

Angriffe auf die Enigma sind eine eigene, auch politisch hoch hochinteressante Geschichte. Bei der Vielfalt der Angriffe und der Versionen der Enigma kann hier nur auf die Literatur verwiesen werden. Einen Einblick findet man in [K67], [B97], aber auch in [WikiEnigma]. Erste erfolgreiche Angriffe auf eine Rotor-Maschine konnte bereits 1932 der polnische Mathematiker Marian Rejewski führen, was David Kahn in seinem Buch [K67] als Meisterleistung der Kryptologie rühmt. Im Juli 1939 übergab die polnische Gruppe unter abenteuerlichen Umständen ihr Wissen an die französischen und englischen Alliierten. Mit dieser Wissensbasis gründeten die Briten das kryptologische Forschungszentrum „Bletchley Park" (nordwestlich von London). Unter wesentlicher Führung von Alan Turing wurden Maschinen für die Kryptoanalyse gebaut („Turing-Bombe", Alan Mathison Turing, 1912-1954, britischer Logiker, Mathematiker und Kryptoanalytiker, legte die Fundamente für die theoretische Informatik). Ab Januar 1940 konnten die Briten die mit Enigma verschlüsselten Funksprüche der deutschen Wehrmacht entschlüsseln, zeitweise unterbrochen, wenn neue Versionen der Enigma eingeführt wurden.

Eine kryptographische Schwäche der Enigma besteht darin, dass ein Klartextbuchstabe niemals auf den gleichen Chiffretextbuchstaben abgebildet wird, was aus dem Beispiel von Abb. 1-6 abzulesen ist. Das bedeutet, dass die Position für ein vermutetes Klartext-Wort, z.B. OBERKOMMANDODERWEHRMACHT gefunden werden kann. In dem zugehörigen Chiffretext müssen alle Buchstaben von Klartext und Chiffretext paarweise verschieden sein.

In jüngster Zeit (11/07) fand bei der Einweihung der Rekonstruktion des Colossus Mark II im britischen Computer- und Kryptographiemuseum Bletchley Park ein kryptoanalytischer Wettbewerb statt. Der "neue" Colossus entschlüsselte Nachrichten, die mit dem Chiffriergerät Lorenz SZ42 im Heinz Nixdorf Museumsforum in verschiedenen Schwierigkeitsstufen verschlüsselt und nach dem damaligen Funkprotokoll mit speziellen Tongeneratoren verschickt wurden. Seine reine Rechenzeit betrug 3 Stunden und 35 Minuten für den Brute-Force-Angriff auf den Schlüsseltext. Parallel dazu wurde ein für jeden offenen Wettbewerb durchgeführt. Das ADA-Programm des Siegers brauchte auf einem heutigen mit 1,4 GHz getakteten PC 46 Sekunden für das Codebrechen. Das Ergebnis zeigt den enormen Geschwindigkeitszuwachs, aber auch die überragende Technologie, die damals schon existierte.

Siehe auch:
http://www.heise.de/newsticker/meldung/95846/
http://www.heise.de/newsticker/meldung/99086/
http://www.heise.de/newsticker/meldung/99141/

1.2   Sicherheitsdienste

Sicherheitsdienste sind Leistungen, die ein Benutzer in Anspruch nehmen möchte, um gewünschte Sicherheits-Eigenschaften zu haben. Der Begriff Sicherheitsdienste wird hier eingeschränkt auf den Bereich der IT-Sicherheit benutzt. Wichtige Dienste der IT-Sicherheit sind *Vertraulichkeit, Authentizität und Integrität, Verbindlichkeit, Anonymität* und *Zugriffskontrolle*. Sicherheitsdienste können durch kryptographische Mittel bereitgestellt werden, aber auch durch organisatorische Mittel (Panzerschrank, verlässlicher Bote). Wir beschränken uns hier auf kryptographische Mittel.

Ein Benutzer möchte, dass manche Informationen nur für bestimmte Personen bestimmt sind (Vertraulichkeit). Der Empfänger einer Information möchte Sicherheit darüber, von wem die Information stammt (Authentizität) und dass sie nicht verändert wurde (Integrität). Gegebenenfalls möchte der Empfänger einer Information gegenüber Dritten deren Authentizität beweisen können (Verbindlichkeit, Nicht-Abstreitbarkeit), z.B. bei einem Vertrag. Bei manchen Geschäftsvorgängen will ein Partner seine Identität nicht preisgeben (Anonymität), z.B. beim Bezahlen mit Bargeld. Die Benutzung von manchen Einrichtungen kann auf bestimmte Personen beschränkt werden, was dann auch überwacht werden muss (Zugriffskontrolle).

Sicherheitsdienste werden durch Sicherheits-Mechanismen und Sicherheits-Algorithmen bereitgestellt. *Sicherheits-Mechanismen* sind die prinzipiellen Mittel, z.B. Vertraulichkeit durch Verschlüsselung. Als *Sicherheits-Algorithmen* werden die konkreten Verfahren bezeichnet, z.B. Verschlüsselung mittels Vigenère-Chiffre. Im Folgenden werden die genannten Sicherheits-Dienste diskutiert und wie sie im Prinzip bereitgestellt werden können. Auf Sicherheits-Mechanismen wird ausführlich in Kap. 1.3 eingegangen.

1.2.1   Vertraulichkeit

Wie können Personen oder Instanzen miteinander kommunizieren, ohne dass Dritte den Inhalt der Kommunikation erfahren? Die Möglichkeiten reichen von einem Gespräch unter vier Augen über einen Brief im versiegelten Umschlag bis hin zu den Verfahren der Steganographie und Kryptographie.

Bei der kryptographischen Verschlüsselung können symmetrische oder asymmetrische Schlüssel benutzt werden. Der *symmetrische Schlüssel* ist ein Geheimnis, das nur die Kommunikationspartner kennen und das vor der vertraulichen Kommunikation auf einem anderen vertraulichen Wege ausgetauscht werden muss. Bei *asymmetrischen Schlüsseln* benutzt der Sender den öffentlich bekannten öffentlichen Schlüssel des Empfängers. Nur der gewünschte Empfänger besitzt zu seinem öffentlichen Schlüssel den zugehörigen privaten Schlüssel. Nur er kann deshalb die empfangene Botschaft entschlüsseln.

1.2.2   Authentizität und Integrität

Wie können Personen oder Instanzen sicher sein, wer ihr Kommunikationspartner ist (*Authentizität der Partner-Instanz,* „On the internet, nobody knows you're a dog")? Wie kann der Empfänger einer Nachricht sicher sein, von wem eine Nachricht stammt (*Nachrichten-Authentizität*)? Besteht Sicherheit darüber, dass die Nachricht nicht verändert wurde (*Integrität*)? Die Authentizität einer Nachricht setzt ihre Integrität voraus, denn eine veränderte Nachricht ist auch nicht mehr authentisch.

1.2.2.1   Partner-Authentizität

Die Handlung, um Partner-Authentizität zu erlangen, wird bezeichnet mit: *authentisieren* (vorzugsweise für den Nachweis der eigenen Identität, „glaubwürdig machen"), *authentifizieren* (vorzugsweise für das Nachprüfen einer anderen Identität, „beglaubigen") und *Authentifikation* (der Vorgang allgemein).

Typisches Beispiel einer Authentifikation ist der Nachweis der eigenen Identität beim Login an einem Rechner oder beim Benutzen eines Geldautomaten. Rechner oder Geldautomat müssen Sicherheit haben über die Identität ihres Benutzers. Der Benutzer beweist seine Identität durch ein Passwort oder eine Chipkarte in Verbindung mit einer PIN (personal identification number).

Allgemein können für die Authentifikation Eigenschaften, Besitz oder Wissen benutzt werden. Beispiele dafür sind:

- persönliche *Eigenschaften*: Fingerabdruck, Augen-Iris, Stimme, händische Unterschrift
- *Besitz*: Chipkarte, Personalausweis, persönlicher Token (Schlüsselspeicher)
- *Wissen*: Passwort, PIN, Schlüsselwort oder Schlüsselzahl.

Authentifikation durch Wissen setzt voraus, dass dieses Wissen weder von Dritten beobachtet noch von der Partnerinstanz missbraucht wird. Der Kunde bei Karten-Zahlung sollte darauf achten, dass die Eingabe der PIN nicht von einem potenziellen Dieb seiner Karte beobachtet wird. Der Benutzer eines Geldautomaten sollte ferner darauf achten, dass der Geldautomat kein gefälschter Vorsatz einer Fälscherbande ist, der nach Eingabe der PIN die ec-Karte nicht mehr herausgibt. Bei einem Login über ein Netzwerk sollte das Passwort verschlüsselt übertragen werden, damit ein Angreifer im Netz das Passwort nicht lesen kann (vgl. SSH, Kap. 6.2.4).

Noch besser ist es, statt Passwort, PIN oder Schlüssel (Wissen) zu übertragen, sein Wissen nur zu beweisen, ohne es preiszugeben. Das klingt zunächst paradox, ist aber mit Challenge-Response-Protokollen möglich (vgl. z.B. Kap. 5.2 oder 5.4).

1.2.2.2   Einseitige und gegenseitige Authentizität

Nach einer *einseitigen* Authentifikation hat nur eine einzige Instanz Sicherheit über die Identität ihres Kommunikationspartners. Nach einer *gegenseitigen* Authentifikation haben beide Partner Sicherheit über die Identität der anderen Seite.

Wenn als Beispiel am Beginn einer Besprechung die Teilnehmer ihre Visitenkarten austauschen, dann besteht daraufhin gegenseitige Authentizität. Wenn bei einer Polizeikontrolle der Fahrer seinen Personalausweis und Führerschein vorlegt, dann handelt es sich üblicherweise um den Fall einer einseitigen Authentifizierung.

1.2.2.3   Nachrichten-Authentizität und Integrität

Nachrichten-Authentizität und Integrität bedeutet, der Empfänger einer Nachricht hat Sicherheit darüber, von wem die Nachricht stammt und dass sie unverändert ist. Der Autor einer Nachricht benötigt dazu ein Geheimnis oder eine Fertigkeit, die den Autor für den Empfänger eindeutig kennzeichnet. Dafür sind bekannt:

- Authentische Siegel, wie Wasserzeichen, Metallstreifen oder Hologramme in Geldscheinen, oder die technologischen Merkmale von Personalausweisen, die schwer zu fälschen sind.

- Signaturen in Form eines Siegels, einer händischen Unterschrift oder einer digitalen Unterschrift, die auf einem Geheimnis basiert.

Als Geheimnis kann ein symmetrischer Schlüssel benutzt werden, den nur der Autor und der Empfänger einer Nachricht kennen. Die Nachricht wird durch einen „Fingerabdruck" geschützt, der nur mit Kenntnis des Schlüssels gebildet werden kann (z.B. durch einen MAC, Kap. 2.2.4.1). Bei Veränderung der Nachricht passen Fingerabdruck und Nachricht nicht mehr zusammen, was der Empfänger nachprüfen kann (Integrität). Der Empfänger hat außerdem Sicherheit über die Identität des Autors der Nachricht, da der Empfänger weiß, wer außer ihm den symmetrischen Schlüssel noch kennt.

Für eine Nachricht, die durch einen Fingerabdruck auf Basis eines *symmetrischen* Schlüssels geschützt ist, kann der Empfänger gegenüber Dritten (z.B. dem Gericht) die Herkunft der Nachricht *nicht* beweisen: Bei Kommunikation mit einem symmetrischen Schlüssel kennen beide Kommunikationspartner diesen Schlüssel und beide Parteien sind in der Lage, eine strittige Nachricht mit verschlüsseltem Fingerabdruck erzeugt zu haben.

1.2.3   Verbindlichkeit

Verbindlichkeit einer Nachricht bedeutet, dass auch gegenüber Dritten eindeutig nachgewiesen werden kann, wer der Autor einer Nachricht war. Bei Verbindlichkeit kann ein Autor nicht erfolgreich abstreiten, dass er der Autor war. Verbindlichkeit wird auch als *Nicht-Abstreitbarkeit* bezeichnet. Die Eigenschaft der Verbindlichkeit schließt die Eigenschaften der Authentizität und der Integrität mit ein.

Neben einer händischen Unterschrift kann Verbindlichkeit durch eine digitale Unterschrift oder Signatur erreicht werden. Für eine digitale Signatur einer Nachricht wird der private Schlüssel eines asymmetrischen Schlüsselpaares benutzt. Zu dem privaten Schlüssel hat ausschließlich nur sein Besitzer Zugang und nur er kann diese Signatur erzeugen. Durch den privaten Schlüssel gibt es eine eindeutige Zuordnung zur Person des Autors. Die digitale Signatur nachprüfen (verifizieren) kann jeder. Dazu wird der öffentlich bekannte öffentliche Schlüssel der signierenden Person benutzt.

Die Verbindlichkeit kann sich auf eine primäre Nachricht beziehen. Es kann jedoch auch der Empfang der primären Nachricht vom Empfänger durch eine digital signierte Bestätigung quittiert werden. Die Empfangsbestätigung ist dann ebenfalls verbindlich und nicht abstreitbar.

1.2.4   Anonymität

Bei Anonymität bleibt vertraulich, welche Personen an einer Kommunikation beteiligt waren. Anonymität entspricht einem Untertauchen in der Menge, „jeder kann es gewesen sein".

Beispiele für anonyme Kommunikation sind:

Das Bezahlen mit Bargeld ist anonym, dem Bargeld ist die Identität des Käufers nicht zu entnehmen. Das Bezahlen mit Kredit- oder ec-Karte ist nicht anonym, wohl aber das Bezahlen mit der Konto-ungebundenen Geldkarte. Bei Chiffre-Anzeigen in der Zeitung (Bekanntschafts-, Heirats- und Stellenanzeigen) bleibt die Identität des Inserenten verborgen bis er auf ein Angebot antwortet. Bei der Telefonseelsorge möchten Hilfe suchende Personen unerkannt bleiben. Auch im Internet möchten Personen gelegentlich anonym bleiben, z.B. Personen, die zu anonymen Newsgruppen beitragen oder anonym „surfen" wollen.

Anonymität wird missachtet beim Dorftratsch „wer mit wem". Sie geht verloren durch Rabatt- oder Kundenkarten oder beim Kaufen über das Internet. Der Verlust der Anonymität steht hier in Konkurrenz zu einer persönlichen Betreuung des Kunden.

1.2.5   Zugriffskontrolle, Autorisierung

Wie können Zugriffsrechte von Subjekten auf Objekte verwaltet werden?
Subjekte sind aktive Benutzer oder Programme. Objekte sind z.B. Rechner, Dateien, Anwendungsprogramme und Dienste. Zugangsrechte (Autorisierung) sind z.B. die Erlaubnisse, eine Datei zu lesen, zu schreiben oder zu löschen oder eine Programmdatei auszuführen.

Der klassische Weg, um Zugangsrechte zu organisieren, ist die Vergabe von mechanischen Schlüsseln. Die Zugriffsrechte auf Computer werden durch Zugangs-Kontroll-Listen (access control list, ACL) geregelt. Sie geben an, welche Subjekte auf welche Objekte mit welchen Rechten zugreifen dürfen. Die Durchsetzung von Zugriffsrechten erfolgt durch das Betriebssystem, bei einer Datenbank durch deren Managementsystem und im Netz durch eine Firewall.

Kryptographische Methoden werden bei der Zugriffskontrolle nur für die Authentifikation der Subjekte benutzt. Die Zugangs-Kontroll-Listen (ACLs) sind eine anschließende organisatorische Maßnahme.

1.2.6   Sicherheitsdienste im Überblick

Sicherheitsdienste haben einen Bezug zu einander: Verbindlichkeit schließt Authentizität und diese die Integrität mit ein. Das heißt, im Falle von Verbindlichkeit sind auch Authentizität und Integrität erfüllt. Vertraulichkeit und Anonymität sind verwandte Dienste, denn Anonymität ist die Vertraulichkeit über „wer mit wem". Die Zugangskontrolle setzt eine Authentifizierung voraus, ordnet dann Berechtigungen zu und stellt gegebenenfalls Rechnungen aus. In Abb. 1-7 sind die Beziehungen zwischen Diensten durch Mengen dargestellt.

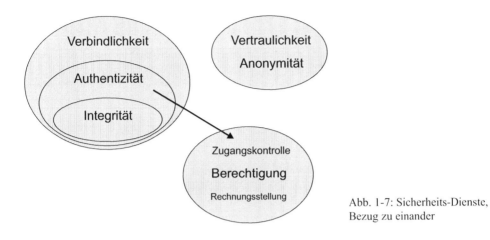

Abb. 1-7: Sicherheits-Dienste,
Bezug zu einander

1.2.7   Bedrohungen und Sicherheitsdienste

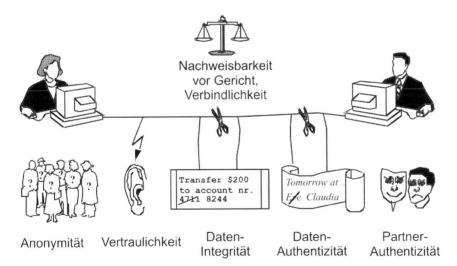

Abb. 1-8: Bedrohungen und Sicherheits-Dienste

Tab. 1-3: Bedrohungen, Sicherheits-Dienste und Sicherheits-Mechanismen

Bedrohungen	Sicherheits-Dienste	Sicherheits-Mechanismen
Abhören von Nachrichten-Inhalten	Vertraulichkeit	verschlüsseln
Abhören von Kommunikations-beziehungen, „wer mit wem"	Vertraulichkeit, Anonymität	Kommunikation über Treuhänder, Inhalt und Adressen verschlüsseln
Manipulation des Nachrichten-Inhalts	Nachrichten-Integrität	MAC, (digitale Signatur)
Fälschen der Herkunftsangabe einer Nachricht	Nachrichten-Authentizität	MAC, (digitale Signatur)
Vortäuschen einer falschen Benutzer-Identität, „Maskerade"	Partner-Authentizität	Nachweis der eigenen Identität durch ein Geheimnis
Abstreiten, eine Nachricht gesendet oder empfangen zu haben	Verbindlichkeit	digitale Signatur
unerlaubter Zugriff auf Daten und Ressourcen	Zugriffskontrolle	Authentifikation und Zugriffs-Kontroll-Liste

Ohne Bedrohungen wären keine Sicherheitsdienste erforderlich. In Abb. 1-8 sind Bedrohungen einer Kommunikation und Sicherheitsdienste gegen diese Bedrohungen anschaulich zusammengestellt. Bedrohungen sind das *Abhören von Nachrichten-Inhalten*, das *Abhören von Kommunikationsbeziehungen* („wer mit wem"), das *Fälschen des Nac*hrichten-Inhalts, das *Fälschen der Herkunftsangabe* einer Nachricht und schließlich das *Vortäuschen einer falschen Benutzer-Identitä*t (Maskerade). Die Sicherheitsdienste gegen diese Bedrohungen sind *Anonymitä*t, *Vertraulichkeit*, *Daten-Integr*ität, *Daten-Authentizität*, *Partner-Authentizität* und *Verbindlichkeit* (Nicht-Abstreitbarkeit, Nachweisbarkeit vor Gericht, oben in Abb. 1-8).

In Tab. 1-3 sind Bedrohungen, Sicherheits-Dienste gegen diese Bedrohungen und geeignete Sicherheits-Mechanismen für diese Sicherheitsdienste zusammengestellt. Die Tabelle erklärt sich auf der Basis der besprochenen Sicherheitsdienste weitgehend von selbst. Bei der Bedrohung „wer mit wem" können die zu schützenden Sender- und Empfänger-Adressen nur dann verschlüsselt werden, wenn die Nachrichten über Treuhänder weiter übermittelt werden. Anonymität wird dadurch erreicht, dass viele Nachrichtenströme über den Treuhänder nicht mehr zuordenbar sind.

1.2.7.1   OSI Sicherheits-Architektur

Die oben verwendeten Begriffe der Bedrohungen, der Dienste, der Mechanismen, der Algorithmen sowie der Sicherheits-Regeln (Policy) wurden von der ISO (International Standardization Organisation) in der „OSI Security Architecture" [ISO7498-2] standardisiert. Dieser Standard ist ein zweiter Teil zu dem bekannten „OSI (Open Systems Interconnection) Basic Reference Model [ISO7498-1].

Das Grundschema der OSI-Sicherheits-Architektur in Abb. 1-9 geht von den Bedrohungen aus. Mit Hilfe von Sicherheits-Regeln (Policy) wird festgelegt, welcher Grad an Sicherheit erreicht werden soll und welche Maßnahmen zu ergreifen sind. Sie umfassen die Auswahl von geeigneten Sicherheitsdiensten, Sicherheits-Mechanismen und konkreten, kryptographischen Algorithmen.

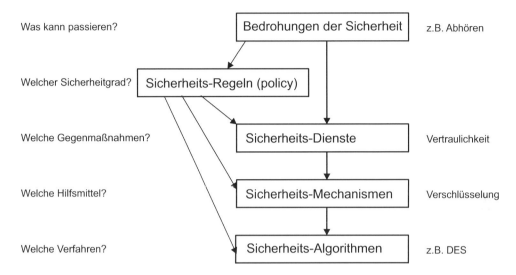

Abb. 1-9: OSI-Sicherheits-Architektur nach ISO 7498-2
DES, Data Encryption Standard, siehe Kap. 2.2.

1.3   Sicherheitsmechanismen

Sicherheitsmechanismen sind die prinzipiellen, technischen und prozeduralen Mittel, um die Sicherheitsdienste bereitzustellen. Allgemeine Eigenschaften der konkreten, kryptographischen Algorithmen können hier zusammenfassend besprochen werden.

1.3.1   Verschlüsselung als Abbildung

Wir unterscheiden:

m (message): ein Klartext,   M: die Menge aller Klartexte

c (cipher): ein Chiffretext,   C: die Menge aller Chiffretexte

Der Klartext m und der Chiffretext c können ein einziger Buchstabe, ein Block von Binärstellen oder eine lange Nachricht einer Folge von Buchstaben oder Blöcken sein.

Eine Verschlüsselung oder Entschlüsselung kann formal beschrieben werden durch eine mathematische Abbildung mittels einer Funktion f bzw. Umkehrfunktion f^{-1}. Die Funktion f muss *eineindeutig* sein (umkehrbar eindeutig, *bijektiv*), damit die Umkehrfunktion f^{-1} wieder die ursprüngliche Nachricht m erzeugen kann.

$$\left.\begin{array}{lll}\text{Verschlüsselung}: & f: \ M \to C, & m \in M, c \in C \\[2mm] \text{Entschlüsselung}: & f^{-1}: C \to M, & c \in C, \ m \in M \end{array}\right\} \quad (1.3\text{-}1)$$

Wie Abb. 1-10 zeigt, ist bei einer bijektiven Abbildung die Zahl der Elemente im Originalbereich (M, links) und im Bildbereich (C, rechts) gleich, $|M|=|C|$. Für jedes Element von M führt genau ein Pfeil auf ein Element von C. Und auf jedes Element von C führt genau ein Pfeil. Es bezeichnen $|M|$ die Zahl der Elemente in M und $|C|$ die Zahl der Elemente in C.

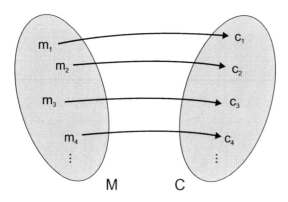

Abb. 1-10: Bijektive Abbildung für Verschlüsselung und Entschlüsselung

M: Menge der Klartexte
C: Menge der Chiffretexte

Für den Fall einer blockweisen Verschlüsselung (siehe unten) ist bei einer Blocklänge von z.B. 64 Bit (z.B. DES, Kap. 2.2) die Zahl der Element $|M|=|C|=2^{64}$, und bei einer Blocklänge von 1024 Bit (z.B. RSA, Kap. 4.2) ist die Zahl der Elemente $|M|=|C|=2^{1024}$.

1.3.2   Symmetrische Verschlüsselung

Bei einer symmetrischen Verschlüsselung wird ein geheimer Schlüssel k auch für die Entschlüsselung benutzt (Abb. 1-11). Die Funktion f_k ist eine Kurzschrift und bezeichnet die Verschlüsselungsfunktion f unter Verwendung des Schlüssels k. Entsprechend bezeichnet f_k^{-1} die Entschlüsselungsfunktion f^{-1} unter Verwendung des Schlüssels k. Die Abbildung lautet dann

$$\left.\begin{array}{ll}\text{Verschlüsselung}: & c = f(k, m) = f_k(m) \\[2mm] \text{Entschlüsselung}: & m = f^{-1}(k, c) = f_k^{-1}(c)\end{array}\right\} \quad (1.3\text{-}2)$$

Die symmetrische Verschlüsselung und Entschlüsselung nach (1.3-2) kann auch bildlich dargestellt werden. Der Rahmen um die Verschlüsselung f und die Entschlüsselung f^{-1} bezeichnet eine geschützte Umgebung, weil darin der geheime Schlüssel k benutzt wird. Im Bild links findet sich der Klartext m auf der Senderseite, in Bildmitte der Chiffretext c auf der Übertragungsstrecke und im Bild rechts wieder der entschlüsselte Klartext m auf der Empfängerseite.

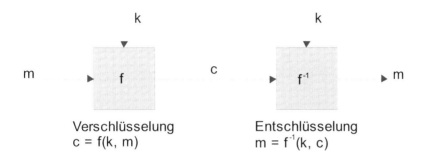

Abb. 1-11: Symmetrische Verschlüsselung und Entschlüsselung.
m: Klartext-Nachricht
c: Chiffretext-Nachricht
k: Schlüssel
f: Verschlüsselungsfunktion
f^{-1}:   Entschlüsselungsfunktion
Der äußere Rahmen um die Verschlüsselung f und Entschlüsselung f^{-1} bezeichnet eine geschützte Umgebung, weil darin der geheime Schlüssel k benutzt wird.

1.3.2.1 Blockweise Verschlüsselung

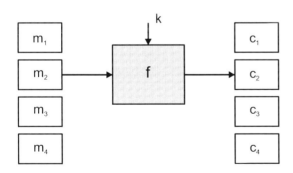

Abb. 1-12: Blockweise Verschlüsselung,
ein gesamter Block, vorzugsweise für Blöcke von Binärstellen, wird jeweils mit dem gleichen Schlüssel k verschlüsselt. Die entsprechende Entschlüsselung ist hier nicht dargestellt.

Bei einer blockweisen Verschlüsselung werden Klartext und Chiffretext in Blöcke unterteilt (m_i bzw. c_i). Ein ganzer Block wird in einem einzigen Vorgang und unabhängig von den anderen Blöcken verschlüsselt (Abb. 1-12) bzw. entschlüsselt. Die Blöcke bestehen üblicherweise aus Binärstellen bzw. Bits (z.B. 64 bei DES, 128 bei AES, 1024 bei RSA). Auch der Schlüssel k besteht aus einem Block von Binärstellen (z.B. 56 bei DES, 112 bei Triple-DES, 128/256/512 bei AES, 1024 bei RSA).

Die meisten modernen Verfahren arbeiten blockweise, nicht nur bei symmetrischen, sondern auch bei asymmetrischen Verfahren. Bei asymmetrischen Verfahren werden statt eines einzigen Schlüssels k unterschiedliche Schlüssel verwendet: der öffentliche Schlüssel e für die Verschlüsselung und der private Schlüssel d für die Entschlüsselung.

1.3.2.2   Strom-Verschlüsselung

Bei der Strom-Verschlüsselung oder Stromchiffre wird eine Folge von Bits, Zeichen oder Bytes mit einem Strom von Schlüssel-Bits, -Bytes oder -Zeichen verschlüsselt. Die Verschlüsselung erfolgt bit-, byte- oder zeichenweise. Beispiele einer Stromverschlüsselung sind bereits bekannt mit der Vigenère-Chiffre und der Vernam-Chiffre, die bitweise bzw. zeichenweise arbeiten. Abb. 1-13 zeigt das allgemeine Schema der Verschlüsselung. Als Verschlüsselungs-Funktion f wird üblicherweise die Addition modulo 2 oder modulo 26 benutzt. Es wäre aber auch jede andere Funktion mit eineindeutiger (bijektiver) Abbildung möglich.

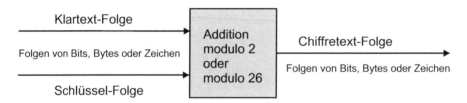

Abb. 1-13: Strom-Chiffre für eine Folge von Bits, Bytes oder Zeichen.
Für die Verschlüsselungs-Funktion ist die Addition modulo 2 oder modulo 26 dargestellt.

Mit einer echten Zufallsfolge als Schlüsselfolge (Vernam-Chiffre, Kap. 1.1.4) wird perfekte Sicherheit erreicht (Kap. 1.4.2.4). Bei der Vigenère-Chiffre (Kap. 1.1.3) wiederholt sich die Schlüsselfolge periodisch. Eine weitere Möglichkeit besteht darin, eine Pseudo-Zufalls-Folge aus einem PN-Generator (pseudo noise) zu benutzen. Eine PN-Folge sieht wie zufällig aus, ist es aber nicht. Ein PN-Generator (Kap. 1.3.5.5) hat einen Anfangszustand und Parameter für die Rückkopplung. Anfangszustand und Rückkopplungs-Parameter bilden dann den Schlüssel der Strom-Chiffre.

Strom-Chiffren werden auch in modernen aktuellen Systemen benutzt. Beispiele sind die Stromchiffren RC4 und A5 (Kap. 2.4). Die Stromchiffre A5 dient der Verschlüsselung der Sprachdaten bei der Funkübertragung im Mobilfunksystem GSM („Handy", Kap. 7.5.1).

1.3.2.3   Message Authentication Code (MAC)

Der „Message Authentication Code" MAC(k, m) einer Nachricht m ist eine kryptographische Prüfsumme, die auch als kryptographischer Fingerabdruck bezeichnet wird. Die Nachricht kann beliebig lang sein. Der MAC hat eine Länge von z.B. 64, 128 oder 160 Bit. Der MAC ist charakteristisch für die Nachricht m, d.h. wenn auch nur ein Bit in der Nachricht verändert wird, dann ändert sich der MAC drastisch. Er wird mit einem symmetrischen Schlüssel k gebildet, den nur Sender und der rechtmäßige Empfänger kennen.

Der Sender berechnet den MAC und schickt ihn zusammen mit der Klartext-Nachricht zum Empfänger: [m, MAC(k, m)]. Der Empfänger berechnet aus der empfangenen Nachricht m' und mit dem ihm bekannten Schlüssel k ebenfalls den MAC. Wenn die Nachricht bei der Übertragung nicht geändert wurde (m=m'), dann stimmen empfangener MAC(k, m) und selbst berechneter MAC(k, m') überein.

Der MAC bietet die Sicherheitsdienste der Authentizität und der Integrität. Der Empfänger ist sich sicher, wer der Absender der Nachricht ist, und dass sie nicht verändert wurde. Der Empfänger kann die Herkunft jedoch nicht gegenüber Dritten beweisen, weil er ebenfalls den Schlüssel besitzt und zu einer Nachricht seiner Wahl den MAC bilden kann. Es ist also keine Verbindlichkeit gegeben.

Technisch wird der MAC gebildet durch eine blockweise Verschlüsselung, wobei die einzelnen Chiffre-Blöcke zu einem einzigen Block zusammengefasst werden (vgl. Kap. 2.2.4.1). Eine Alternative benutzt als Basis eine Hashfunktion, wobei zusätzlich der Schlüssel k einbezogen wird (vgl. Kap. 3.4).

1.3.2.4   Anzahl der symmetrischen und asymmetrischen Schlüssel

Wir unterstellen eine Benutzergemeinde von N Teilnehmern, wobei jeder Teilnehmer mit jedem anderen vertraulich kommunizieren möchte.

Bei der Verwendung von *symmetrischen* Schlüsseln benötigt jeder Teilnehmer für die Kommunikation mit allen anderen Teilnehmern N-1 Schlüssel. Die Anzahl der Schlüssel ist insgesamt:

$$\text{Anzahl der symmetrischen Schlüssel} \qquad \binom{N}{2} = \frac{N \cdot (N-1)}{2} \qquad (1.3\text{-}3)$$

Die „2" im Nenner von (1.3-3) ist dadurch begründet, dass Alice für die Kommunikation mit Bob den gleichen Schlüssel benutzt wie Bob für die Kommunikation mit Alice. Bei z.B. N=1000 Teilnehmern sind insgesamt ca. 1/2 Million Schlüssel zu verwalten. Diese große Zahl von Schlüsseln ist praktisch nicht zu handhaben. Die Lösung besteht darin, symmetrische Schlüssel erst im Bedarfsfall zu erzeugen und sie über eine vertrauenswürdige Instanz (Kap. 5.5) oder mittels asymmetrischer Verfahren (Kap. 1.3.3 und Kap. 4) zu übertragen.

Bei der Verwendung von *asymmetrischen* Schlüsseln hat jeder Teilnehmer genau ein Schlüsselpaar, das aus einem öffentlichen Schlüssel e und einem privaten Schlüssel d besteht. Die Schlüssel sind persönlich zugeordnet. Das Schlüsselpaar von Alice ist dann (e_A, d_A). Die Zahl der Schlüssel ist insgesamt:

$$\text{Zahl der asymmetrischen Schlüsselpaare} \qquad = N \qquad\qquad (1.3\text{-}4)$$

Der öffentliche Schlüssel e_A von Alice muss nicht nur öffentlich bekannt sein, sondern es muss auch sicher sein, dass e_A wirklich zu Alice gehört. Der private Schlüssel d_A von Alice ist geheim, nur sie hat Zugang zu seiner Benutzung.

Als Beispiel für 7 Teilnehmer ist in Abb. 1-14 die Menge der benötigten Schlüssel für den symmetrischen und den asymmetrischen Fall bildlich dargestellt.

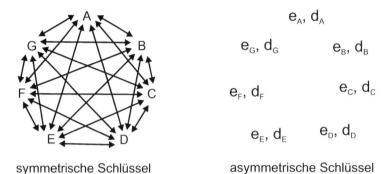

Abb. 1-14: Menge der Schlüssel im symmetrischen und asymmetrischen Fall. Beispiel für 7 Teilnehmer. Jeder Doppelpfeil links im Bild entspricht einem symmetrischen Schlüssel.

1.3.3   Asymmetrische Verfahren

Wir unterstellen, dass es asymmetrische Schlüsselpaare (e, d) gibt, mit einem öffentlichen und einem privaten Schlüssel. Spezielle Algorithmen für asymmetrische Verfahren werden wir in Kap. 4 noch kennen lernen. Wir können hier jedoch schon allgemeine Eigenschaften und Anwendungen von asymmetrischen Verfahren besprechen, die für alle speziellen Algorithmen gelten.

Asymmetrische Verfahren bieten zwei völlig neue Möglichkeiten:

- Es braucht kein geheimer Schlüssel übertragen zu werden. Für die Verschlüsselung wird ein öffentlich bekannter *öffentlicher Schlüssel* benutzt.

- Es ist möglich, digitale Unterschriften (digitale Signaturen) zu leisten. Dazu benutzt die signierende Person ihren *privaten Schlüssel*, zu dessen Benutzung nur sie Zugang hat. Eine digitale Signatur ist genau einer Person zuordenbar (Verbindlichkeit).

1.3.3.1   Asymmetrische Verschlüsselung und Entschlüsselung

Eine Verschlüsselung mit dem öffentlichen Schlüssel e wird mit dem privaten Schlüssel d wieder entschlüsselt, Abb. 1-15. Dafür wird in beiden Fällen die Funktion f benutzt. Der Rahmen rechts in Abb. 1-15 um die Entschlüsselung bezeichnet eine geschützte Umgebung, in welcher der geheime, private Schlüssel d benutzt wird. Im Bild links findet sich der Klartext m auf der Senderseite, in Bildmitte der Chiffretext c auf der Übertragungsstrecke und im Bild rechts wieder der entschlüsselte Klartext m auf der Empfängerseite.

Es ist klar, dass die Schlüssel e und d eines Schlüsselpaares mathematisch zusammenhängen. Im Prinzip kann der private Schlüssel d aus dem öffentlichen Schlüssel e berechnet werden.

Jedoch werden die Längen der Schlüssel so groß gewählt, dass diese Aufgabe praktisch nicht durchführbar ist. Dafür sind Schlüssellängen von z.B. 1024 Bit erforderlich (vgl. RSA in Kap. 4.2 oder ElGamal in Kap. 4.4).

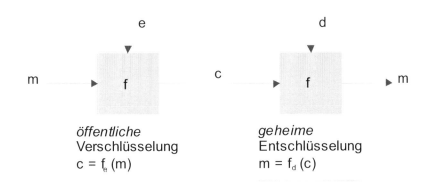

Abb. 1-15: Asymmetrische Verschlüsselung und Entschlüsselung.
m: Klartext-Nachricht
c: Chiffretext-Nachricht
e: öffentlicher Verschlüsselungs-Schlüssel
d: privater Entschlüsselungs-Schlüssel
f: Verschlüsselungs- und Entschlüsselungsfunktion
Nur die Entschlüsselung muss in einer geschützten Umgebung erfolgen,
weil darin der geheime, private Schlüssel d benutzt wird (Rahmen rechts im Bild).

Die Nachricht m in Abb. 1-15 ist ein Block von Binärstellen. Die Blocklänge von m kann maximal so lang sein wie die Schlüssellänge, z.B. 1024 Bit. Falls die Nachricht m länger ist, dann wird sie in Blöcke m_1, m_2, m_3, ... unterteilt und jeder Block m_i unabhängig von den anderen verschlüsselt oder entschlüsselt. Das Verfahren arbeitet also blockweise.

In (1.3-5) sind Verschlüsselung und Entschlüsselung als Formel dargestellt. Die darin verwendeten Schlüssel gelten für den Fall, dass eine beliebige Person (P) eine verschlüsselte Nachricht an Bob (B) schickt. Die Person P benutzt dazu – und das ist wesentlich – den öffentlichen Schlüssel e_B von Bob. Wenn die Person P sich den öffentlichen Schlüssel e_B von Bob besorgt, dann muss sich P sicher sein, dass e_B wirklich zu Bob gehört. Dies kann durch Zertifikate sichergestellt werden (Kap. 6.1). Zur Entschlüsselung benutzt Bob das Gegenstück zu e_B, nämlich seinen privaten Schlüssel d_B.

$$\left.\begin{array}{ll} \text{Verschlüsselung:} & c = f(e_B, m) = f_{eB}(m) \\ \text{Entschlüsselung:} & m = f(d_B, c) = f_{dB}(c) = f_{dB}(f_{eB}(m)) \end{array}\right\} \quad (1.3\text{-}5)$$

Die Funktion f_{eB} ist eine Kurzschrift und bezeichnet die Funktion f unter Verwendung des öffentlichen Schlüssels e_B. Entsprechend bezeichnet f_{dB} die Funktion f unter Verwendung des privaten Schlüssels d_B.

1.3.3.2   Hybride Kryptographie

Die Verschlüsselung und Entschlüsselung mit asymmetrischen Verfahren sind etwa um den Faktor 1.000 langsamer als mit symmetrischen Verfahren. Asymmetrische Verfahren sind deshalb für große Datenmengen viel zu aufwändig.

Die Lösung ist, nur einen symmetrischen Schlüssel mit einem asymmetrischen Verfahren zu verschlüsseln und mit dem symmetrischen Schlüssel die große Datenmenge zu verschlüsseln. Beides kann zusammen übertragen werden. Weil sowohl ein asymmetrischer als auch ein symmetrischer Schlüssel benutzt wird, nennt man dieses Verfahren *hybride Kryptographie*.

$$\text{Nachricht m hybrid verschlüsselt}: \qquad [f_{eB}(k_{AB}), f_{kAB}(m)] \qquad\qquad (1.3\text{-}6)$$

In der Formel (1.3-6) ist als Beispiel unterstellt, dass Alice die hybrid verschlüsselte Nachricht m an Bob schicken will. Sie wählt zufallsmäßig einen symmetrischen Schlüssel k_{AB} und verschlüsselt diesen mit dem öffentlichen Schlüssel e_B von Bob. Mit dem symmetrischen Schlüssel k_{AB} verschlüsselt sie die lange Nachricht m.

Nur Bob kann mit seinem privaten Schlüssel d_B den symmetrischen Schlüssel k_{AB} entschlüsseln und mit diesem anschließend die Nachricht m entschlüsseln.

$$\text{Entschlüsseln des symmetrischen Schlüssels}: \qquad f_{dB}(f_{eB}(k_{AB})) = k_{AB} \qquad (1.3\text{-}7)$$

$$\text{Entschlüsseln der Nachricht m}: \qquad f_{kAB}^{-1}(f_{kAB}(m)) = m \qquad (1.3\text{-}8)$$

Hybride Kryptographie verbindet die Vorteile von symmetrischer und asymmetrischer Verschlüsselung. Hybride Kryptographie wird in vielen Anwendungen eingesetzt, neben der verschlüsselten Übertragung von E-Mails vor allem in Sicherheitsprotokollen im Internet (Kap. 6.2). Bei diesen wird meist in einer Authentisierungsphase ein symmetrischer Sitzungsschlüssel ausgehandelt, der anschließend für die Übertragung der Daten beidseitig benutzt wird. Eine Visualisierung der Hybridverschlüsselung findet sich in CrypTool im Menü Ver-/Entschlüsseln \ Hybrid \ RSA-AES-Verschlüsselung.

1.3.4   Digitale Signaturen

Durch die digitale Signatur soll eine signierte Nachricht m der signierenden Person (S) verbindlich zurechenbar sein. Deshalb muss S den eigenen privaten Schlüssel d_S eines asymmetrischen Schlüsselpaares benutzen. Die Echtheit der Signatur kann von jeder beliebigen Person (V) geprüft (verifiziert) werden. Dazu muss sich die prüfende Person V den öffentlichen Schlüssel e_S der signierenden Person besorgen und sicher sein, dass e_S wirklich zu S gehört. Dies kann durch Zertifikate sichergestellt werden (Kap. 6.1).

Für die digitale Signatur einer Nachricht m gibt es zwei Möglichkeiten:

- Mit dem privaten Schlüssel d_S wird die Nachricht m *direkt* signiert. Diese mit d_S verschlüsselte Form der Nachricht $f_{dS}(m)$ kann mit dem öffentlichen Schlüssel e_S entschlüsselt und damit die Herkunft S der Signatur verifiziert werden. Bei der Entschlüsselung mit e_S erscheint wieder die ursprüngliche Nachricht m. Diese Art der digitalen Signatur wird deshalb auch als *digitale Signatur mit Nachrichten-Rückgewinnung* bezeichnet.
  (Die Verschlüsselung beim Signieren mit d_S bietet keine Vertraulichkeit, sondern nur Verbindlichkeit, denn jede Person V kann mit e_S entschlüsseln.)

- Aus der Nachricht m wird ein Hashwert h(m) gebildet, und nur dieser wird digital signiert: $f_{dS}(h(m))$. Durch die Hashfunktion wird aus Nachrichten beliebiger Länge ein Hashwert fester Länge erzeugt (z.B. 160 Bit). Der Hashwert h(m) ist charakteristisch für die Nachricht m und wird deshalb auch als *Fingerabdruck* oder *Message-Digest* bezeichnet. Zu Hashfunktionen siehe Kap. 1.3.5.1 und Kap. 3. Der signierte Hashwert wird zusammen mit der Klartext-Nachricht m übertragen: $[m, f_{dS}(h(m))]$. Diese Art der digitalen Signatur wird deshalb auch als *digitale Signatur mit Hashwert-Anhang* bezeichnet. Sie eignet sich auch für lange Nachrichten.

1.3.4.1 Digitale Signatur mit Nachrichten-Rückgewinnung

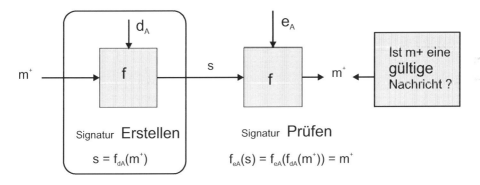

Abb. 1-16: Digitale Signatur mit Nachrichten-Rückgewinnung,
Erstellen und Prüfen der digitalen Signatur.
Das Erstellen der Signatur muss in einer geschützten Umgebung erfolgen,
weil darin der private Schlüssel d_A benutzt wird (Rahmen links im Bild).

Die digitale Signatur mit Nachrichten-Rückgewinnung eignet sich nur für kurze Nachrichten m, deren Länge kleiner als die Schlüssellänge ist (z.B. 1024 Bit). Für Abb. 1-16 wurde angenommen, dass die digitale Signatur von Alice stammt, d.h. mit ihrem privaten Schlüssel d_A erstellt wurde. Der Rahmen links in Abb. 1-16 um die Erstellung der Signatur bezeichnet eine geschützte Umgebung, in welcher der geheime, private Schlüssel d_A von Alice benutzt wird. Rechts im Bild ist das Prüfen der Signatur mit dem öffentlichen Schlüssel e_A dargestellt. Dem asymmetrischen Verfahren entsprechend, wird zum Erstellen und Prüfen der Signatur die gleiche Funktion f, aber mit unterschiedlichen Schlüsseln verwendet.

Beim Prüfen rechts im Bild wird die ursprüngliche Nachricht m wieder hergestellt. Ob die Signatur von Alice echt war, bemerkt der Prüfer daran, dass (1.) er den öffentlichen Schlüssel e_A von Alice benutzt hat und dass (2.) die mit e_A entschlüsselte Nachricht eine „gültige" Nachricht ist. Um zu beurteilen, ob eine Nachricht gültig ist, muss sie Redundanz enthalten. Das ist gegeben, wenn die Nachricht ein natürlich sprachlicher Text ist. Andernfalls muss Redundanz künstlich zugefügt werden, z.B. durch Verdopplung der ursprünglichen Nachricht m oder durch Anfügen des Hashwertes h(m) an die Nachricht m. Die Nachricht m mit hinzugefügter Redundanz ist in Abb. 1-16 mit m^+ bezeichnet.

Das Erstellen und Prüfen einer digitalen Signatur mit Nachrichten-Rückgewinnung wird durch folgende Formeln beschrieben:

$$
\left.
\begin{array}{ll}
\text{Erstellen:} & s = f(d_A, m^+) = f_{dA}(m^+) \\
\text{Prüfen:} & m^+ = f(e_A, s) = f_{eA}(s) = f_{eA}(f_{dA}(m^+)) \qquad m^+ = \text{"gültig"?}
\end{array}
\right\} \qquad (1.3\text{-}9)
$$

Die digitale Signatur mit Nachrichten-Rückgewinnung ist in [ISO9796] standardisiert.

1.3.4.2   Digitale Signatur mit Hashwert-Anhang

Die digitale Signatur mit Hashwert-Anhang eignet sich auch für lange Nachrichten. Es werden wie oben die Schlüssel d_A für das Erstellen der Signatur und e_A für das Prüfen der Signatur verwendet. Jedoch werden die Schlüssel nicht auf die Nachricht m, sondern auf den Hashwert h(m) der Nachricht angewendet. Zum Prüfen braucht die Nachricht m keine Redundanz zu enthalten. Sie ist bereits durch den signierten Hashwert $f_{dA}(h(m))$ gegeben.

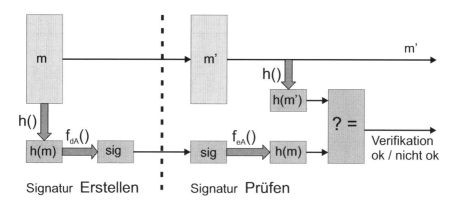

Abb. 1-17: Digitale Signatur mit Hashwert-Anhang, Erstellen und Prüfen der digitalen Signatur.

Abb. 1-17 zeigt das Erstellen einer digitalen Signatur von Alice und das Prüfen der Signatur. In der Darstellung entsprechen die Kästchen dem Aufbau der Nachricht und die dicken Pfeile den Funktionen (Hashfunktion h, Verschlüsseln mit f_{dA}, Entschlüsseln mit f_{eA}). Zum Erstellen der signierten Nachricht wird von ihr der Hashwert h(m) gebildet, dieser mit dem privaten Schlüssel d_A von Alice als Signatur sig=f_{dA}(h(m)) verschlüsselt und zusammen mit der Klartext-Nachricht m übertragen: Die signierte Nachricht mit Hashwert-Anhang ist dann: [m, sig=f_{dA}(h(m))].

Zum Prüfen der signierten Nachricht wird einerseits aus dem empfangenen Klartext m', der bei fehlerfreier Übertragung mit m übereinstimmt, ebenfalls der Hashwert h(m') gebildet. Andererseits wird die empfangene Signatur sig mit dem öffentlichen Schlüssel e_A von Alice entschlüssel: $f_{eA}(sig)=f_{eA}(f_{dA}(h(m)))=h(m)$. Wenn Nachricht m und Signatur s bei der Übertragung nicht verändert wurden, dann stimmen h(m') und h(m) überein.

Aus dem Übereinstimmen von h(m')=h(m) kann als Schluss in Gegenrichtung auf die Korrektheit der signierten Nachricht nur mit sehr hoher Wahrscheinlichkeit geschlossen werden. Es ist nicht auszuschließen, dass ein Angreifer bei der Übertragung von [m, sig=f_{dA}(h(m))] die gesendete Nachricht m durch eine ihm günstige Nachricht m' ersetzt und diese so manipuliert dass die Hashwerte h(m) und h(m') übereinstimmen. Wenn dem Angreifer dies gelingt, dann passt die originale Signatur sig=f_{dA}(h(m)) ebenfalls zu der manipulierten Nachricht m'. Der Angreifer hätte damit einer gültigen Signatur eine andere Nachricht m' untergeschoben.

Als Hashfunktion für die digitale Signatur werden *kryptographische Hashfunktionen* benutzt, die auch als *Einweg*-Hashfunktionen bezeichnet werden. Sie haben die Eigenschaft, dass die Aufgabe praktisch nicht durchführbar ist, zu einem gegebenen Hashwert h(m) eine andere Nachricht m' mit dem gleichen Hashwert h(m')=h(m) zu finden.

Das Erstellen und Prüfen einer digitalen Signatur mit Hashwert-Anhang wird durch folgende Formeln beschrieben:

$$\left.\begin{array}{lll} \text{Erstellen:} & [m, sig] & \text{wobei} \quad sig = f(d_A, h(m)) = f_{dA}(h(m)) \\ \text{Pr\"ufen von:} & [m', sig]: & h(m') = ? \, h(m) = f(e_A, sig) = f_{eA}(sig) \end{array}\right\} (1.3\text{-}10)$$

Die digitale Signatur mit Hashwert-Anhang ist in [ISO14888] standardisiert.

1.3.5 Hilfs-Funktionen

Hilfsfunktionen nehmen selbst keine kryptographischen Funktion wahr, aber sie unterstützen die kryptographischen Funktionen. Folgende Hilfsfunktionen werden besprochen: Hash- und Einweg-Funktionen, Falltür-Mechanismen sowie Datenkompression.

1.3.5.1 Hashfunktionen

Durch eine Hashfunktion wird aus Nachrichten m beliebiger Länge (z.B. 1 KByte) ein Hashwert h fester Länge erzeugt (z.B. 160 Bit). Wie oben in Kap. 1.3.4.2 diskutiert, wird bei digitaler Signatur mit Hashwert-Anhang nicht die Nachricht selbst, sondern nur ihr Hashwert signiert. Deshalb darf es nicht möglich sein, zu dem Hashwert h(m) einer signierten Nachricht eine andere Nachricht m' mit einem gleichen Hashwert zu finden. Hashfunktionen mit dieser Eigenschaft werden als *kryptographische Hashfunktion* oder als *Einweg-Hashfunktion* bezeichnet.

Wie in Abb. 1-18 dargestellt, wird eine sehr große Menge M von Nachrichten auf eine kleinere Menge H von Hashwerten abgebildet. Damit ergeben notwendigerweise viele verschiedene Nachrichten den gleichen Hashwert. Die Zahl der Nachrichten mit gleichem Hashwert kann unvorstellbar groß sein. In dem Beispiel mit m=1 KByte und h=160 Bit sind es im Mittel $2^{7.840}$ verschiedene Nachrichten mit gleichem Hashwert (zum Vergleich: Die Zahl der Atome im Weltall wird mit „nur" $10^{77} \approx 2^{256}$ angegeben). „Astronomische Zahlen" sind vergleichsweise klein gegenüber den Zahlenräumen in der Kryptographie.

Das Finden von einer zweiten Nachricht zu einem gegebenen Hashwert h(m) und das Finden von zwei verschiedenen Nachrichten mit gleichem Hashwert wird als *Kollision* bezeichnet. Es klingt zunächst paradox, dass in dem Beispiel zu einem gegebenen Hashwert $2^{7.840}$ verschiedene Nachrichten existieren, aber keine davon zu finden sei. „Nicht Finden" heißt, dass die Aufgabe, eine Kollision zu finden, praktisch nicht durchführbar ist.

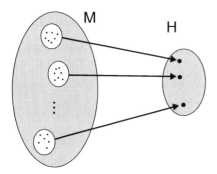

Abb. 1-18: Hashfunktion
Abbildung einer großen Menge M von Nachrichten auf eine Menge H von Hashwerten.

Beispiel:
m = 1 KByte $|M| = 2^{8.000}$
h = 160 Bit $|H| = 2^{160}$
Menge der Nachrichten mit gleichem Hashwert:
im Mittel: $|M| / |H| = 2^{8.000} / 2^{160} = 2^{7.840}$.

Der anschauliche Grund dafür ist, dass die Nachrichten mit gleichen Hashwerten nicht wie in Abb. 1-18 in Teilmengen geordnet sind, sondern in M verstreut sind. Beim Prüfen von zufallsmäßig gewählten Nachrichten auf einen vorgegebenen Hashwert ist die Trefferquote äußerst gering, nämlich $2^{7.840} / 2^{8.000} = 2^{-160}$. D.h. im Mittel muss man 2^{160} mal „würfeln", bis ein Treffer erzielt wird. Wenn 10^9 Computer auf der Welt je 10^9 Nachrichten je sec prüfen, dann wird eine Kollision im Mittel nach $2^{160} / (10^9 \cdot 10^9)$ sec $\approx 5 \cdot 10^{22}$ Jahren gefunden (zum Vergleich: Das Alter des Weltalls wird mit 10 bis $20 \cdot 10^9$ Jahren angegeben.)

Wenn es praktisch nicht durchführbar ist, eine Kollision zu finden, dann wird eine Hashfunktion als *kollisionsresistent* bezeichnet. Man unterscheidet ferner die Eigenschaften *schwach kollisionsresistent* und *stark kollisionsresistent*. Der Hashwert h(m) ist charakteristisch für die Nachricht m und wird deshalb auch als *Fingerabdruck* oder *Message-Digest* bezeichnet. Weiteres zu Hashfunktionen, siehe Kap. 3. Eine Visualisierung, wie sensibel Hashfunktionen auf kleinste Änderungen in der Nachricht reagieren, findet sich in CrypTool im Menü Einzelverfahren \ Hashverfahren \ Hash-Demo.

1.3.5.2 Einwegfunktionen

Kryptographische Hashfunktionen haben wir bereits als Einwegfunktion kennen gelernt. Hashfunktionen sind jedoch nicht eineindeutig, zu einem Hashwert existieren viele Nachrichten. Daneben gibt es auch eineindeutige Einwegfunktionen.

Einwegfunktionen sind hier in einem diskreten, endlichen Zahlenraum definiert.
Für eine eineindeutige Einwegfunktion y=f(x) und ihre Umkehrfunktion $x=f^{-1}(y)$ gilt:

y=f(x)   y ist aus x einfach zu berechnen.

$x=f^{-1}(y)$ Zu einem gegebenen Wert y existiert immer ein x, aber die Aufgabe, diesen Wert x zu finden, ist praktisch nicht durchführbar. Der Aufwand dafür steigt z.B. exponentiell mit der Stellenlänge der verwendeten Zahlen.

Im Sinne der Komplexitätstheorie kann y aus x in *polynomialer* Zeit („einfach") berechnet werden (P). Dagegen ist die Ermittlung von x aus y nur in *nicht-polynomialer* Zeit möglich (NP). Aus theoretischer Sicht konnte noch nicht bewiesen werden, ob es überhaupt Einwegfunktionen gibt. Aus praktischer Sicht sind Einwegfunktionen solche, für welche die Aufgabe, den Wert x für ein gegebenes y zu finden, praktisch nicht durchführbar ist, d.h. bei denen eine Lösung mit polynomialem Aufwand nicht bekannt ist.

Diskreter Logarithmus

Ein Beispiel für eine Einwegfunktion ist der diskrete Logarithmus (DL). In Abb. 1-19 ist die Zuordnung von x nach y für die diskrete Exponentiation $y=(3^x)$ mod 7 dargestellt. Bei der Rechnung modulo 7 (mod 7) wird jeweils der Rest bezüglich des Moduls n=7 gebildet. Dadurch entsteht ein endlicher Zahlenraum [0, 6]. Für die Werte $x\neq0$ ist die Abbildung mit $y=(3^x)$ mod 7 eineindeutig. Der diskrete Logarithmus ist die Umkehrfunktion, also in Abb. 1-19 die Zuordnung von y nach x.

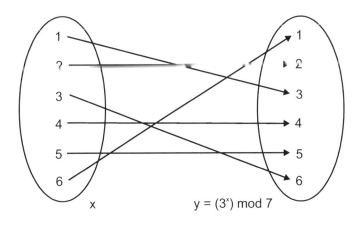

Abb. 1-19: Beispiel für Einwegfunktion. diskreter Logarithmus $y=(3^x)$ mod 7

Angewendet wird der diskrete Logarithmus bei der „Diffie-Hellman-Schlüsselvereinbarung" (Kap. 4.3) und bei dem ElGamal-Verfahren (Kap. 4.4). Bei letzterem wird für ein asymmetrisches Schlüsselpaar (e, d) der öffentliche Schlüssel e aus dem privaten Schlüssel d mittels diskreter Exponentiation berechnet. Wenn ein Angreifer d aus e ermitteln wollte, müsste er den diskreten Logarithmus in einem großen Zahlenraum lösen. Der diskrete Logarithmus spielt auch eine Rolle bei der Kryptographie mittels elliptischer Kurven (ECC, elliptic curve cryptography, Kap. 4.5). Dabei wird durch diskrete elliptische Kurven ein Zahlenraum definiert. Diese Verfahren sind sehr effektiv und zukunftsträchtig.

Für die diskrete Exponentiation gibt es schnelle Algorithmen, nicht aber für den diskreten Logarithmus. Natürlich besteht die Möglichkeit, alle x = 1, 2, 3, ... durchzuprobieren, bis sich für y eingewünschtes Ergebnis einstellt. Wenn der Modul jedoch größer als 2^{100} ist, dann kann y mittels Durchprobieren praktisch nicht ermittelt werden. Weiteres zum DL findet sich in Kap. 4.1.4.

Faktorisierung

Eine weitere Einwegfunktion ist die Faktorisierung einer großen Zahl in ihre Primfaktoren. Wenn diese Primzahlen bekannt sind, dann ist es leicht, diese zu multiplizieren. Dagegen ist es praktisch nicht durchführbar, eine große Zahl in ihre Primfaktoren zu zerlegen.

Das Faktorisierungsproblem wird bei RSA (Kap. 4.2) und bei der Authentifikation nach Fiat-Shamir (Kap. 5.4) benutzt, um für das asymmetrische Schlüsselpaar den privaten Schlüssel zu schützen. Ohne Kenntnis der Primfaktoren kann er aus dem öffentlichen Schlüssel praktisch nicht ermittelt werden.

1.3.5.3 Falltür-Mechanismen

Eine Falltür gibt den Weg in verborgene Räume frei, falls man ihren Riegel öffnet. Der Riegel kann geheim sein. Man kann dann die Falltür nur öffnen, falls man dieses Geheimnis kennt. Im übertragenen Sinn werden Falltür-Mechanismen mit einem Geheimnis auch in der Kryptographie verwendet. Jede Entschlüsselung einer verschlüsselten Nachricht kann man als Falltür auffassen. Die Entschlüsselung ist nur dann einfach, wenn man ein Geheimnis, nämlich den Schlüssel kennt.

Weitere Beispiele sind die asymmetrischen Schlüssel bei RSA (Kap. 4.2) und bei der Authentifikation nach Fiat-Shamir (Kap. 5.4). Der private (geheime) Schlüssel kann aus dem öffentlichen Schlüssel nur dann ermittelt werden, wenn man ein Geheimnis kennt. Dieses besteht in der Kenntnis der Primfaktoren p und q eines Moduls $n=p \cdot q$. (Dagegen ist die Ermittlung der Primfaktoren aus dem öffentlich bekannten Modul n ein Einwegproblem.) Bei RSA ist mit Kenntnis von p und q der Wert der Eulerfunktion $\Phi(n)$ bekannt, über den der private Schlüssel berechnet werden kann. Bei Fiat-Shamir kann nur mit Kenntnis von p und q die diskrete Quadratwurzel, und damit der private Schlüssel berechnet werden.

Wenn bei einem asymmetrischen Schlüssel der öffentliche Schlüssel aus dem privaten Schlüssel durch diskrete Exponentiation ermittelt wurde (ElGamal, ECC, siehe oben), dann ist das keine Falltür sondern ein Einwegproblem: Es gibt kein Geheimnis, mit dessen Kenntnis man den diskreten Logarithmus leichter lösen könnte.

1.3.5.4 Datenkompression

Durch Datenkompression wird der Bedarf an Speicher oder Übertragungszeit vermindert, indem die Daten in einer kürzeren Form dargestellt werden. Die komprimierte Form enthält weniger Redundanz. Wir beziehen uns hier auf verlustfreie Datenkompression, bei der nach einer De-Kompression die originalen Daten exakt wieder hergestellt werden (Beispiel: ZIP-Dateiformat).

Wenn Daten zunächst verschlüsselt und anschließend komprimiert werden, dann vermindert diese Datenkompression die Datenmenge nur wenig. Der Grund dafür ist, dass verschlüsselte Daten mehr einem Zufallsmuster ähneln und die Redundanz bei der Kompression nicht erkennbar ist. Eine Kompression sollte deshalb *vor* einer Verschlüsselung angewendet werden.

Eine Kompression vor einer Verschlüsselung ist auch im Hinblick auf die Sicherheit vor kryptographischen Angriffen nützlich: Die Zufalls-ähnliche Form von komprimierten Daten ermöglicht es weniger, statistische Eigenschaften des Klartextes bei einem Sicherheitsangriff auszunutzen.

1.3.5.5   PN-Generator (pseudo noise)

Ein einfacher, linearer PN-Generator besteht aus einem Schieberegister SR von r Flip-Flops (FF, Speicherstelle für ein Bit), welches linear rückgekoppelt wird. Bei jedem Taktschritt schiebt sich in Abb. 1-20 der gespeicherte Inhalt des Schieberegisters um eine Stelle nach rechts. In das FF ganz links wird ein neuer Wert rückgekoppelt. Die Rückkopplung ist linear in der Rechnung modulo 2. Für das Beispiel wird die Rückkopplung beschrieben durch:

$$\left.\begin{array}{ll} \text{speziell:} & x_i = (x_{i-2} + x_{i-3}) \bmod 2 \\[2mm] \text{allgemein:} & x_i = (a_1 \cdot x_{i-1} + a_2 \cdot x_{i-2} + ... + a_r \cdot x_{i-r}) \bmod 2 \end{array}\right\} \qquad (1.3\text{-}11)$$

Ein vorhandener Rückkoppelweg entspricht dem Parameterwert $a_i=1$ und ein nicht vorhandener Rückkoppelweg entspricht $a_i=0$. Mit einem Anfangszustand „0 0 1" wird eine PN-Folge von rechts nach links aufgebaut, wie rechts in Abb. 1-20 dargestellt .

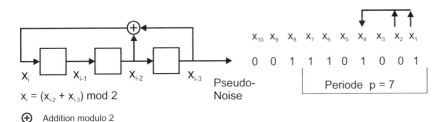

$$x_i = (x_{i-2} + x_{i-3}) \bmod 2$$

⊕   Addition modulo 2

Abb. 1-20: Linearer PN-Generator

Bei einem SR mit r Speicherstellen (FFs) gibt es 2^r mögliche Zustände. Der Zustand „0 0 0" des SR geht in sich selbst über. Die anderen Zustände bilden einen oder mehrere Zyklen, die eine maximale Länge von 2^r-1 Taktschritten haben können. Entsprechend hat die erzeugte PN-Folge eine maximale Periode von ebenfalls 2^r-1.

$$\text{Maximale Periode des PN-Generators:} \qquad p \le 2^r - 1 \qquad (1.3\text{-}12)$$

In dem Beispiel von Abb. 1-20 ist die Periode maximal, $p=2^r-1$. Die Länge der Periode hängt von dem Rückkoppelschema ab. Für jede Zahl r gibt es mindestens ein Rückkoppelschema mit maximaler Periode [P61], [S73]. Ein solches Rückkoppelschema wird als „primitiv" bezeichnet, vgl. Kap. 2.5.2. Mit einem SR von z.B. r=30 FFs kann man eine Periode von $p=2^{30}-1\approx10^9$ erreichen.

Qualität von PN-Generatoren für die Strom-Verschlüsselung

Wenn ein linearer PN-Generator für die Strom-Verschlüsselung (Kap. 2.4) direkt benutzt wird, dann kann ein Angreifer die r Parameter a_1, a_2 ...a_r berechnen: Er benötigt dazu 2r aufeinander folgenden Werte x_1, x_2,...x_{2r} der PN-Folge. Entsprechend (1.3-11) kann man aus r+1 aufeinander folgenden Werten x_i, x_{i-1}, x_{i-2},...x_{i-r} der PN-Folge *eine* lineare Bedingungsgleichung modulo 2 für die Parameter a_1, a_2 ...a_r aufstellen. Aus r+r=2r aufeinander folgenden Werten x_1, x_2,...x_{2r} der PN-Folge lassen sich r lineare Bedingungsgleichungen ableiten.

Für die Auflösung des linearen Gleichungssystems gelten in der Rechnung modulo 2 alle üblichen Regeln der Algebra (vgl. Kap. 2.1). Als Ergebnis erhält man die r Parameter a_1, a_2 ...a_r. Ein Schieberegister aus z.B. r=30 FFs mit der Periode von $p=2^{30}-1\approx10^9$ schützt offenbar nicht vor Angriffen. Die Beobachtung von $2\cdot r=60$ aufeinander folgenden Werten der PN-Folge erlaubt es, die Schlüsselfolge zu brechen. Der Anfangszustand des rückgekoppelten Schieberegisters ergibt sich unmittelbar aus der beobachteten Folge x_r, x_{r-1},...x_2, x_1.

Zur Erzeugung einer Schlüsselfolge ist ein linearer PN-Generator nicht unmittelbar geeignet. Jedoch ist er ein nützlicher Baustein, wenn PN-Generatoren mit zusätzlichen nichtlinearen Funktionen kombiniert werden. Davon wird bei der Stromchiffre A5 Gebrauch gemacht. Die Stromchiffre A5 dient der Verschlüsselung der Sprachdaten bei der Funkübertragung im Mobilfunksystem GSM („Handy", Kap. 2.4.2 und 7.5.1).

Andere Möglichkeiten für angriffsresistente PN-Generatoren ergeben sich, indem eine nichtlineare Kopplungsfunktion benutzt wird. Als Kopplungsfunktion eignen sich insbesondere die Verschlüsselungsfunktionen von Block-Algorithmen. Diese Lösung wurde gewählt für die PN-Generatoren „Output Feedback" (OFB, Kap. 2.7.2.4) und „Counter-Modus" (CTR, Kap. 2.7.2.5). Statt der „vorhandenen" Block-Algorithmen ist für den PN-Generator bei der Stromchiffre RC4 (Kap. 2.4.1) ein spezieller Algorithmus auf der Basis einer Substitutionsliste entwickelt worden.

1.3.6   Sicherheitsprotokolle

Innerhalb eines Protokolls werden Dateneinheiten zwischen Kommunikationspartnern entsprechend einem Satz von Regeln ausgetauscht. Nach Ablauf des Protokolls muss ein *Protokollziel* erreicht worden sein. Protokollziele von Sicherheitsprotokollen sind vor allem Authentifikation, Schlüsselaustausch sowie das Aushandeln von Verschlüsselungsverfahren. Kryptographische Verfahren werden dazu von den Sicherheitsprotokollen genutzt und organisiert.

Sicherheitsprotokolle werden im Detail in Kap. 5 „Authentifikations-Protokolle" und in Kap. 6 „Sicherheitsprotokolle und Schlüsselverwaltung" angesprochen.

1.4 Sicherheit, Angriffe und perfekte Sicherheit

1.4.1 IT-Sicherheit

Ein informationstechnisches (IT) System sollte gegen Angriffe nicht nur durch kryptographische Verfahren, sondern auch durch organisatorische Maßnahmen geschützt werden. Kryptographische Verfahren zur IT-Systemsicherheit werden in Kap. 6 und 7 diskutiert.

Dass die Möglichkeiten der Kryptographie nicht ausreichend sind, wird in Abb. 1-21 veranschaulicht: Das „abweisende Gitter der Kryptographie" nützt wenig, wenn im Sicherheitssystem „Löcher und Hintereingänge" bestehen. Solche Sicherheitslöcher können sein: höhere Gewalt, organisatorische Mängel, menschliche Fehlhandlungen, technisches Versagen oder vorsätzliche Handlungen.

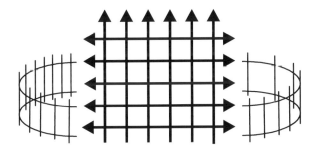

Abb. 1-21: IT-Systemsicherheit
mit „Löchern"
Gitter: kryptographischer Schutz
Zaun: löcherig, mit Hintereingang

Die genannten organisatorischen Maßnahmen zur IT-Sicherheit liegen außerhalb des Rahmens für dieses Buch. Zu diesem Gebiet der IT-Sicherheit sind neben dem British Standard 7799 [BS7799] vor allem die Aktivitäten des BSI, des „Bundesamtes für Sicherheit in der Informationstechnik" zu nennen ([BSI06] „IT-Grundschutz-Kataloge", [BSI07] „Leitfaden IT-Sicherheit, IT-Grundschutz kompakt").

1.4.2 Kryptographische Sicherheit

Absolute Sicherheit gibt es bei den praktisch eingesetzten kryptographischen Verfahren nicht. Gegen erfolgreiche kryptographische Angriffe werden jedoch Vorsichtsmaßnahmen empfohlen:

„Man soll die Fähigkeiten des Angreifers nicht unterschätzen".
Die mehr als astronomischen Zahlen für die Dauer, um eine Kollision zu finden oder einen Schlüsselraum zu durchsuchen, sind als obere Grenze für den Aufwand zu betrachten. Es ist nicht auszuschließen, dass ein Angreifer in den verwendeten Algorithmen Schwächen findet, die den Aufwand wesentlich reduzieren.

„Der Entwickler eines kryptographischen Verfahrens ist betriebsblind gegen seine Schwächen".

1.4.2.1   Kerckhoffs' Prinzip oder Kerckhoffs' Maxime

„Die Sicherheit eines Kryptosystems darf nicht von der Geheimhaltung des Algorithmus' abhängen. Die Sicherheit gründet sich nur auf die Geheimhaltung des Schlüssels."

Diese Maxime wurde 1883 von Auguste Kerckhoffs von Nieuwenhof (1835-1903), einem niederländischen Linguisten und Kryptologen, formuliert und ist ein anerkannter Grundsatz der modernen Kryptographie.

Die Anwendung von Kerckhoffs' Prinzip hat den Vorteil, dass viele Experten die Qualität eines Verfahrens prüfen und eine fundierte Expertenmeinung über die Qualität eines Verfahrens entsteht: Der DES-Algorithmus (Kap. 2.2) wurde veröffentlicht und nicht gebrochen. Der AES-Algorithmus (Kap. 2.6) wurde sogar in einem öffentlichen Ausschreibungsverfahren bestimmt, indem Kryptologen Vorschläge eingereicht haben und anschließend viele Krypto-analytiker die Vorschläge auf Schwächen untersucht haben. Bei der Entwicklung des Mobil-funksystems GSM (Kap. 7.5.1) wurde Kerckhoffs' Prinzip nicht beachtet. Prompt wurden erfolgreiche Angriffe bekannt, die jedoch einen hohen technischen Aufwand erfordern, [BSW00].

1.4.2.2   Angriffe auf Schlüssel

Der Angriff zielt insbesondere auf symmetrische Schlüssel. Je nach Verfügbarkeit von Daten-material hat ein Angreifer folgende Möglichkeiten:

Ciphertext-only-Angriff: Bei dieser Methode liegt nur der Chiffretext vor. Die Methode ist anwendbar, wenn der zugehörige Klartext natürlich-sprachlich ist oder prüfbare Redundanz enthält. Es werden Entschlüsselungsversuche mit verschiedenen Schlüsseln k gemacht, bis als Ergebnis der Entschlüsselung ein sinnvoller Text erscheint.

Als einfachste Methode werden alle möglichen Schlüssel durchprobiert (exhaustive Suche, „brute force attack"), was bei einer Schlüssellänge von z.B. 56 Bit (DES) praktisch durchführ-bar ist. Falls für den Algorithmus f bzw. f^{-1} Schwächen bekannt sind, dann braucht nur ein kleinerer Schlüsselraum durchsucht zu werden.

Known-Plaintext-Angriff: Die Methode ist ähnlich wie beim Ciphertext-only-Angriff. Jedoch kann bei den Entschlüsselungsversuchen das Ergebnis mit dem bekannten Klartext verglichen werden. Der Text braucht deshalb keine Redundanz zu enthalten. Statt der Entschlüsselungs-funktion f^{-1} kann auch die Verschlüsselungsfunktion f benutzt werden, indem man mit Ver-schlüsselungsversuchen $m_{bekannt}$ verschlüsselt, bis sich der ebenfalls bekannte Chiffretext c einstellt.

Chosen-Plaintext-Angriff: In diesem Fall hat der Angreifer Zugang zur Verschlüsselungsfunk-tion. Er benutzt dabei den Schlüssel k, ohne ihn selbst lesen zu können. Der Angreifer kann hierbei den Klartext so wählen, dass die Kryptoanalyse möglichst einfach ist.

Chosen-Ciphertext-Angriff: In diesem Fall hat der Angreifer Zugang auf die Entschlüsselungs-funktion. Er kann hierbei den Chiffretext so wählen, dass die Kryptoanalyse möglichst einfach ist.

In Abb. 1-22 sind die genannten vier Arten der Angriffe zusammengestellt.

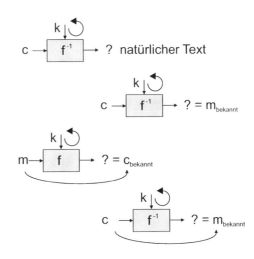

o **Ciphertext-only-Angriff**

"Schlüssel durchprobieren ('brute force'),
bis sinnvoller Text erscheint"

o **Known-Plaintext-Angriff**

"Schlüssel durchprobieren ('brute force'),
bis bekannter Klartext erscheint"

o **Chosen-Plaintext-Angriff**

"Klartext unterschieben (z.B. '1000000'),
dann 'brute force' evt. einfacher"

o **Chosen-Ciphertext-Angriff**

"Chiffre unterschieben (z.B.'1000000'),
dann 'brute force' evt. einfacher"

Abb. 1-22: Arten von Angriffen auf den Schlüssel

1.4.2.3 Angriff auf kryptographische Algorithmen

Der Angriff auf kryptographische Algorithmen zielt darauf, in kryptographischen Algorithmen Schwächen zu finden, die den Aufwand für eine Kryptoanalyse vermindern. Zum Brechen eines geheimen Schlüssels müssen dann weniger Schlüssel durchprobiert werden, bzw. beim Suchen von Kollisionen für eine Hashfunktion weniger Versuche durchgeführt werden.

Der Angriff auf kryptographische Algorithmen hat zwei Aspekte. Als ein konstruktiver Aspekt können durch solche Angriffe neu zu entwickelnde, aber auch bereits in Benutzung befindliche kryptographische Algorithmen auf Resistenz gegenüber Angriffen getestet werden. Ein destruktiver Aspekt ist, dass Angreifer die Schwächen schneller entdecken und die Benutzer der kryptographischen Algorithmen zu Wachsamkeit und zur Entwicklung neuer Algorithmen zwingen.

Die technischen Methoden für den Angriff auf kryptographische Algorithmen hängen stark von den Algorithmen selbst ab: Bei der *differenziellen Kryptoanalyse* wird die Differenz von zwei Nachrichten, die sich nur in wenigen Stellen unterscheiden, durch die einzelnen Runden der Algorithmen verfolgt. Die differenzielle Kryptoanalyse ist anwendbar auf Block-Algorithmen mit symmetrischen Schlüsseln ([BS90], [D94], [FR94]) auf Stromchiffren (Kap. 2.4) sowie auf Hashfunktionen [WY05]. Der Angriff auf asymmetrischen Chiffren hängt ab von möglichst schnellen Algorithmen zum Faktorisieren großer Zahlen oder zum Lösen des diskreten Logarithmus.

1.4.2.4   Perfekte Sicherheit

Was bedeutet perfekte Sicherheit?

Perfekte Sicherheit bezieht sich auf die Verschlüsselung und bedeutet, dass ein Angreifer mit Kenntnis des Chiffretextes über den Klartext nicht mehr weiß als ohne die Kenntnis des Chiffretextes. Im Sinne der Informationstheorie gewinnt der Angreifer keine Information aus dem Chiffretext über den Klartext.

Perfekte Sicherheit wird genau dann erreicht, wenn aus einem gegebenen Klartext durch Verschlüsselung jeder mögliche Chiffretext mit der gleichen Wahrscheinlichkeit entsteht. Oder in umgekehrter Richtung, wenn ein gegebener Chiffretext aus jedem möglichen Klartext mit der gleichen Wahrscheinlichkeit entstanden sein kann. Die Zahl |K| der möglichen Schlüssel muss dabei ebenso groß sein wie die Zahl |M| der möglichen Nachrichten und die Zahl |C| der möglichen Chiffretexte: |M|=|K|=|C|.

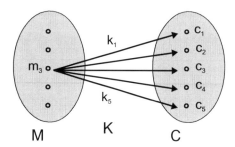
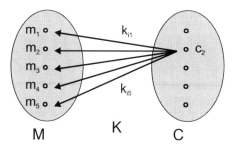

Aus gegebener Nachricht m_3
entsteht jede Chiffre c_i
je mit gleicher Wahrscheinlichkeit.
"Vorwärts-Unsicherheit"

Gegebener Chiffretext c_2
entstand aus jeder Nachricht m_i
je mit gleicher Wahrscheinlichkeit.
"Rückwärts-Unsicherheit"

Abb. 1-23: Perfekte Sicherheit.
Bei Empfang von c_2 kommt jede gesendete Nachricht m_i je mit gleicher Wahrscheinlichkeit in Betracht. Damit gewinnt ein Angreifer keinerlei Information aus der Kenntnis von c_2.

In Abb. 1-23 sind die Aspekte der *Vorwärts-Unsicherheit* und der *Rückwärts-Unsicherheit* dargestellt. Vorwärts-Unsicherheit bedeutet, dass bei der Verschlüsselung jeder der |K| Schlüssel mit der gleichen Wahrscheinlichkeit ausgewählt wird. Rückwärts-Unsicherheit bedeutet, dass für einen Angreifer bei der Entschlüsselung jeder der |K| Schlüssel mit der gleichen Wahrscheinlichkeit in Betracht kommt. D.h. jede der |M|=|K| möglichen Nachrichten aus M kann mit gleicher Wahrscheinlichkeit die richtige sein. Der Angreifer schöpft damit aus der Kenntnis der empfangenen Chiffre c_2 keinerlei Information über den Inhalt der Klartext-Nachricht.

Perfekte Sicherheit mit Vernam- und Strom-Chiffre

Von den oben behandelten Chiffren erfüllt die Vernam-Chiffre (Kap. 1.1.4) und die zur Strom-Chiffre erweiterte Vigenère-Chiffre (Kap. 1.1.3) die Voraussetzungen für perfekte Sicherheit:

(1.) Die Schlüsselfolge muss ebenso lang sein wie die Nachricht, damit $|K|=|M|=|C|$ erfüllt werden kann. (2.) Jede der $|K|$ möglichen Schlüsselfolgen muss mit der gleichen Wahrscheinlichkeit ausgewählt werden.

Wir betrachten den Fall, dass Klartext, Chiffretext und Schlüsselfolgen je eine Länge von n Zeichen haben. Die Zeichen gehören einem Alphabet von B möglichen Zeichen an (B: Basis). Bei der Vernam-Chiffre ist B=2 und bei 26 Buchstaben ist B=26.

$$\left.\begin{array}{ll} \text{Klartext:} & m:m_1, m_2, ...m_n \\ \text{Chiffretext:} & c:c_1, c_2, ...c_n \\ \text{Schlüsselfolge:} & k:k_1, k_2, ...k_n \end{array}\right\} \quad \left.\begin{array}{l} m_i, c_i, k_i \in \{ch_0, ch_1, ...ch_B\} \\ B: \quad \text{Basis für Zeichenvorrat} \end{array}\right\} \quad (1.3\text{-}13)$$

Bei einer Länge von n Zeichen ist die Menge aller möglichen Klartexte, Chiffretexte und Schlüssel jeweils gleich.

$$|M|=|C|=|K|=B^n \quad (1.3\text{-}14)$$

Bei der Verschlüsselung soll jeder der $|K|=B^n$ möglichen Schlüssel mit der gleichen Wahrscheinlichkeit B^{-n} ausgewählt werden. Das geschieht dadurch, dass (1.) für jedes Zeichen k_i der Schlüsselfolge jedes der B möglichen Zeichen mit der gleichen Wahrscheinlichkeit $1/B$ ausgewählt wird und dass (2.) diese Auswahl statistisch unabhängig von den vorangehenden Zeichen ist. Bei B=26 Buchstaben würde ein Roulette mit 26 Sektoren diese gleich verteilte und statistisch unabhängige Auswahl treffen.

Für den Fall der Rückwärts-Unsicherheit von Abb. 1-23 sind in Abb. 1-24 die Zeichenfolgen für die Nachricht m_j: m_{j1} m_{j2}...m_{jn}, für die Chiffre c_i: c_{i1} c_{i2}...c_{in} und für den Schlüssel k_{ij}: k_{ij1} k_{ij2}...k_{ijn} eingetragen. Wenn der Chiffretext c_i empfangen wurde, dann kann zu jeder möglichen Nachricht m_j ein dazu passender Schlüssel k_{ij} berechnet werden. Die Indizes in (1.3-15) stehen für: „i" für die empfangene Chiffre, „j" für den möglichen Klartext, „ij" für den zugehörigen Schlüssel und „r" für die Stellennummer innerhalb der Folgen mit je n Zeichen.

Klartext, welcher war es?   **Chiffre, vom Angreifer empfangen**

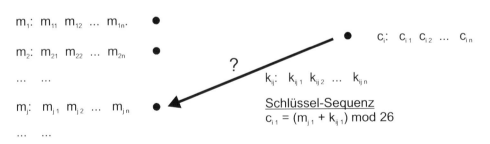

Abb. 1-24: „Rückwärts-Unsicherheit.
Für einen gegebenen Chiffretext c_i gibt es zu jedem möglichen Klartext m_j
einen zugehörigen Schlüssel k_{ij}. Das 1. Zeichen dieses Schlüssels ist $k_{ij1}=(c_{i1}-m_{j1})$ mod 26.

$$c_{ir} = (m_{jr} + k_{ijr}) \bmod 26 \quad \text{bzw.}$$
$$k_{ijr} = (c_{ir} - m_{jr}) \bmod 26$$
$$\left. \vphantom{\begin{array}{c}a\\b\end{array}} \right\} \quad \text{für} \quad r = 1 \ldots n \quad \text{und} \quad B = 26 \qquad (1.3\text{-}15)$$

Bei dem empfangenen Chiffretext c_i können mit (1.3-15) für alle $B^n = 26^n$ möglichen Klartexte m_j ($j = 1 \ldots B^n$) die zugehörigen Schlüssel k_{ij} ($i, j = 1 \ldots B^n$) berechnet werden. Alle B^n Schlüssel k_{ij} sind verschieden. Sie werden beim Verschlüsseln je mit der gleichen Wahrscheinlichkeit B^{-n} ausgewählt. Damit ist für einen Angreifer jede der B^n möglichen Nachrichten m_j gleich wahrscheinlich, und er gewinnt keine Information über sie.

Rückschluss auf Klartext mit Satz von Bayes

Neben der anschaulichen Begründung oben für die perfekte Sicherheit lässt sich diese auch formal mit dem Satz von Bayes begründen. Der Satz von Bayes (z.B. [RWV95]) macht eine Aussage über die Wahrscheinlichkeiten für die allgemeinen Ereignisse A und B und die bedingten Ereignisse A/B und B/A:

$$P(A/B) \cdot P(B) = P(B/A) \cdot P(A) \qquad (1.3\text{-}16)$$

Für unseren speziellen Fall setzen wir die Ereignisse A="c_i empfangen" und B="m_j gesendet".

$$P(c_i / m_j) \cdot P(m_j) = P(m_j / c_i) \cdot P(c_i) \qquad (1.3\text{-}17)$$

Bei dem oben dargestellten Verfahren werden alle B^n Schlüssel mit der gleichen Wahrscheinlichkeit B^{-n} ausgewählt. Dies hat zur Folge, dass die Wahrscheinlichkeit für c_i unabhängig von m_j ist: $P(c_i/m_j) = P(c_i) = B^{-n}$. Eingesetzt in (1.3-17) ergibt sich:

$$P(m_j) = P(m_j / c_i) \qquad (1.3\text{-}18)$$

Die Aussage von (1.3-18) ist: Die Wahrscheinlichkeit, m_j gesendet zu haben ist ebenso groß wie die bedingte Wahrscheinlichkeit m_j gesendet zu haben unter der Bedingung, c_i empfangen zu haben. Also, man kann aus der Kenntnis von c_i als Angreifer keinerlei Nutzen ziehen.

2 Symmetrische Chiffren

Symmetrische Chiffren benutzen den gleichen Schlüssel zum Verschlüsseln und Entschlüsseln. Alle historischen Verfahren sind symmetrische Chiffren. Moderne symmetrische Chiffren werden benutzt, weil sie besonders schnell sind, d.h. Ver- und Entschlüsselung benötigen wenig Rechenaufwand. Gegen Angriffe sind sie sicher, falls die Schlüssellänge hinreichend groß ist (z.B. 112 Bit oder länger). Symmetrische Schlüssel müssen vor ihrer Benutzung zwischen Sender und Empfänger auf sicherem Wege ausgetauscht werden. Dazu werden heutzutage asymmetrische Verfahren benutzt (vgl. Kap. 1.3.3 und Kap. 4).

In dem vorliegenden Kapitel werden die modernen symmetrischen Verfahren vorgestellt: DES, *Data Encryption Standard*; IDEA, *International Data Encryption Algorithm*, die *Strom-Chiffren* RC4 und A5 und AES, *Advanced Encryption Standard*. Symmetrische, aber ebenso asymmetrische Chiffren lassen sich durch diskrete Algebra beschreiben. Um die Arbeitsweise kryptographischer Verfahren zu verstehen, sind Abschnitte über das Rechnen mit endlichen Zahlenmengen eingefügt, zunächst elementar und grundlegend und später für den Bedarf von AES weiterführend.

2.1 Rechnen mit endlichen Zahlenmengen und Restklassen

Die hier vorgestellten Begriffe und Regeln sind elementar. Sie sind grundlegend für fast alle kryptographischen Verfahren. In diesem Abschnitt werden wir mit endlichen Zahlenmengen $\{0, 1, \dots n-1\}$ rechnen. Die Regeln sind fast wie gewohnt, jedoch wird für jedes Ergebnis jeweils nur der Divisionsrest bezüglich einer Modulzahl n gerechnet („modulo n"). Das Rechnen mit Zahlen wird auch als Arithmetik bezeichnet. Die Rechenregeln bei endlichen Zahlenmengen werden unter dem Begriff *diskrete Algebra* zusammengefasst.

Die elementare Algebra ist aus der Schulmathematik bekannt und begründet die Rechenregeln für das Addieren, Subtrahieren, Multiplizieren und Dividieren. Gerechnet wird dabei mit natürlichen, ganzen, gebrochenen oder reellen Zahlen. In der diskreten Algebra beschränken wir uns auf endliche Mengen von ganzen Zahlen. Wir werden sehen, beim Addieren, Subtrahieren und Multiplizieren können wir modulo n wie gewohnt verfahren. Das Dividieren läuft etwas anders, denn in der Arithmetik modulo n gibt es für das Ergebnis keine gebrochenen Zahlen, sondern nur die Zahlenmenge $\{0, 1, \dots n-1\}$.

Bei der Verschlüsselung wird eine Folge von Zeichen in eine andere Zeichenfolge umgerechnet. Die Zeichen entstammen immer einer endlichen Zeichenmenge, z.B. der Menge der 26 Buchstaben des Alphabets. Weitere Beispiele sind die zwei Werte 0 und 1 eines binären Zeichens oder die 2^{64} Werte eines Blocks mit 64 Binärstellen. Zur Beschreibung von Ver- und Entschlüsselung eignet sich eine Algebra für endliche Zeichenmengen.

In diesem Abschnitt befassen wir uns mit Restklassen modulo n, mit den Axiomen als Basis der Rechenregeln und mit multiplikativ inversen Elementen, welche das Dividieren begründen. Spätere Abschnitte über diskrete Algebra werden erst dann folgen, wenn sie für die Anwendung erforderlich sind.

2.1.1   Arithmetik modulo n, Restklassen

Wir benötigen eine endliche Zahlenmenge $\{0, 1, \dots n-1\}$ und diese erhalten wir, indem wir von einem ganzzahligen Ergebnis x seinen Rest bei Division durch n bilden. Dabei ist n eine ganze Zahl größer/gleich 2, d.h. $2 \le n \in \not\in$. Der Rest von x wird als „(x)mod n" bezeichnet. Sein Wert liegt in der Zahlenmenge $\{0, 1, \dots n-1\}$. Es muss selbstverständlich geklärt werden, welche Rechenregeln in der „Arithmetik modulo n" gelten.

Wir beziehen uns auf die Menge der (positiven und negativen) ganzen Zahlen $\not\in$.

$$\not\in = \{0, \pm 1, \pm 2, \dots\} \tag{2.1-1}$$

In der Arithmetik modulo n unterscheiden wir nicht zwischen einer ganzen Zahl $a \in [0, n-1]$ und beliebigen ganzen Zahlen $x \in \not\in$ mit dem gleichen Rest a. Alle Zahlen x mit dem gleichen Rest a ordnen wir einer Restklasse R_a zu.

$$R_a = \{a, a \pm 1 \cdot n, a \pm 2 \cdot n, a \pm 3 \cdot n, \dots\} \quad \text{mit} \quad a \in [0, n-1] \tag{2.1-2}$$

Wir sagen, die Elemente a und $a + i \cdot n$ sind „kongruent" (Zeichen „$\equiv$") modulo n.

$$a \equiv a + i \cdot n \equiv a + j \cdot n \,(\text{mod } n) \quad \text{mit} \quad i, j \in \not\in \tag{2.1-3}$$

In der Schreibweise bezieht sich „(mod n)" rechts neben dem Ausdruck auf alle Kongruenzen dieses Ausdrucks. Der Rest einer Zahl x≥0 kann entweder gebildet werden mittels Division durch n oder durch vielfaches Subtrahieren von n. (Bei einer negativen Zahl x würden wir ein Vielfaches von n addieren, bzw. die ganze Zahl i in der folgenden Formel wäre negativ.)

$$(x) \text{mod } n = x - i \cdot n \in [0, n-1] \quad \text{mit} \quad x, i \in \not\in \tag{2.1-4}$$

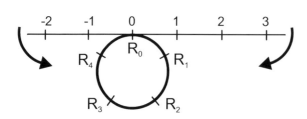

Abb. 2-1: „Aufwickeln der Zahlen-geraden" und die 5 Restklassen für den Modul n 5:

$$R_0 = \{0, 0 \pm 5, 0 \pm 10, 0 \pm 15, \dots\}$$
$$R_1 = \{1, 1 \pm 5, 1 \pm 10, 1 \pm 15, \dots\}$$
$$R_2 = \{2, 2 \pm 5, 2 \pm 10, 2 \pm 15, \dots\}$$
$$R_3 = \{3, 3 \pm 5, 3 \pm 10, 3 \pm 15, \dots\}$$
$$R_4 = \{4, 4 \pm 5, 4 \pm 10, 4 \pm 15, \dots\}$$

Die Schreibweise „(x)mod n" bedeutet, dass von dem Wert in der Klammer der Rest bezüglich n gebildet wird. Das Ergebnis liegt dann im Intervall der ganzen Zahlen [0, n-1]. Die Rest-klassen R_x können anschaulich dargestellt werden, indem man die Zahlengerade auf einem „Rundholz oder Kreis mit dem Umfang n aufwickelt", wie dies in Abb. 2-1 für den Fall n=5 dargestellt ist. Alle Zahlenwerte der gleichen Restklasse fallen beim „Aufwickeln" aufeinan-der. Z.B. fallen in die Restklasse R_1 alle Punkte: {1, 6, 11, 16, … sowie -4, -9, -14, …}.

Wenn wir in der Arithmetik modulo n rechnen, dann benutzen wir als „Zahlen" die Restklas-sen. In jedem Rechenschritt können wir eine Zahl aus einer Restklasse durch jede andere Zahl aus der gleichen Restklasse ersetzen. Es ist üblich, statt einer Restklasse R_a ihren „Repräsentanten" a zu schreiben, wobei entsprechend (2.1-2) für a gilt $a \in [0, n-1]$. Die Menge der Reste $[0, n-1]$ wird oft als $¢_n$ bezeichnet.

$$¢_n = [0, n-1] = \{0, 1, 2, \dots n-1\} \tag{2.1-5}$$

Wenn wir mit dem endlichen Zahlenbereich $\{0, 1, \dots n-1\}$ rechnen wollen, dann müssen wir uns um die axiomatische Basis für die Arithmetik modulo n kümmern. Auch die aus der Schule bekannte elementare Algebra baut auf Axiomen auf.

2.1.2 Axiome für Gruppe, Ring und Körper

Die Algebra wird durch 11 Axiome begründet. Sie sind die Basis für das Rechnen z.B. mit rationalen Zahlen (darstellbar als Bruch ganzer Zahlen). Damit wir die Rechenregeln der Algebra auch für die Arithmetik modulo n anwenden können, müssen wir zeigen, dass die Axiome auch modulo n erfüllt sind.

Es wird eine endliche oder nicht-endliche Menge von Elementen $\{a, b, c, \dots\}$ vorausgesetzt. Eine Algebra mit den folgenden Axiomen wird genannt

- 1 bis 4 eine **Gruppe**
- 1 bis 8 ein **Ring**
- 1 bis 11 ein **Körper** (englisch „field")

Axiome für Gruppe, Ring und Körper

1. Die Summe a+b von zwei beliebigen Elementen a und b ist definiert und ebenfalls Element der Menge.
2. Die Bildung von Summen ist assoziativ: (a+b)+c = a+(b+c)
3. Es gibt ein „Nullelement" 0, so dass für jedes beliebige Element a gilt: a+0 = a
4. Zu jedem Element a gibt es ein „additiv inverses" Element a_{-1}, wobei $a+a_{-1} = 0$
5. Die Summe ist kommutativ: a+b = b+a
6. Das Produkt a·b von zwei beliebigen Elementen a und b ist definiert und ebenfalls Element der Menge.
7. Die Bildung von Produkten ist assoziativ: (a·b)·c = a·(b·c)
8. Es gilt das distributive Gesetz: a·(b+c) = a·b+a·c
9. Die Bildung des Produkts ist kommutativ: a·b = b·a
10. Es gibt ein „Einselement" 1, so dass für jedes beliebige Element a gilt: a·1 = a
11. Zu jedem Element $a \neq 0$ gibt es ein multiplikativ inverses Element a^{-1}, wobei $a \cdot a^{-1} = 1$ gilt.

Bedeutung von Gruppe, Ring und Körper

Es sind definiert:

- in **Gruppen** die **Addition** und die **Subtraktion** (durch das additiv inverse Element)

- in **Ringen** zusätzlich die **Multiplikation** und

- in **Körpern** zusätzlich die **Division** (durch das multiplikativ inverse Element)

Aus den 11 Axiomen können weitere Theoreme und schließlich das gesamte Gebäude der Algebra mit ihren Regeln abgeleitet werden. Wir setzen dies als gegeben voraus.

Axiome sind die Voraussetzungen für ein mathematisches Gebäude und werden nicht bewiesen. Wir werden jedoch zeigen, welche Axiome bei Anwendung der Arithmetik modulo n erfüllt sind, so dass wir die daraus abgeleiteten Regeln der Algebra benutzen können.

Wir werden sehen, es sind erfüllt

- die Axiome **1 bis 10 allgemein** für die Arithmetik **modulo n**, und

- die Axiome **1 bis 11** für die Arithmetik modulo n, **falls n=p eine Primzahl** ist.

2.1.2.1   Nachweis für die Erfüllung der Axiome 1 bis 10

Die Erfüllung der Axiome 1 bis 10 lässt sich nachweisen, indem für die Elemente a, b bzw. c beliebige Elemente der gleichen Restklasse eingesetzt werden. Das Ergebnis darf dann nur von den Repräsentanten der Restklassen abhängen. Der Nachweis erfolgt beispielhaft für Axiom 1.

Axiom 1:

$$
\left.\begin{array}{l}
a + b \equiv (a + i \cdot n) + (b + j \cdot n) = (a + b) + (i + j) \cdot n \equiv (a + b) \bmod n \quad (\bmod n) \\
\text{für} \quad a, b \in [0, n-1] \quad \text{und} \quad i, j \in \not{\mathbb{C}}
\end{array}\right\} \quad (2.1\text{-}6)
$$

Wir sehen, das Ergebnis (a+b)mod n hängt nur von den Restklassen a und b ab, nicht jedoch von den beliebigen ganzen Zahlen i und j. Damit ist die Addition mod n definiert. Die Angabe (mod n) rechts in (2.1-6) bezieht sich auf die Kongruenzen. Zusätzlich steht (a+b)mod n, da die Summe (a+b) aus dem Intervall [0, n−1] herausfallen könnte. Durch die Restbildung liegt das Ergebnis (a+b)mod n wieder im Intervall [0, n−1].

Axiom 4:

Das additiv inverse Element zu a=0 ist a_{-1}=0, denn a+ a_{-1} = 0+0 = 0. Das additiv inverse Element zu a≠0 ist a_{-1} = n−a, denn a+a_{-1} = a+(n−a) = n ≡ 0 (mod n).

Die additiv inversen Elemente sind

$$
\left.\begin{array}{llll}
\text{zu} & a = 0: & a_{-1} = 0 & \text{denn} \quad a + a_{-1} = 0 + 0 = 0 \\
\text{zu} & a \neq 0: & a_{-1} = n - a & \text{denn} \quad a + a_{-1} = a + (n - a) = n \equiv 0 \quad (\bmod n)
\end{array}\right\} \quad (2.1\text{-}7)
$$

Aus (2.1-7) ist zu ersehen, dass es für jedes Element ein additiv inverses Element gibt und welchen Wert es hat.

In entsprechender Weise kann die Erfüllung aller Axiome 1 bis 10 leicht nachgewiesen werden. Auf der Basis der Axiome 1 bis 10 können wir jetzt in der Arithmetik modulo n mit den gewohnten Regeln für Addition, Subtraktion, Multiplikation, Klammerung usw. rechnen, d.h. entsprechende algebraische Ausdrücke umformen und berechnen.

2.1.2.2 Nachweis für die Erfüllung von Axiom 11

$$\left. \begin{array}{l} \text{Für jedes Element } a \neq 0 \text{ gibt es mod n ein multiplikativ inverses Element } a^{-1}, \\ \text{falls n = p eine Primzahl ist.} \end{array} \right\} \quad (2.1\text{-}8)$$

Die Aussage (2.1-8) wollen wir nachweisen und zunächst an zwei Beispielen überprüfen. Dazu stellen wir eine Multiplikationstafel a·b auf. In ihr stehen links die Werte für a, oben die Werte für b und im Kreuzungspunkt der Wert für das Produkt a·b.

Beispiel: n=3 (prim), die Elemente sind a,b ∈ {0, 1, 2}

Multiplikationstafel

·	0	1	2
0	0	0	0
1	0	1	2
2	0	2	1

Multiplikativ inverse Elemente

a	b=a^{-1}
1	1
2	2

Die Multiplikationstafel zeigt die Besonderheit, dass (2·2) modulo 3 den Wert 1 hat, denn die Werte 4 und 1 sind modulo 3 kongruent. Die Tafel der multiplikativ inversen Elemente enthält alle Werte von a≠0. Das multiplikativ inverse Element z.B. von a=2 findet man in der Multiplikationstafel, indem man in der Zeile für a=2 nach dem Produktwert 1 sucht. Der zugehörige Wert von b (b=2) ist das gesuchte multiplikative Element a^{-1}. Eine wichtige Eigenschaft der Multiplikationstafel ist, dass in jeder Zeile für a≠0 für die Produkte alle Werte {0, 1, 2} genau einmal auftreten und somit auch der Wert 1. Das Produkt ist kommunikativ, deshalb ist die Multiplikationstafel bezüglich a und b symmetrisch.

Beispiel: n=4 (nicht prim), die Elemente sind a,b ∈ {0, 1, 2, 3}

Multiplikationstafel

·	0	1	2	3
0	0	0	0	0
1	0	1	2	3
2	0	2	0	2
3	0	3	2	1

Multiplikativ inverse Elemente

a	b=a^{-1}
1	1
2	existiert nicht
3	3

In der Multiplikationstafel für n=4 gibt es in der Zeile für a=2 keinen Produktwert 1. Deshalb existiert für a=2 kein multiplikativ inverses Element. Diese Eigenschaft entspricht damit der Aussage von (2.1-8). Man beachte ferner: Für die Werte a=1 und a=3 gibt es multiplikativ inverse Elemente. (Diese Werte von a haben die Eigenschaft, dass sie relativ prim zum Modul n=4 sind, d.h. keinen gemeinsamen Teiler haben.)

Beispiel: n=5 (prim), die Elemente sind a,b ∈ {0, 1, 2, 3, 4}

Um das multiplikativ inverse Element für a≠0 zu finden, kann man die Folge der Produkte 1·a, 2·a, 3·a, … aufstellen. Sobald der Wert für ein Produkt (a·b) mod n = 1 auftritt, ist mit b=a^{-1} das multiplikativ inverse Element a^{-1} zu a gefunden.

Die Folge 1·a, 2·a, 3·a, … kann man auch dadurch erzeugen, indem man, ausgehend von dem Element a, jeweils den Wert a addiert, um von einem Folgen-Element zum Nachfolger-Element zu kommen. In Abb. 2-2 ist der Zyklus aller n=5 Restklassen modulo 5 als Kreis dargestellt. Die Folge der Elemente 1·a, 2·a, 3·a, … ist für das Beispiel a=2 durch Pfeile ge-kennzeichnet. Ausgehend von a=2 erhält man die Elemente der Folge, indem man je mit der Schrittweite a=2 im Uhrzeigersinn weitergeht. Wesentlich für die Existenz des multiplikativ inversen Elements ist, dass einer der Pfeile auf das Element 1 zeigt. Anschaulich sehen wir in Abb. 2-2, dass der Zyklus der Pfeil-Folge nicht in mehrere gleiche Teilzyklen zerfallen kann, weil die Zahl n=p=5 der Punkte auf dem Kreis als Primzahl nicht teilbar ist. Damit zeigt einer der Pfeile auf das Element 1.

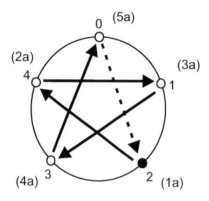

Abb. 2-2: Folge der Produkte 1·a, 2·a, 3·a, … für die Wahl a=2 im Zyklus der Elemente modulo 5 von n=p=5.
Wir sehen in dem Beispiel, dass (3·a) mod 5 auf den Wert 1 fällt. Somit ist a^{-1}=3 das mul-tiplikativ inverse Element zu a=2.

Verallgemeinernd kann man argumentieren: Die Zahl n der Punkte auf dem Kreis und die Folge der Pfeile mit der Schrittweite a haben eine gemeinsame Periode, die durch das kleinste gemeinsame Vielfache kgV von n und a angegeben wird. Es ist kgV = n·a, falls n und a relativ prim zueinander sind, d.h. falls der größte gemeinsame Teiler ggT von n und a den Wert 1 hat.

$$kgV(n, a) = n \cdot a \quad \text{für} \quad ggT(n, a) = 1, \quad \text{d.h. für} \quad (n, a) \text{ relativ prim} \tag{2.1-9}$$

Die gemeinsame Periode umfasst n Schritte je mit der Schrittweite a. Die Periode der Pfeile hat die Länge n. Damit werden alle Punkte im Kreis genau einmal berührt und damit auch das Einselement. Die Aussage von (2.1-8) können wir jetzt noch erweitern:

$$\left. \begin{array}{l} \text{Für jedes Element } a \neq 0 \text{ gibt es mod n ein multiplikativ inverses Element } a^{-1}, \\ \text{falls} \quad ggT(n, a) = 1, \quad \text{d.h. } (n, a) \text{ relativ prim} \end{array} \right\} \tag{2.1-10}$$

Das heißt, auch wenn n keine Primzahl ist, gibt es zu Elementen a multiplikativ inverse Ele-mente a^{-1}, falls a und n teilerfremd sind.

Für eine Primzahl als Modul (n=p=prim) ist ggT(n, a)=1 für jedes a aus [1, p−1] erfüllt, d.h. es gibt zu jedem Element a≠0 ein multiplikativ inverses Element a^{-1}.

Durch die Arithmetik modulo p (p=prim) wird ein Körper mit p Elementen {0, 1, …p−1} definiert. Darin können, wie gewohnt, alle elementaren und daraus abgeleiteten Regeln der Algebra benutzt werden. Neben algebraischen Ausdrücken und Gleichungen gelten z.B. auch die Regeln für das Rechnen mit Potenzen.

Ein Körper mit p Elementen wird als Galois-Körper (engl. Galois-Field) bezeichnet. (Evariste Galois, 1811-1832, französischer Mathematiker).

$$GF(p) \quad Galois-Körper \; mit \; p \; Elementen \; [0, p-1]$$ (2.1-11)

Anwendung der Arithmetik modulo n

Arithmetik modulo 26 wurde bereits benutzt zur Beschreibung der Verschiebe-Chiffre nach Caesar und Vigenère (Kap. 1.1.2 und 1.1.3). Dabei waren nur Addition und Subtraktion erforderlich.

Arithmetik modulo 2 bezieht sich auf binäre Werte. Sie spielen eine Rolle bei der Vernam-Chiffre (Kap. 1.1.4), bei Pseudo-Noise-Generatoren (Kap. 1.3.5.5) und bei Arithmetik mit Binärstellen, wie dem DES-Algorithmus (Kap. 2.2). In der Arithmetik modulo 2 gilt die Besonderheit, dass die Addition und die Subtraktion identische Operationen sind.

$$a + a = 2 \equiv 0 \,(mod\,2) \quad d.h. \quad +a \equiv -a \,(mod\,2) \quad d.h. \quad Addition = Subtraktion$$ (2.1-12)

Der Modul n=p=2 ist eine Primzahl, d.h. GF(2) ist der kleinste Galois-Körper.

Die Modulwerte 2^{16} und $2^{16}+1$ werden bei IDEA (Kap. 2.3) benutzt. Von einer Dualzahl x bezeichnet (x)mod 2^{16} den Ausschnitt der letzten 16 niederwertigen Stellen. Modulwerte mit 2^{1024} und mehr spielen vor allem bei asymmetrischen Chiffren eine Rolle (Kap. 4).

2.1.3 Multiplikativ inverse Elemente, praktische Ermittlung

Das multiplikativ inverse Element a^{-1} zu a in der Arithmetik mod n könnten wir entsprechend dem letzten Abschnitt bestimmen: Wir stellen die Folge 1·a, 2·a, 3·a, … solange auf, bis sich ein Wert von b·a=1 einstellt. Dieser Wert von b ist dann das gesuchte multiplikativ inverse Element a^{-1}=b. Diese Methode ist manuell nur für sehr kleine Werte von n anwendbar, mit dem Rechner für den Bereich bis etwa n≤2^{30}≈10^9. Für asymmetrische Chiffren werden jedoch Modulwerte von n≈2^{1024} und mehr benutzt. Das sind Zahlen mit 1024 Binärstellen oder etwa 308 Dezimalstellen. Eine Folge mit mehr als 10^{300} Elementen aufzustellen, ist eine praktisch nicht durchführbare Aufgabe.

2.1.3.1 Erweiterter Euklidischer Algorithmus

Mit Hilfe des Euklidischen Algorithmus kann der größte gemeinsame Teiler von zwei Zahlen ermittelt werden (griechischer Mathematiker, ca. 365–300 v.Chr.). Für das Element a existiert modulo n nur dann ein multiplikativ inverses Element a^{-1}, falls n und a teilerfremd sind, also nur den größten gemeinsame Teiler ggT(n, a)=1 haben.

$$\mathrm{ggT}(n, a) = 1 \quad \text{für} \quad n > a \geq 0, \quad n, a \in \not{C} \tag{2.1-13}$$

Der ggT lässt sich, wie bald zu sehen, durch eine Linearkombination von n und a darstellen.

$$\mathrm{ggT} = 1 = \alpha \cdot n + \beta \cdot a \quad \text{mit} \quad a, n, \alpha, \beta \in \not{C} \tag{2.1-14}$$

Wenn wir modulo n auf (2.1-14) anwenden, dann wird der Term $\alpha \cdot n$ zu Null und wir erhalten β als das multiplikativ inverse Element.

$$1 \equiv \beta \cdot a \,(\mathrm{mod}\, n) \quad \text{und damit} \quad a^{-1} = (\beta)\,\mathrm{mod}\, n \tag{2.1-15}$$

Mit Hilfe des Euklidischen Algorithmus können wir nicht nur den größten gemeinsamen Teiler ggT ermitteln, sondern auch die Werte von α und β in (2.1-14).

Der Euklidische Algorithmus gibt eine Ersetzung von ggT(n, a) an.

$$
\left.
\begin{aligned}
\mathrm{ggT}(n, a) = & \quad && \text{wobei} \quad n > a \geq 0, \quad n, a \in \not{C} \\
= \mathrm{ggT}(a, (n)\,\mathrm{mod}\,a) & \quad && \text{für} \quad a > 0 \\
= n & \quad && \text{für} \quad a = 0
\end{aligned}
\right\} \tag{2.1-16}
$$

Für ein Beispiel mit n=72 und a=5 wollen wir zunächst prüfen, ob ggT=1 ist, und anschließend das multiplikativ inverse Element a^{-1} zu a=5 modulo n ermitteln. Es ergeben sich folgende Ersetzungsschritte:

$$
\left.
\begin{aligned}
\mathrm{ggT}(72, 5) = & \\
\mathrm{ggT}(5, 2) = & \quad \text{wobei} \quad 2 = 72 \,\mathrm{mod}\, 5 = 72 - \left\lfloor \frac{72}{5} \right\rfloor \cdot 5 \\
\mathrm{ggT}(2, 1) = & \quad \text{wobei} \quad 1 = 5 \,\mathrm{mod}\, 2 = 5 - \left\lfloor \frac{5}{2} \right\rfloor \cdot 2 \\
\mathrm{ggT}(1, 0) = & \, 1
\end{aligned}
\right\} \tag{2.1-17}
$$

Links in (2.1-17) stehen die Ersetzungen entsprechend dem Euklidischen Algorithmus. Beim ersten Ersetzungsschritt wandert die 5 nach links, und nach rechts kommt 72 mod 5 = 2. Nach drei Schritten ist der Algorithmus mit ggT(1, 0) = 1 beendet. Rechts in (2.1-17) ist als Erweiterung des Algorithmus angegeben, wie der Rest (z.B. 2) sich aus den Operanden (z.B. 72, 5) der vorherigen Zeile ergibt. Dabei bedeuten die „nach unten eckigen Klammern" „das Ganze von" (das Ganze z.B. von (72/5) ist 14).

Die 1 (rechts unten in (2.1-17)) wird dargestellt als Linearkombination LK(5, 2) von 5 und 2. Die 2 kann mittels der Zeile darüber ersetzt werden als LK(72, 5). Damit ist auch ggT=1 darstellbar als LK(72, 5). Wir erhalten für das Beispiel:

$$
\left.
\begin{aligned}
1 &= 5 - 2 \cdot 2 = 5 - 2 \cdot (72 - 14 \cdot 5) = 5 - 2 \cdot 72 + 28 \cdot 5 \\
&= -2 \cdot 72 + 29 \cdot 5
\end{aligned}
\right\} \tag{2.1-18}
$$

Wir erhalten aus (2.1-18) das in modulo 72 multiplikativ inverse Element zu a=5 als $a^{-1}=\beta=29$. Falls der Wert für β negativ gewesen wäre, dann müsste entsprechend (2.1-15) noch eine Restbildung $a^{-1}=(\beta)\,\mathrm{mod}\, n$ durchgeführt werden.

Aus dem Beispiel von (2.1-17) / (2.1-18) kann herausgelesen werden, dass ggT(n, a) allgemein als Linearkombination LK(n, a) entsprechend (2.1-14) darstellbar ist.

Der Euklidische Algorithmus ist auch für sehr große Zahlen von n anwendbar. Die Zahl der Ersetzungsschritte steigt ungefähr nur linear mit der Stellenlänge von n. (Die Länge der Folge 1·a, 2·a, 3·a, … steigt dagegen exponentiell mit der Stellenlänge von n.)

2.1.4 Übungen

Übung 1

Weisen Sie die Erfüllung von Axiom 6 für das Produkt a·b in Arithmetik modulo n in entsprechender Weise wie für Axiom 1 nach (vgl. Kap. 2.1.2.1 Formel (2.1-6)).

Lösung

a·b≡(a+i·n)·(b+j·n)=a·b+n·(a·j+b·i+i·j·n)≡(a·b)mod n. Das Ergebnis (a·b)mod n hängt nur von a und b, nicht aber von i und j ab.

Übung 2

a) Stellen Sie die Multiplikationstafel für die Arithmetik modulo 6 auf. Zu welchen Elementen ≠0 existiert kein multiplikativ inverses Element?

Lösung

·	0	1	2	3	4	5	Produkt modulo 6
0	0	0	0	0	0	0	
1	0	1	2	3	4	5	
2	0	2	4	0	2	4	
3	0	3	0	3	0	3	
4	0	4	2	0	4	2	
5	0	5	4	3	2	1	

Zu den Elementen 2, 3 und 4 existiert kein multiplikativ inverses Element. Sie sind nicht teilerfremd zu dem Modul n=6. Die Elemente 1 und 5 sind zu sich selbst multiplikativ invers.

b) Zeichnen Sie entsprechend Abb. 2-2 die Folge der Produkte 1·a, 2·a, 3·a als Folge der Pfeile für a=4 und a=5.

Lösung

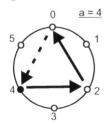
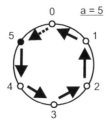

Übung 3

Zu welchen Elementen gibt es in der Arithmetik modulo 10 multiplikativ inverse Elemente und geben Sie diese an.

Lösung

Das sind die zum Modul 10 teilerfremden Elemente 1, 3, 7, 9. Die Elemente 3 und 7 sind zueinander invers, die Elemente 1 und 9 sind zu sich selbst invers.

Übung 4

Wie lang würde es dauern, im Zahlenraum 2^{1024} die Folge 1·a, 2·a, 3·a, … auf das Ergebnis $\equiv 1 \pmod n$ zu prüfen. Nehmen Sie an, Sie hätten 10^9 Computer zur Verfügung, die je 10^9 Folgenelemente je sec prüfen könnten?

Lösung

$2^{1024} \cdot 10^{-9} \cdot 10^{-9}$ sec $\approx 10^{283}$ Jahre ! (Alter des Kosmos ca 10^{10} Jahre)

Übung 5

Bestimmen Sie in der Arithmetik modulo 65537 ($=2^{16}+1$) zu dem Element a=504 mit dem erweitertem Euklidischen Algorithmus das multiplikativ inverse Element a^{-1}.

Lösung

ggT(65537, 504)=

ggT(504, 17)=   wobei   17=65537-130·504

ggT(17, 11)=   wobei   11=504-29·17

ggT(11, 6)=   wobei   6=17-11

ggT(6, 5)=   wobei   5=11-6

ggT(6, 1)=   wobei   1=6-5

Durch Einsetzen von unten nach oben ergibt sich:

1=89·65537-11573·504. Das Ergebnis ist a^{-1}=(-11573)mod65537=53964

2.2   DES, Data Encryption Standard

Der Data Encryption Standard DES war drei Jahrzehnte lang das am meisten benutzte symmetrische Verfahren zur Verschlüsselung großer Datenmengen. Auch heute ist er noch in vielen Anwendungen enthalten. DES wurde 1974 von IBM veröffentlicht und 1977 (NBS, National Bureau of Standards) bzw. 1981 (ANSI, X3.92, American National Standards Institute) zum Standard erhoben. Das Verfahren ist damit öffentlich. Der Schutz gegen Angriffe liegt in der Menge der möglichen Schlüssel.

2.2.1   DES, Eigenschaften

Die folgende Abb. 2-3 gibt einen Überblick über das Ver- und Entschlüsseln.

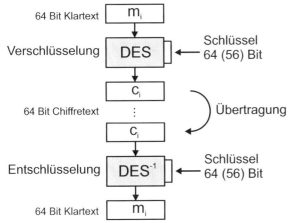

Abb. 2-3: DES Block-Chiffre.

Es wird ein Block von 64 Bit Klartext in einen Chiffreblock von ebenfalls 64 Bit verschlüsselt.

Der obere Bereich zeigt die Verschlüsselung mit der Funktion DES und der untere Bereich zeigt die Entschlüsselung mit der inversen Funktion DES^{-1}.

Block-Chiffre

Eine Nachricht m wird in Blöcke m_i von je 64 Bit aufgespalten. Jeder Block m_i wird unabhängig von anderen Blöcken in einen Chiffreblock c_i von ebenfalls 64 Bit verschlüsselt.

$$c_i = DES(k, m_i) \qquad i = 0, 1, 2, ... \text{ laufender Index} \tag{2.2-1}$$

Die Entschlüsselung erfolgt ebenfalls blockweise mit der inversen Funktion DES^{-1}, aber mit dem gleichen Schlüssel k.

$$m_i = DES^{-1}(k, c_i) \qquad i = 0, 1, 2, ... \tag{2.2-2}$$

Symmetrisch

Der Schlüssel k wird sowohl für die Verschlüsselung als auch Entschlüsselung benutzt. Der Schlüssel k enthält 56 frei wählbare, signifikante Stellen. Er wird durch 8 Paritätsstellen auf 64 Bit ergänzt. Die Zahl aller möglichen Schüssel (Quantität der Schlüssel) ist:

$$|K| = 2^{56} \tag{2.2-3}$$

2.2.2 DES, Verschlüsselung und Entschlüsselung

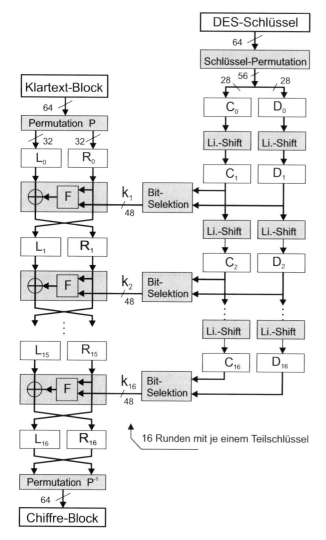

Abb. 2-4: DES-Verschlüsselung-Schema.

Links oben steht der Klartext-Block, links unten der Chiffreblock. Die Verschlüsselung erfolgt in 16 so genannten „Runden".

Aus dem „DES-Schlüssel" rechts oben im Bild, werden 16 „Teil-Schlüssel" k_1, k_2, … k_{16} abgeleitet, für jede Runde ein Teil-Schlüssel k_r mit je 48 Bit.

Abb. 2-4 gibt einen Überblick über das Verschlüsselungs-Schema. Im Bild links oben steht der Klartext-Block und links unten der Chiffreblock. Die Verschlüsselung erfolgt in 16 so genannten „Runden". Aus dem DES-Schlüssel, rechts oben im Bild, werden 16 *Teilschlüssel* k_1, k_2, … k_{16} abgeleitet, für jede Runde gibt es einen Teil-Schlüssel k_r mit je 48 Bit.

Die Teilschlüssel

Die Teil-Schlüssel k_1, k_2, ... k_{16} werden aus dem DES-Schlüssel k abgeleitet. Dazu wird die Position der Binärstellen des DES-Schlüssels k zunächst vertauscht (Permutation). Die 56 wesentlichen Stellen werden in 2 mal 28 Bit aufgeteilt. Von Runde zu Runde erfolgt ein Links-Shift zyklisch um eine oder zwei Stellen. Die Kästchen C_i und D_i bezeichnen nur Werte und haben keine Funktion. In der „Bit-Selektion" werden 48 von 56 Bit nach einem rundenspezifischen Schema ausgewählt.

Verschlüsselung in 16 Runden

Die Verschlüsselung erfolgt mit den 16 Teilschlüsseln k_1, k_2, ... k_{16}. Der zu verschlüsselnde Klartextblock wird nach einer Eingangs-Permutation P in einen linken Block L_0 und einen rechten Block R_0 mit je 32 Bit aufgeteilt.

Der linke Block L_r der nächsten Runde ist je gleich dem rechten Block R_{r-1} seiner vorangehenden Runde.

$$L_r = R_{r-1} \qquad r - 1, 2, ...16 \tag{2.2-4}$$

Die Kästchen L_r und R_r bezeichnen nur Werte und haben keine Funktion. Der rechte Block R_r der nächsten Runde ergibt sich aus dem linken Block L_{r-1} und dem rechten Block R_{r-1} seiner vorangehenden Runde sowie dem Teil-Schlüssel k_r.

$$R_r = L_{r-1} \oplus F(R_{r-1}, k_r) \qquad r = 1, 2, ...16 \tag{2.2-5}$$

Das Symbol $\oplus$ bezeichnet eine stellenweise (bitweise) Addition modulo 2 (ist identisch dem Boole'schen Operator XOR). Die Funktion F bildet die 32 Binärstellen von R_{r-1} und die 48 Binärstellen von k_r auf 32 Binärstellen am Ausgang von F ab. Diese 32 Binärstellen am Ausgang F und die 32 Binärstellen von L_{r-1} werden dann stellenweise modulo 2 addiert. Ein Schema entsprechend (2.2-4) und (2.2-5) wird als „Feistel-Netzwerk" [Fe73] bezeichnet. Die Sicherheit des Verfahrens hängt jedoch hauptsächlich von den Nicht-Linearitäten in den S-Boxen ab (siehe unten).

Nach der 16. Runde liefert eine Ausgangs-Permutation P^{i-1} (invers zu P) den Chiffreblock. Er umfasst, ebenso wie der Klartext-Block, 64 Binärstellen.

Entschlüsselung

Die Entschlüsselung (mit bekanntem DES-Schlüssel k) könnte in umgekehrter Reihenfolge, d.h. in Abb. 2-4 vom Chiffre-Text unten zum Klartext oben durchgeführt werden. Die Ausgangs-Permutation wird dabei invers durchlaufen und ergibt die Blöcke L_{16} und R_{16}. Der Block R_{15} ist gleich L_{16}. Damit sind die Eingänge und folglich der Ausgang der Funktion F der Runde 16 bekannt. R_{16} entstand beim Verschlüsseln aus L_{15}, indem der Ausgang von F modulo 2 addiert wurde. Wenn wir auf R_{16} wiederum den Ausgang von F modulo 2 addieren, dann erhalten wir wieder L_{15}, (für Addition modulo 2 gilt $a \oplus a=0$, (2.1-12) in Kap. 2.1). Formal erhalten wir aus (2.2-5) für den Fall i=16:

$$R_{16} \oplus F(R_{15}, k_{16}) = L_{15} \oplus F(R_{15}, k_{16}) \oplus F(R_{15}, k_{16}) = L_{15} \tag{2.2-6}$$

Damit haben wir L_{15} und R_{15} aus L_{16} und R_{16} gewonnen. Für die weiteren Runden verfahren wir entsprechend bis zu den Werten L_0 und R_0. Wenn wir noch die Eingangs-Permutation invers durchlaufen, erhalten wir schließlich den ursprünglichen Klartext-Block. Aus (2.2-6) erkennen wir ferner, dass die Entschlüsselung mit jeder Wahl für die DES-Funktion $F(R_{r-1}, k_r)$ möglich ist, eine Eigenschaft eines Feistel-Netzwerks.

Statt beim Entschlüsseln anfangs die Ausgangs-Permutation P^{-1} invers zu durchlaufen, kann man die Eingangs-Permutation P in Normalrichtung durchlaufen. Entsprechend gilt, statt beim Entschlüsseln am Ende die Eingangs-Permutation P invers zu durchlaufen, kann man die Ausgangs-Permutation P^{-1} in Normalrichtung durchlaufen. Damit erkennen wir, das DES-Schema nach Abb. 2-5 können wir in normaler Arbeitsrichtung auch für das Entschlüsseln verwenden, wenn die Teilschlüssel von oben nach unten in inverser Reihenfolge k_{16}, k_{15}, ... k_1, bereitgestellt werden.

S-Boxen

Die DES-Funktion $F(R_{i-1}, k_i)$ mit ihren S-Boxen (Abb. 2-5) hat Einfluss auf die Resistenz des DES-Algorithmus gegenüber Angriffen. Die Wahl der Funktion F zusammen mit einer hinreichend großen Zahl von Runden bewirkt, dass die Änderung einer einzigen Binärstelle im Klartext-Block sich auf alle 64 Binärstellen des Chiffreblocks auswirkt. Die Änderung erscheint so wie ein Zufallsmuster von 64 Bit. Der DES-Algorithmus erwies sich als resistent gegenüber bekannten Methoden von Known-Plaintext-Angriffen (Kap. 1.4.2.1).

Die DES-Funktion $F(R_{r-1}, k_r)$ mit ihren S-Boxen ist der Abb. 2-5 zu entnehmen.

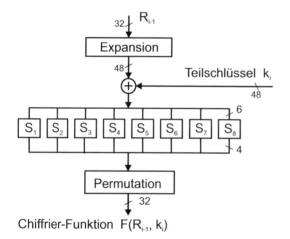

Abb. 2-5: DES-Funktion $F(R_{r-1}, k_r)$.

In „Expansion" werden 16 aus 32 Binärstellen von R_{r-1} verdoppelt und ergeben insgesamt 48 Binärstellen. Diese werden mit den 48 Stellen des Teil-Schlüssels k_r stellenweise modulo 2 addiert. Die 8 „S-Boxen" enthalten je 4 Boole'sche Funktionen mit je 6 Eingängen. Die 8·4=32 Ausgänge werden noch permutiert.

Als Geschwindigkeit für das Verschlüsseln und Entschlüsseln werden mit einer programmierten Lösung ca. 10 Mbit/s (Pentium III, 500 MHz) und mit speziellen DES-Chips 100 Mbit/s und mehr erreicht.

2.2.3 Triple-DES

Der DES-Algorithmus mit einer Schlüssellänge von 56 Bit kann nicht mehr empfohlen werden, nicht wegen seiner Qualität, sondern wegen seiner Schlüssellänge. Durch einen Brute-Force-Angriff, d.h. durch Ausprobieren von maximal 2^{56} Schlüsseln, konnte im Jahr 1998 ein 56-Bit-DES-Schlüssel innerhalb von 56 Stunden (bzw. 1999 in 22 Stunden) gebrochen werde.

Um den DES-Algorithmus doch noch weiter verwenden zu können, wurde der Triple-DES (auch „3DES" genannt) eingeführt. Dabei werden drei DES-Verschlüsselungen mit den Stufen 1, 2 und 3 kaskadiert. Diese Kaskadierung wird auch als Mehrfachverschlüsselung bezeichnet. Zwei DES-Schlüssel k_{left} und k_{right} bilden einen Triple-DES-Gesamtschlüssel $k = (k_{left}, k_{right})$, der $2 \cdot 56 = 112$ Bit umfasst. In Stufe 2 wird k_{right} verwendet und k_{left} wird in Stufe 1 und 3 doppelt verwendet, Abb. 2-6.

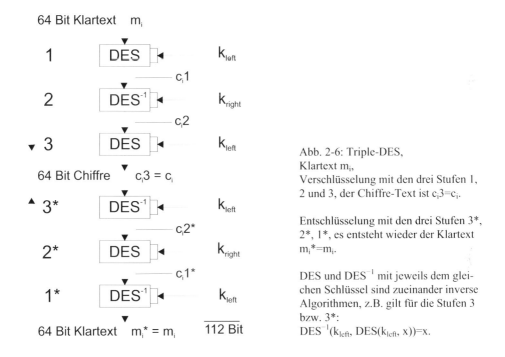

Abb. 2-6: Triple-DES,
Klartext m_i,
Verschlüsselung mit den drei Stufen 1, 2 und 3, der Chiffre-Text ist $c_i3=c_i$.

Entschlüsselung mit den drei Stufen 3*, 2*, 1*, es entsteht wieder der Klartext $m_i^*=m_i$.

DES und DES^{-1} mit jeweils dem gleichen Schlüssel sind zueinander inverse Algorithmen, z.B. gilt für die Stufen 3 bzw. 3*:
$DES^{-1}(k_{left}, DES(k_{left}, x))=x$.

Die Algorithmen DES^{-1} und DES mit jeweils dem gleichen Schlüssel k_{left} oder k_{right}, sind zueinander inverse Algorithmen. Bei der Entschlüsselung werden die drei Stufen in inverser Reihenfolge und mit den inversen Algorithmen durchlaufen. Z.B. heben sich $DES(k_{left})$ in Stufe 3 der Verschlüsselung und $DES^{-1}(k_{left})$ in Stufe 3* der Entschlüsselung gegenseitig auf, so dass die Werte c_i2 und c_i2^* in Abb. 2-6 gleich sind. Entsprechendes gilt für die Werte von c_i1 und c_i1^*.

Verschlüsselung und Entschlüsselung für Triple-DES lauten entsprechend formal:

$$c_i = 3DES(k, m_i) = DES(k_{left}, DES^{-1}(k_{right}, DES(k_{left}, m_i))) \qquad (2.2-7)$$

$$m_i = 3DES^{-1}(k, c_i) = DES^{-1}(k_{left}, DES(k_{right}, DES^{-1}(k_{left}, c_i))) \qquad (2.2-8)$$

Die Formeln (2.2-7) und (2.2-8) können direkt aus Abb. 2-6 abgelesen werden. Sie lassen sich auch nachprüfen, indem z.B. (2.2-7) in (2.2-8) eingesetzt wird.

Es erhebt sich die Frage, ob der Triple-DES mit mehreren Stufen und Schlüsseln durch eine einzige Stufe und einen entsprechenden Kombinationsschlüssel von 56 Bit ersetzt werden könnte. Das trifft zwar nicht zu, jedoch wird in [BNS05] gezeigt, dass ein „Double-DES" mit zwei Stufen nicht ausreichen würde. Eine Zweifachverschlüsselung verdoppelt nur den Aufwand für einen Brute-Force-Angriff, was einer Verlängerung des Schlüssels um nur ein Bit entspricht. Eine Dreifach-Verschlüsselung bei Triple-DES mit drei verschiedenen Schlüsseln (k_{right}, k_{center}, k_{left}) quadriert den Aufwand für einen Brute-Force-Angriff, was einer Verdopplung der Schlüssellänge entspricht. Ein Dreifachschlüssel bringt gegenüber einem Zweifachschlüssel (k_{left}, k_{right}) keinen weiteren Nutzen, weshalb Triple-DES nur mit Zweifachschlüssel arbeitet. Es sind für Triple-DES mit Zweifachschlüssel (k_{left}, k_{right}) keine Angriffe bekannt, die schneller sind als der Brute-Force-Angriff, bei dem alle 2^{112} Schlüssel durchprobiert werden. Damit ist der Triple-DES mit Zweifachschlüssel nach aktuellem Kenntnisstand ein starker Algorithmus. Der Aufwand für den Angriff ist um den Faktor $2^{56} \approx 10^{17}$ höher als beim einfachen DES.

2.2.4 DES-Anwendungen

Für große Datenmengen

Der DES-Algorithmus arbeitet sehr schnell. Er eignet sich deshalb für große Datenmengen und Multimedia-Datenströme.

Kennwörter in UNIX

In UNIX/Linux werden Kennwörter für den Einwählvorgang (login) benutzt. Kennwörter (PW, password) werden im System in verschlüsselter Form gespeichert, so dass auch der System-Administrator die Kennwörter nicht lesen kann. Zur Verschlüsselung wird DES als Einwegfunktion benutzt, wobei das Kennwort PW=k den Schlüssel liefert. Als „Nachricht" dient m_0=0, die Verschlüsselung erfolgt in 25 Kaskaden:

$$\left. \begin{array}{l} m_0 = 0 \rightarrow c_1 \rightarrow c_2 \ldots \rightarrow c_{25} \\ c_1 = DES(PW, m_0) \quad c_i = DES(PW, c_{i-1}) \quad i = 2 \ldots 25 \end{array} \right\} \qquad (2.2-9)$$

Es wird also das Nullwort m_0 (Block mit 64 Nullen) 25fach mit DES verschlüsselt, wobei das Passwort PW als Schlüssel dient. Bereits aus c_i und c_{i-1} das Passwort PW herausfinden, entspricht einem Known-Plaintext-Angriff, der bei DES nur mit Ausprobieren aller 2^{56} Schlüssel möglich ist. Die Abbildung von PW auf c_i ist damit eine Einwegfunktion. Die 25fache Verschlüsselung erschwert für einen Angreifer seine Arbeit nur um den Faktor 25 (was einer Verlängerung des Schlüssels um ld25<5 Bit entspricht).

PIN für EC-Karte

Die EC-Karte (EuroCheque) enthält einen Magnetstreifen für die Identitätsinformation des Kunden. Für die Benutzung der EC-Karte an Geldautomaten wird sie durch eine PIN (personal identification number) gesichert. Die PIN darf selbstverständlich nicht im Klartext auf den Magnetstreifen geschrieben werden, der mit technischen Mitteln leicht zu lesen ist. Die PIN hängt mit den Daten auf dem Magnetstreifen über das DES-Verfahren zusammen und kann ohne Rückfrage bei der Bank vor Ort z.B. im Geldautomaten überprüft werden. Seit 1998 wird für EC-Karten Triple-DES benutzt, um das System gegen aktuelle Angriffsmöglichkeiten abzusichern.

Zwei weitere DES-Anwendungen

Der DES-Algorithmus wird auch benutzt, um eine Nachricht durch einen Message Authentication Code (MAC) zu sichern sowie um einen Einweg-Hashwert für die digitale Unterschrift einer langen Nachricht zu erzeugen. Dazu mehr in den beiden folgenden Abschnitten.

2.2.4.1 Message Authentication Code (MAC) auf Basis von DES

Ein Message Authentication Code (MAC) ist ein „kryptographischer Fingerabdruck" bzw. eine kryptographische Prüfinformation einer langen Nachricht m. Der MAC wird vom Sender erzeugt und kann vom Empfänger nachgeprüft werden. Sender und Empfänger kennen den gleichen symmetrischen Schlüssel k. Ein MAC gewährleistet Authentizität und Integrität der Nachricht. Der Empfänger hat Sicherheit darüber, von wem die Nachricht kommt und dass sie nicht verändert wurde.

Ein MAC auf der Basis von DES ist 64 Bit lang und benutzt den DES-Algorithmus. Die Nachricht m wird aufgespalten in t Blöcke zu je 64 Bit: m_1, m_2, …m_t, Abb. 2-7. Darin bedeutet $\oplus$ eine stellenweise Addition modulo 2. Das Verfahren ist standardisiert, [ISO9797], [ISO8730].

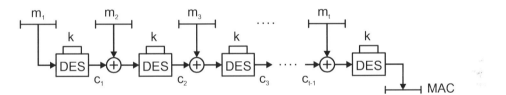

Abb. 2-7: MAC(k, m), Message Authentication Code, 64 Bit

Als Formel lautet der MAC-Algorithmus

$$MAC(k, m) = DES(m_t \oplus DES(m_{t-1} \oplus ... \oplus DES(m_1)))$$ (2.2-10)

Der Übersichtlichkeit halber ist in (2.2-10) verkürzt $DES(m_i)$ statt $DES(k, m_i)$ geschrieben.

Die Nachricht wird zusammen mit ihrem MAC(k, m) übertragen.

$$[m, MAC(k, m)]$$ (2.2-11)

Abb. 2-7b. Der MAC wird vom Sender erzeugt und vom Empfänger nachgeprüft.

Der Empfänger kennt den geheimen Schlüssel k. Er kann aus der empfangenen Nachricht m* ebenfalls den MAC(k, m*) berechnen und vergleichen, ob der empfangene MAC mit dem aus m* berechneten MAC übereinstimmt. Die MAC-Werte MAC(k, m) und MAC(k, m*) stimmen überein, wenn weder die Nachricht m noch ihr MAC-Wert MAC(k, m) bei der Übertragung verändert wurden.

Eine Nachricht zusammen mit ihrem MAC hat folgende Eigenschaften:

- Die Änderung einer einzigen Binärstelle in der Nachricht ändert den MAC drastisch (ca. 50 % der Bits ändern sich, gleicht einem neuen Zufallsmuster).

- Änderung in der Reihenfolge der Blöcke … m_i, m_{i+1}, … ändert den MAC drastisch.

- Der MAC ist leicht zu berechnen, wenn der Schlüssel k bekannt ist.

- Ein Angreifer kann aus Kenntnis von m und MAC(k, m) den Schlüssel k praktisch nicht finden (nur durch Versuch mit 2^{56} Schlüsseln).

- Ein Angreifer kann aus Kenntnis von m und MAC(k, m), aber ohne Kenntnis des Schlüssels k, keine manipulierte Nachricht m* mit einem gültigen MAC(k, m*) konstruieren.

- Eine Nachricht m mit MAC(k, m) gewährleistet Integrität und Authentizität beim Empfänger, jedoch keine Verbindlichkeit (Nicht-Abstreitbarkeit gegenüber z.B. dem Gericht). Beide Parteien, Sender und Empfänger können gültige Nachrichten [m, MAC(k, m)] erzeugen.

- Wie aus Abb. 2-7 zu erkennen ist, kann der DES-Algorithmus durch einen anderen Block-Algorithmus ausgetauscht werden, z.B. den IDEA (Kap. 2.3) oder den AES (Kap. 2.6). Im Falle des AES ist die Blocklänge z.B. 128 Bit und damit würde auch der MAC 128 Bit umfassen.

Sender und Empfänger kennen beide den geheimen Schlüssels k. Für beide ist es leicht möglich, für eine fast frei gewählte Nachricht m* einen vorgegebenen MAC zu erfüllen: Sie wählen t−1 Blöcke m^*_1, m^*_2, … $m^*_{t−1}$ nach freiem Belieben und berechnen den vorletzten DES-Ausgang $c^*_{t−1}$, der sich aufgrund von m^*_1, m^*_2, … $m^*_{t−1}$ ergeben hat. Der letzte Block m^*_t wird so gewählt, dass er den vorgegebenen MAC-Wert erfüllt. Der letzte Block m^*_t kann mit (2.2-12) berechnet werden.

$$m^*_t = c^*_{i-1} \oplus DES^{-1}(MAC) \qquad (2.2\text{-}12)$$

2.2.4.2 Einweg-Hash-Funktion auf Basis von DES

Allgemein wird durch eine Hashfunktion ein langer Name auf eine kürzere Adresse abgebildet. In diesem Sinn ist die Abbildung einer langen Nachricht auf einen kurzen MAC-Wert in Kap. 2.2.4.1 eine Hashfunktion. In der Kryptographie benötigen wir *kryptographische Hashfunktionen*, die treffender als Einweg-Hashfunktionen bezeichnet werden. Für ihre Benutzung soll kein Schlüssel erforderlich sein und insbesondere darf es nicht möglich sein, eine Nachricht zu einem gegebenen Hashwert zu konstruieren (Weiteres siehe Kap. 3).

Wenn Nachrichten von z.B. 1000 Bit auf Hashwerte von z.B. 100 Bit abgebildet werden, dann fallen im Mittel $2^{1000}/2^{100} = 2^{900}$ unterschiedliche Nachrichten auf einen gleichen Hashwert. D.h. zu einem gegebenen Hashwert existieren unermesslich viele Nachrichten, dennoch soll es nicht möglich sein, eine davon zu finden.

Die MAC-Abbildung aus Kap. 2.2.4.1 ist offenbar <u>keine</u> Einweg-Hashfunktion, denn nach (2.2-12) kann eine Nachricht für einen gegebenen MAC-Wert konstruiert werden. Der Algorithmus lässt sich jedoch zu einer Einweg-Hashfunktion modifizieren. Dieses Verfahren ist standardisiert, [ISO10118-2].

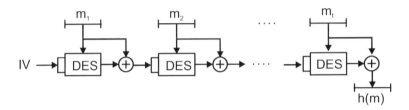

Abb. 2-8: Einweg-Hashfunktion auf der Basis von DES.
Gegenüber Abb. 2-7 beachte man: Der öffentlich bekannte Initialisierungs-Vektor IV wird für die 1. Stufe als „Schlüssel" benutzt, der Ausgang einer Stufe ergibt den „Schlüssel" für die nächste Stufe. Ferner beachte man die Einkopplung des Blocks m_i nach der Stufe i. Das Symbol $\oplus$ bedeutet eine stellenweise Addition modulo 2 (XOR).

Um zu einem gegebenen Hashwert h(m) eine Nachricht m* zu konstruieren, könnte man wie oben vorgehen: Man wählt t−1 Blöcke m^*_1, m^*_2, ... m^*_{t-1} nach freiem Belieben und versucht dann den letzten Block m^*_t geeignet zu bestimmen. Für die letzte Stufe t ist der Schlüsseleingang durch die t−1 gewählten Blöcke leicht zu ermitteln. Die Aufgabe, m_t so zu bestimmen, dass er h(t) erfüllt, führt auf die Gleichung:

$$m_t \oplus DES(k_{bekannt}, m_t) = h_{gegeben} \qquad (2.2\text{-}13)$$

Diese nicht-lineare Gleichung kann nicht nach m_t aufgelöst werden. Es ist nur ein Brute-Force-Angriff durch Ausprobieren von 2^{64} Möglichkeiten für m_t möglich.

Ebenso wie für Abb. 2-7 kann für Abb. 2-8 statt des DES-Algorithmus ein anderer Block-Algorithmus verwendet werden, z.B. der IDEA (Kap. 2.3) oder der AES (Kap. 2.6). Im Falle des AES ist die Blocklänge 128 Bit, und damit würde auch der Hashwert h(m) 128 Bit umfassen.

2.2.5   Übungen

Übung 1

a) Wie lang dauert es maximal, einen DES-Schlüssel durch Known-Plaintext-Brute-Force-Angriff zu brechen, wenn ein Spezialcomputer zur Verfügung steht, der 100x100 DES-Chips enthält, die je 10^9 Verschlüsselungen je Sekunde durchführen könnten?

Lösung

Ergebnis: $2^{56} \cdot 10^{-4} \cdot 10^{-9}$ sec $\approx$ 2 Stunden.

b) Wie lange würde der gleiche Angriff für Triple-DES mit Zweifachschlüssel benötigen?

Lösung

Ergebnis: $2^{112} \cdot 10^{-4} \cdot 10^{-9}$ sec $\approx 2^{57}$ Stunden $\approx 10^{13}$ Jahre

Übung 2

Ein Empfänger erhält eine Nachricht m zusammen mit ihrem Message Authentication Code [m, MAC(m)]. Unter welchen Bedingungen und warum ist sich der Empfänger sicher, von wem die Nachricht stammt und dass sie unverändert ist?

Lösung

Nur A und B kennen einen gemeinsamen symmetrischen Schlüssel k_{AB}. Neben dem Empfänger B kann nur A zur Nachricht m den MAC(m)=MAC(k_{AB}, m) erzeugen. Deshalb ist sich B über die Herkunft von [m, MAC(m)] sicher. Falls die Nachricht verändert worden wäre, dann passen m und der empfangene MAC(m) nicht mehr zusammen.

2.3   IDEA, International Data Encryption Algorithm

Der International Data Encryption Algorithm (IDEA) ist eine symmetrische Block-Chiffre mit einer Schlüssellänge von 128 Bit. Durch die Menge seiner Schlüssel ist er gegen derzeitige Brute-Force-Angriffe resistent. IDEA wurde 1990 von James L. Massey und Xuejia Lai (ETH Zürich) vorgeschlagen [LM90] und wird für PGP (Pretty Good Privacy, [Z91]) praktisch genutzt.

Die Merkmale von IDEA sind

- Symmetrisch,
  d.h. für Verschlüsselung und Entschlüsselung wird der gleiche Schlüssel benutzt;

- Block-Chiffre mit einer Blocklänge von 64 Bit,
  d.h. die Nachricht m wird aufgespalten in eine Folge von Blöcken zu je 64 Bit;

- Der Schlüssel k ist 128 Bit lang,
  d.h. die Quantität aller Schlüssel ist $|K|=2^{128}$.

2.3.1 IDEA, im Überblick

Die Verschlüsselung

Die Verschlüsselung erfolgt in 8 Runden und einer Finalrunde. Die ersten 8 Runden benötigen je 6 Teilschlüssel und die Finalrunde (Index i=9) arbeitet mit 4 Teilschlüsseln:

$$k_{i,1} \dots k_{i,6} \quad i = [1, 8] \qquad und \quad k_{9,1} \dots k_{9,4} \qquad\qquad (2.3\text{-}1)$$

Die insgesamt $6 \cdot 8 + 4 = 52$ Teilschlüssel sind je 16 Bit lang. Die Teilschlüssel werden auf Blöcke mit je 16 Bit Länge angewandt. Die Operationen sind dabei:

Addition stellenweise (bitweise) modulo 2, identisch mit XOR

Addition modulo 2^{16}

· Multiplikation modulo $(2^{16}+1)$, der Modul ist eine Primzahl

Die Teilschlüssel

Die 52 Teilschlüssel für alle Runden werden aus dem 128 Bit langen IDEA-Schlüssel durch Aufspalten und Verschieben abgeleitet.

* Die ersten 8 Teilschlüssel $k_{1,1} \dots k_{2,2}$ erhält man als 8 Teilblöcke zu je 16 Bit direkt aus dem IDEA-Schlüssel , siehe Abb. 2-9.

* Für die nächsten 8 Teilschlüssel $k_{2,3} \dots k_{3,4}$ wird der IDEA-Schlüssel um 25 Bit zyklisch nach links geschoben („geshiftet") und dann wieder 8 Teilblöcke zu je 16 Bit gebildet.

* Die weiteren Teilschlüssel erhält man in entsprechender Weise

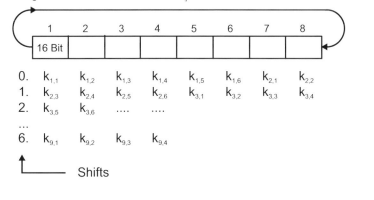

IDEA-Schlüssel k
- 128 Bit lang, aufgespalten in 8 Teilschlüssel k_{ij} zu je 16 Bit
- 128-Bit-k-Register, zyklischer Links-Shift um 25 Bit
 ergibt die nächsten 8 Teilschlüssel k_{ij}

Abb. 2-9: Ableitung der 52 Teilschlüssel aus dem 128 Bit IDEA-Schlüssel.

2.3.2   IDEA, Verschlüsselung

Das Schema der Verschlüsselung ist in Abb. 2-10 dargestellt. Oben im Bild ist der Klartext-block m von 64 Bit. Er ist in 4 Teilblöcke m_1, m_2, m_3, m_4 zu je 16 Bit aufgespalten. Ganz unten im Bild ist der 64 Bit breite Chiffreblock c, der ebenfalls aus 4 Teilblöcken c_1, c_2, c_3, c_4 besteht.

In der 1. Runde werden anfangs die Teilschlüssel $k_{1,1}$ mit m_1 und $k_{1,4}$ mit m_4 modulo $(2^{16}+1)$ multipliziert ($\odot$). Die Teilschlüssel $k_{1,2}$ mit m_2 und $k_{1,3}$ mit m_3 werden dagegen modulo 2^{16} addiert ($\boxplus$). Die Teilschlüssel $k_{1,5}$ und $k_{1,6}$ werden auf den gepunktet umrandeten Block angewendet. Die 8 Runden der Verschlüsselung arbeiten in gleicher Weise, wobei für die Runde mit dem Rundenindex i (i=1…8) die Teilschlüssel $k_{i,1}…k_{i,6}$ benutzt werden. Nach jeder Runde werden die Ausgänge $y_{i,2}$ und $y_{i,3}$ vertauscht. In der Finalrunde (ohne den gepunktet umrandeten Block) werden nur die 4 Teilschlüssel $k_{9,1}…k_{9,4}$ benutzt.

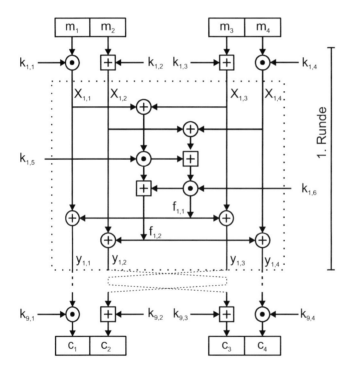

Abb. 2-10: IDEA, Schema der Verschlüsselung mit 8 vollen Runden und einer Finalrunde (9.).

Von den ersten 8 Runden ist nur die 1. Runde dargestellt, die Runden 1 bis 8 sind gleich, sie unterscheiden sich nur in ihrem ersten Runden-Index. Die Finalrunde (Index 9) ist verkürzt, sie arbeitet ohne den gepunktet umrandeten Funktionsblock.

Man beachte:

- Die Addition mod 2^{16} ($\boxplus$) kann als gewöhnliche 16-Bit-Addition ausgeführt werden, wobei als Ergebnis nur die 16 niederwertigen Binärstellen genommen werden.

- Der Modul $(2^{16}+1)$ ist eine Primzahl. Für die Multiplikation mod $(2^{16}+1)$ ($\odot$) wird das Binärmuster von 16 Nullen, bzw. von 4 hexadezimalen Nullen als Zahlenwert 2^{16} interpretiert. Entsprechend wird ein Ergebnis von 2^{16} einer Multiplikation mod ($2^{16}+1$) als 16 binäre bzw. 4 hexadezimale Nullen dargestellt: 0000h → 2^{16} = 10000h. Gemäß dieser Zuordnung liegen alle Faktoren und Produkte im Bereich [1, 2^{16}]. Jedes dieser Elemente hat in mod ($2^{16}+1$) ein multiplikativ inverses Element und kann durch 16 Binärstellen oder 4 Hexadezimalstellen dargestellt werden.

- Für die Bildung von $f_{1,1}$ und $f_{1,2}$ (in dem gepunktet umrandeten Block) werden nur Summen mod 2 $x_{1,1} \oplus x_{1,3}$ und $x_{1,2} \oplus x_{1,4}$ benutzt, d.h. für das Ergebnis von $f_{1,1}$ und $f_{1,2}$ kommt es nur auf diese Summen an. Am Ausgang des gepunktet umrandeten Blocks wird der Wert $f_{1,1}$ sowohl auf $x_{1,1}$ als auch auf $x_{1,3}$ mod 2 addiert. Das hat zur Folge, dass die Summen stellenweise mod 2 für $y_{1,1} \oplus y_{1,3}$ und $x_{1,1} \oplus x_{1,3}$ gleich sind. Die Summen der Eingangswerte $x_{1,1} \oplus x_{1,3}$ und der Ausgangswerte $y_{1,1} \oplus y_{1,3}$ sind also gleich. Entsprechendes gilt für $y_{1,2} \oplus y_{1,4}$ und $x_{1,2} \oplus x_{1,4}$. Das Ergebnis aus (2.3-2) wird für das Verständnis der Entschlüsselung von IDEA wichtig sein.

$$\left. \begin{array}{l} y_{1,1} \oplus y_{1,3} = x_{1,1} \oplus f_{1,1} \oplus x_{1,3} \oplus f_{1,1} = x_{1,1} \oplus x_{1,3} \\ y_{1,2} \oplus y_{1,4} = x_{1,2} \oplus f_{1,2} \oplus x_{1,4} \oplus f_{1,2} = x_{1,2} \oplus x_{1,4} \end{array} \right\} \quad (2.3\text{-}2)$$

2.3.3   IDEA, Entschlüsselung

Für die Entschlüsselung kann das Schema von Abb. 2-10, ausgehend von dem Chiffreblock c={c_1, c_2, c_3, c_4} unten im Bild, von unten nach oben zurück gerechnet werden. Die Multiplikationen modulo ($2^{16}+1$) mit den Teilschlüsseln $k_{9,1}$ und $k_{9,4}$ lassen sich durch Multiplikationen mit den entsprechenden multiplikativ inversen Teilschlüsseln $k_{9,1}^{-1}$ und $k_{9,4}^{-1}$ zurück rechnen. „Multiplikativ invers" bezieht sich dabei auf die Arithmetik modulo ($2^{16}+1$). Zur Berechnung der multiplikativ inversen Elemente siehe Kap. 2.1.3.1.

$$\left. \begin{array}{lll} k_{9,1}^{inv} = k_{9,1}^{-1} & \text{so dass} & k_{9,1}^{-1} \cdot k_{9,1} \equiv 1 \quad (\mathrm{mod}(2^{16}+1)) \\ k_{9,4}^{inv} = k_{9,4}^{-1} & \text{so dass} & k_{9,4}^{-1} \cdot k_{9,4} \equiv 1 \quad (\mathrm{mod}(2^{16}+1)) \end{array} \right\} \quad (2.3\text{-}3)$$

In entsprechender Weise können die Additionen modulo 2^{16} mit den Teilschlüsseln $k_{9,2}$ und $k_{9,3}$ durch Additionen mit den additiv inversen Teilschlüsseln $k_{9,2}^{inv}$ und $k_{9,3}^{inv}$ zurück gerechnet werden. „Additiv invers" bezieht sich jetzt auf die Arithmetik modulo 2^{16}.

$$\left. \begin{array}{l} k_{9,2}^{inv} = (2^{16} - k_{9,2}) \bmod 2^{16} \\ k_{9,3}^{inv} = (2^{16} - k_{9,3}) \bmod 2^{16} \end{array} \right\} \quad (2.3\text{-}4)$$

Das anschließende Zurückrechnen der Funktionen in dem gestrichelten Block von Abb. 2-10 für die Runde i=8 erscheint zunächst schwierig, ist es aber nicht. Beim Verschlüsseln wurden die Teilschlüssel $k_{8,5}$ und $k_{8,6}$ verwendet. Diese beiden Schlüssel werden nicht invertiert, sondern unverändert nochmals auf die Funktionen in dem gestrichelten Block angewandt.

In der folgenden Abb. 2-11 ist der gepunktet umrandete Block zweimal vorhanden. Der obere Block entspricht dem Ablauf beim Verschlüsseln, und der untere Block entspricht dem Ablauf beim Entschlüsseln. Die Indizes für die betrachtete Runde i=8 sind der Übersichtlichkeit halber weggelassen.

Wir erinnern uns an (2.3-2) und die Aussage, dass die stellenweise Addition mod 2 der Eingangswerte $x_{1,1} \oplus x_{1,3}$ und der Ausgangswerte $y_{1,1} \oplus y_{1,3}$ gleich sind. Entsprechendes gilt für Summen $y_{1,2} \oplus y_{1,4}$ und $x_{1,2} \oplus x_{1,4}$. Daraus folgt eine wesentliche Eigenschaft, dass die Werte an den Punkten (1) und (3) in Abb. 2-11 gleich sind. Entsprechend gilt, dass die Werte an den Punkten (2) und (4) ebenfalls gleich sind. Aus den gleichen Eingangswerten "(1)=(3)" und "(2)=(4)" folgt, dass auch die entsprechenden Ausgangswerte gleich sind: "(5)=(7)" und "(6)=(8)".

Zu dem Strang x_1 links im Bild wird an den Punkten (5) und (7) zweimal der gleiche Wert f_1 mod 2 addiert. Die zweifache Addition mod 2 hebt sich auf (vgl. (2.1-7) in Kap. 2.1.2.1) und damit ist $z_1 = x_1$ erfüllt. Entsprechendes gilt für die drei anderen Stränge x_2, x_3 und x_4. Wir können feststellen, dass der gepunktet umrandete Funktionsblock mit je den gleichen Teilschlüsseln *selbst-invers* ist, d.h. der gepunktet umrandete Funktionsblock leistet nicht nur die Verschlüsselung sondern in gleicher Weise auch die Entschlüsselung.

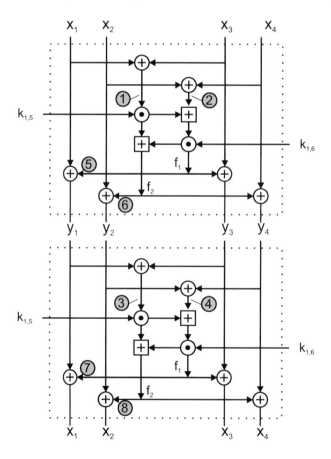

Abb. 2-11: Der gepunktet umrandete Funktionsblock ist *selbst-invers*. Der obere Funktionsblock dient der Verschlüsselung, der unter der Entschlüsselung. „Selbst-invers" bedeutet, dass ein zweimaliges Durchlaufen des Funktionsblocks wieder die ursprünglichen Werte liefert.

Die Entschlüsselung kann entsprechend Abb. 2-10 von unten nach oben. d.h. in umgekehrter Reihenfolge der Runden (i = 9, 8, ...2, 1) fortgesetzt werden, womit der Klartextblock wieder vorliegt. Statt der Teilschlüssel $k_{i,1}$, $k_{i,2}$, $k_{i,3}$, $k_{i,4}$ sind entsprechend (2.3-3) und (2.3-4) die inversen Teilschlüssel $k_{i,1}^{inv}$, $k_{i,2}^{inv}$, $k_{i,3}^{inv}$, $k_{i,4}^{inv}$ zu verwenden. Die Teilschlüssel $k_{i,5}$ und $k_{i,6}$ dürfen nicht invertiert werden, sondern sind unverändert zu benutzen. Wegen der Symmetrie von Abb. 2-10 zwischen unten und oben kann die Entschlüsselung in dem Schema ebenso von oben nach unten durchgeführt werden, wobei jedoch die Teilschlüssel zur Entschlüsselung in umgekehrter Reihenfolge der Runden (i = 9, 8, ...2, 1) bereitgestellt werden müssen.

2.3.4 Übungen

Übung 1

Ein Brute-Force-Angriff auf einen IDEA-Schlüssel der Länge von 128 Bit ist noch aufwändiger als für Triple-DES mit einer Schlüssellänge von 112 Bit.

Lösung analog zu Übung 1, Abschn. 2.2.5)

Übung 2

Berechnung von inversen Teilschlüsseln von IDEA

a) Berechnen Sie zu dem Teilschlüssel $k_{1,2}$=3855 den inversen Teilschlüssel $k_{1,2}^{inv}$.

Lösung

Der Teilschlüssel $k_{1,2}^{inv}$ ist additiv invers (mod2^{16}) zu $k_{1,2}$. Damit $k_{1,2}^{inv}=2^{16}$-3855=61681.

b) Berechnen Sie (mit dem Euklidischen Algorithmus) zu dem Teilschlüssel $k_{1,1}$=3855 den inversen Teilschlüssel $k_{1,1}$inv (vgl. Übung 5 in Abschnitt 2.1.4).

Lösung

Der Teilschlüssel $k_{1,1}^{inv}$ ist multiplikativ invers (mod 2^{16}+1) zu $k_{1,1}$. Ergebnis ist $k_{1,1}^{inv}$=32760.

c) Berechnen Sie zu dem Teilschlüssel $k_{1,1}$=0000h den inversen Teilschlüssel $k_{1,1}^{inv}$.

Lösung

Dem hexadezimalen Muster 0000h ist bei IDEA der Wert 2^{16}=65536 zugeordnet. Der multiplikativ inverse Wert modulo (2^{16}+1)=65537 ergibt sich mit dem erweiterten Euklidischen Algorithmus.

ggT(65537, 65536)=

ggT(65536, 1)=   wobei   1=65537-1·65536

Das Ergebnis ist $k_{1,1}^{inv}$ =(-1)mod 65537=65536=2^{16}. Dem Wert 2^{16}=65536 ist bei IDEA das hexadezimale Muster 0000h zugeordnet. D.h. das Muster 0000h ist zu sich selbst invers.

d) Zeigen Sie ohne Zahlenrechnung, dass $k_{1,1}=k_{1,1}inv$ für $k_{1,1}=0000h$.

Lösung

Das Muster 0000h ist zugeordnet der Zahl 2^{16}. Sie ist kongruent zu -1 in mod $(2^{16}+1)$. Aus $k_{1,1}^{inv}=k_{1,1}=2^{16}$ folgt $k_{1,1}^{inv} \cdot k_{1,1}=(-1) \cdot (-1)=+1$. Die Teilschlüssel $k_{1,1}^{inv}=k_{1,1}=2^{16}=0000h$ sind damit zu sich selbst invers.

Übung 3

Selbst-inverse Eigenschaft des Funktionsblocks von Abb. 2-11. Zeigen Sie die selbst-inverse Eigenschaft des gestrichelt gezeichneten Funktionsblocks in Abb. 2-11, indem Sie die Gleichheit von $z_1=x_1$ durch Formeln nachweisen.

Lösung

Der Wert an dem in Abb. 2-11 mit (i) markierten Punkt wird mit w_i abgekürzt. Damit ist:

$w_1=x_1 \oplus x_3$, $w_2=x_2 \oplus x_4$, $w_5=f_1(w_1, w_2)$, $w_6=f_2(w_1, w_2)$,

$w_3=y_1 \oplus y_3=(x_1 \oplus w_5) \oplus (x_3 \oplus w_5)=x_1 \oplus x_3=w_1$, entsprechend $w_4=w_2$

$w_7=f_1(w_3, w_4)=f_1(w_1, w_2)=w_5$,

$z_1=y_1 \oplus w_7=x_1 \oplus w_5 \oplus w_7=x_1 \oplus w_5 \oplus w_5=x_1$.

Also $z_1=x_1$.

2.4   Stromchiffren RC4 und A5

Bei einer Stromchiffre wird ein Strom von Nachrichtenstellen mit einem Schlüsselstrom verknüpft. Üblicherweise sind die Ströme eine Folge von Bits oder Bytes, deren Binärstellen modulo 2 addiert werden (vgl. Kap. 1.3.2.2 „Strom-Verschlüsselung"). Der Schlüsselstrom wird von einem PN-Generator (pseudo noise) erzeugt (vgl. Kap. 1.3.5.5). Um die Vielfalt der Schlüsselströme zu erhöhen, wird der PN-Generator durch einen Schlüssel k gesteuert.

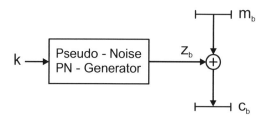

Abb. 2-12: Stromchiffre, Sendeseite.

Blockschaltbild für die Verschlüsselung. Bei der Entschlüsselung sind lediglich m_b und c_b vertauscht.

PN: Pseudo-Noise-Generator
$\oplus$: Addition modulo 2, (XOR).

Das allgemeine Schema einer Stromchiffre wird durch Abb. 2-12 und (2.4-1) beschrieben. Der Schlüsselstrom z_b (Zufallsbits) ist unabhängig von dem Nachrichtenstrom m_b. Die Symbole z_b, m_b und c_b bezeichnen die Bits oder die Bytes der Ströme.

$$\left.\begin{array}{lll}
\text{PN} - \text{Generator liefert} & z_b & b = 1, 2, \ldots \\
\text{Verschlüsselung} & c_b = z_b \oplus m_b & \\
\text{Entschlüsselung} & m_b = z_b \oplus c_b &
\end{array}\right\} \quad (2.4\text{-}1)$$

PN-Generatoren

Die Stromchiffren RC4 und A5 unterscheiden sich hauptsächlich durch ihre PN-Generatoren. Benutzt werden RC4 vor allem in Sicherheitsprotokollen im Internet und die Stromchiffre A5 bei der Verschlüsselung der Sprachdaten an der Luftschnittstelle im Mobilfunksystem GSM. Neben den hier zu besprechenden PN-Generatoren für RC4 und A5 gibt es weitere Lösungen, die auf der Verschlüsselungsfunktion von Block-Algorithmen basieren: Dies sind die PN-Generatoren „Output Feedback" (OFB, Kap. 2.7.2.4) und „Counter-Modus" (CTR, Kap. 2.7.2.5).

2.4.1   RC4

RC4 wurde 1987 von Ronals L. Rivest (RC4: Ron's Code 4) für RSA Security entwickelt und 1994 anonym veröffentlicht [RC4]. RC4 selbst wurde nicht standardisiert, aber in vielen Standards praktisch eingesetzt: SSH (secure shell) für einen sicheren Rechnerzugang über das Netz, SSL (secure socket layer) für einen sicheren Web-Zugang, WEP (wired equivalent privacy) für eine gesicherte Übertragung über Wireless LAN. (SSH, SSL, WEP: Kap. 6.2, „Sicherheitsprotokolle im Internet").

Die Stromchiffre RC4 arbeitet auf der Basis von Bytes. Ein schlüsselgesteuerter PN-Generator liefert eine Folge von Pseudo-Zufalls-Bytes z_b. Die Chiffrenfolge c_b ergibt sich durch bitweise Addition mod 2 der Nachrichten-Bytes m_b und der Pseudo-Zufalls-Bytes z_b, siehe (2.4-1) und Abb. 2-12.

2.4.1.1   RC4, PN-Generator

Der Pseudo-Noise-Generator liefert für jedes Nachrichten-Byte m_b ein Pseudo-Zufalls-Byte z_b. Der PN-Generator arbeitet mit einer Substitutionsliste S. Diese enthält 256 Bytes mit den Werten 0 bis 255. Die Liste S ist anfangs geordnet. Durch einen KSA-Algorithmus (key-scheduling algorithm) wird die Reihenfolge der Bytes in der Liste S pseudo-zufällig „durcheinandergewürfelt" (permutiert). Die Permutation wird durch den RC4-Schlüssel k gesteuert. In der Arbeitsphase des PN-Generators werden mit einem PRGA-Algorithmus (pseudo-random generation algorithm) aus der Liste S einzelne Elemente (Bytes) pseudo-zufällig ausgelesen und als Pseudo-Zufalls-Byte z_b ausgegeben. Dabei werden die Listenelemente weiter verwürfelt.

KSA-Algorithmus (key-scheduling algorithm)

Die Länge l_k des Schlüssels k kann im Bereich $1 \leq l_k \leq 256$ Byte gewählt werden, üblicherweise im Bereich 5 bis 16 Byte. Neben der Liste S[i] benötigt der Algorithmus noch zwei 8-Bit-Index-Zeiger i und j. Zunächst wird die Liste mit i=0 bis i=255 vorbesetzt, S[i]=i. Der KSA-Algorithmus für das Permutieren der Liste S wird durch folgenden Pseudo-Code beschrieben:

```
j=0
für i=0 bis 255 führe aus
    j=(j+S[i]+k[i mod l_k]) mod 256
    vertausche (S[i], S[j])
```

Es werden also 256 Vertauschungen von Listenelementen S[i] und S[j] durchgeführt, wobei der Index j durch S[i] und den Schlüssel k möglichst zufallsähnlich verändert wird. Das Ziel ist eine quasi-zufällige Permutation.

PRGA-Algorithmus (pseudo-random generation algorithm)

Der PRGA-Algorithmus für die Erzeugung einer PN-Folge wird durch folgenden Pseudo-Code beschrieben:

```
i=0; j=0
Wiederhole für alle Bytes des Nachrichtenstrom
    i=(i+1) mod 256
    j=(j+S[i]) mod 256
    Ausgabe z_b = S[(S[i]+S[j]) mod 256]
    vertausche (S[i], S[j])
```

In der Wiederhol-Schleife wird i um 1 und j um einen „Zufallswert" $S[i]$ erhöht. Mit der Summe von zwei „Zufallswerten" $S[i]+S[j]$ wird das Ausgabe-Byte $z_b = S[S[i]+S[j]]$ adressiert (vorletzte Zeile des Pseudo-Codes). Diese Adressierung wird in Abb. 2-13 bildlich veranschaulicht.

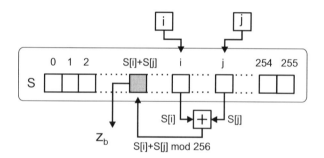

Abb. 2-13: RC4, PN-Generator. PRGA-Algorithmus, Adressierung des Ausgabe-Bytes z_b.
⎯ hier: Addition modulo 256

Die Algorithmen sind leicht zu implementieren und erreichen eine hohe Geschwindigkeit.

2.4.2   A5

Von dem Algorithmus A5 gibt es drei Versionen, die alle für die verschlüsselte Übertragung der Sprachdaten über die Luftschnittstelle im Mobilfunk benutzt werden. Die gebräuchlichste Version A5/1 wird im GSM hauptsächlich in Europa eingesetzt. Bei der Version A5/2 wurde die Verschlüsselung für den Export in Länder mit Verschlüsselungsbeschränkung abgeschwächt.

Der Algorithmus A5/1 wurde unter Geheimhaltung entwickelt. Dennoch haben Krytoanalytiker den Algorithmus herausfinden können (1994 R. Anderson, „erste Annäherung" und 1999 M. Bricenco, I. Goldberg und D. Wagner, „als korrekt zu betrachten"). Geheim entwickelte

Algorithmen haben oft Schwächen. Inzwischen kann der mit A5/1 verschlüsselte Chiffrestrom in Realzeit (wenn auch mit hohem technischen Aufwand) gebrochen werden [BSW00].

Die Version A5/3 unterscheidet sich wesentlich von den anderen Versionen. Sie ist keine Stromchiffre, sondern eine Blockchiffre mit einer Blocklänge von 64 Bit und einer Schlüssellänge von 128 Bit. Sie ist auch unter dem Namen KASUMI bekannt und wird in UMTS eingesetzt. (GSM, Global System for Mobile comunications; UMTS, Universal Mobile Telecommunications System, ein Mobilfunksystem der 3. Generation; siehe Kap. 7.5.1).

2.4.2.1 A5/1, PN-Generator

Nicht-Linearität durch Taktkontrollbits

Der für A5/1 benutzte PN-Generator besteht aus drei linear rückgekoppelten Schieberegistern mit 19+22+23=64 Flip-Flops. Für den Ausgang des PN-Generators werden die Ausgänge der drei Schieberegister modulo 2 addiert, Abb. 2-14. Ein linear rückgekoppeltes Schieberegister ist direkt als Generator einer Schlüsselfolge ungeeignet, weil die Folge leicht extrapoliert werden kann (vgl. Kap. 1.3.5.5).

Hier wird Nichtlinearität dadurch erreicht, dass die Schiebetakte für die einzelnen Schieberegister in nichtlinearer Weise vom Inhalt der Register abhängen. Die Registerpositionen 8, 10 und 10 in Abb. 2-14 dienen als *Taktkontrollbit*. Sie steuern den Schiebetakt für die Register:

- Wenn höchstens ein Taktkontrollbit den logischen Wert 1 hat, dann werden alle Register getaktet, deren Taktkontrollbits auf 0 stehen.

- Wenn mehr als ein Taktkontrollbit auf 1 steht, dann werden alle Register getaktet, deren Taktkontrollbits auf 1 stehen.

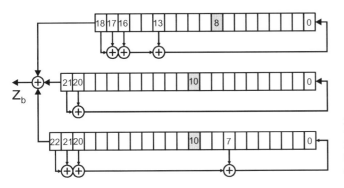

Abb. 2-14: A5/1 PN-Generator. Nicht-Linearität wird erreicht, indem die Taktkontrollbits (8, 10, 10) auf nichtlineare Weise den Schiebetakt steuern.

Initialisierung des PN-Generators

Der PN-Generator liefert eine Folge von Pseudo-Zufalls-Bits z_b und wird *rahmenweise* betrieben. Für jeden Übertragungs-Rahmen von $2 \cdot 114$ Bit wird der PN-Generator neu mit dem Sitzungsschlüssel K_c (64 Bit) und einer fortlaufenden Rahmennummer N_f (22 Bit) initialisiert. In der anschließenden Arbeitsphase des PN-Generators bleiben die ersten 100 Bit ungenutzt, die nächsten $2 \cdot 114$ Bit werden als Schlüsselstrom für die Sende- bzw. Empfangsrichtung verwendet.

2.4.3 Sicherheit von Stromchiffren

Bei einer Stromchiffre darf ein Schlüssel k nur einmal verwendet werden. Denn, wenn für irgend eine Nachricht neben dem Chiffretext c auch der Klartext m bekannt würde, dann ist mit (2.4-1) auch der Schlüsselstrom z_b bekannt. Der Schlüsselstrom z_b, b=1, 2,..., ist für einen Schlüssel k immer gleich. D.h., wenn ein Angreifer diesen Schlüsselstrom kennt, dann kann er ohne Kenntnis von k ohne Schwierigkeit entschlüsseln. Deshalb darf, im Gegensatz zu den Blockchiffren, bei Stromchiffren der Schlüssel k nicht mehrfach verwendet werden. Oft wird in der Praxis (z.B. bei WEP) so verfahren, dass ein Teil des Schlüssels k fest und geheim ist und ein variabler Teil als Initialvektor IV vor der verschlüsselten Übertragung offen ausgetauscht wird.

Es sind jedoch Angriffe bekannt geworden [FMS01], die es erlauben, aus mehreren Chiffretexten durch statistische Methoden den festen/geheimen Teil des Schlüssels k zu ermitteln. Diese Methode setzt voraus, dass insbesondere das 1. Byte z_1 des Schlüsselstroms bereits genutzt wird. Deshalb wird empfohlen, die ersten 5-10 Bytes des Schlüsselstroms zu verwerfen und nicht zu nutzen. Als noch bessere Sicherung wird empfohlen, die variablen und festen Schlüsselanteile nicht nur zu verketten, sondern die verketteten Teile auch noch zu „hashen" (Hashfunktion anwenden). Diese Betriebsart wird als sicher gegen den genannten Angriff betrachtet.

Eine generelle Schwäche von Stromchiffren ist der einfache Zusammenhang der bitweisen Addition modulo 2 zwischen Klartext und Chiffretext. Weil die Position von Zeichen in Klartext und Chiffretext gleich ist, besteht die Möglichkeit einer gezielten Manipulation, ohne die Chiffre zu entschlüsseln. Z.B. ist bei einer Überweisung mit Online-Banking in gewissen Protokollblöcken die Betragsangabe an bestimmten Positionen zu erwarten. Ein Angreifer kann z.B. eine führende „0" durch Addition modulo 2 in eine „1" verwandeln. Ohne weitere schützende Maßnahmen (MAC, digitale Signatur) wäre diese Manipulation der verschlüsselten Übertragung nicht zu bemerken.

2.5 Rechnen mit Polynom-Restklassen und Erweiterungskörpern

Dieses Kapitel kann bei erster Lesung überschlagen werden. Es wird für das tiefere Verständnis von AES benötigt. Der Advanced Encryption Standard AES im nächsten Kap. 2.6 wird durch „Byte-Arithmetik" und „Byte-Zahlen" beschrieben, die 2^8=256 Werte annehmen können. Dazu eignet sich keine Arithmetik modulo 256. Dieser Modul ist keine Primzahl und begründet keinen Körper (vgl. Kap. 2.1.2). Ein Körper mit 2^8 Elementen kann jedoch gebildet werden, wenn als Modul ein Polynom vom Grad 8 herangezogen wird, dessen Koeffizienten nur die Werte 0 oder 1 {0, 1} haben. Ein solcher Körper wird als Erweiterungs-Körper $GF(2^8)$ des Galois-Körpers $GF(2)$ bezeichnet. Allgemein gibt es Erweiterungs-Körper $GF(p^r)$ mit p^r Elementen, wobei p eine Primzahl und r eine positive, ganze Zahl ist (p=prim, $r \in ¥$).

In diesem Kapitel werden wir uns mit den „Zahlen" eines Erweiterungs-Körper $GF(2^r)$ befassen, nach der Gültigkeit der Axiome fragen und einige Beispiele besprechen.

2.5.1   Polynom-Restklassen

Ein Polynom vom Grade r hat die allgemeine Form

$$P(x) = c_r \cdot x^r + c_{r-1} \cdot x^{r-1} + ... + c_1 \cdot x + c_0 \qquad c_i \in \{0, 1\}, i \in [0, r] \qquad (2.5\text{-}1)$$

Die Koeffizienten c_i, (i=0,1,...r) sind 0 oder 1. Sie entstammen dem GF(2), was im Folgenden stets angenommen wird. Die Zahl der möglichen Polynome vom Grad ≤r ist nicht unendlich groß, sondern begrenzt. Entsprechend den (r+1) Koeffizienten ist

$$< \text{die Zahl aller Polynome} > \quad = 2^{r+1} \qquad (2.5\text{-}2)$$

Polynome sind allgemein bekannt, um für ein gegebenes x den Polynomwert P(x) zu berechnen. In unserem Kontext wird ein Polynom M(x) vom Grad r als Modul dazu benutzt, um von beliebigen Polynomen mit Koeffizienten aus GF(2) Restpolynome zu bilden. Die Restpolynome a(x) sind dann vom Grad kleiner als r und haben r Koeffizienten a_{r-1}, a_{r-2} ... a_1, a_0. Jeder der r Koeffizienten kann die Werte 0 oder 1 annehmen. Deshalb ist

$$< \text{die Zahl aller Restpolynome} > \quad = 2^r \qquad (2.5\text{-}3)$$

Diese 2^r Restpolynome a(x) dienen als Elemente bzw. als „Zahlen" in der Arithmetik modulo M(x). „Restpolynome als Zahlen" ist zunächst sehr ungewohnt. Der Leser möge diese neue Sicht auf Polynome beachten. Die Eigenschaft der „Zahlen als Polynome" wird nur genutzt, um Regeln einer Arithmetik zu definieren.

Restklassen

Alle Polynome a(x)+i(x)·M(x) mit einem beliebigen Polynom i(x) führen bei Division durch den Modul M(x) auf das Restpolynom a(x). Deshalb werden diese Polynome zu einer Restklasse R_a zusammengefasst. Das Restpolynom a(x) bezeichnet stellvertretend seine Restklasse R_a.

$$\left.\begin{aligned}
a(x) &\equiv a(x) + i(x) \cdot M(x) \qquad (\text{mod } M(x), \text{mod } 2) \\
i(x) &= i_0 + i_1 \cdot x + i_2 \cdot x^2 + ... \quad \text{mit Koeffizienten } i_i \in GF(2)
\end{aligned}\right\} \qquad (2.5\text{-}4)$$

Nachfolgend sind die Reste und die zugehörigen Restklassen bezüglich M(x) dargestellt. Jedes beliebige Polynom mit Koeffizienten aus GF(2) tritt in dieser Aufstellung genau einmal auf (ohne Beweis). Die Zahl aller Restklassen ist mit 2^r nach (2.5-3) ebenso groß wie die Zahl aller möglichen Reste.

Tab. 2-1: Reste und Restklassen für das Modularpolynom M(x) vom Grad r.

Reste	Restklassen				
0	{0,	$0+1·M(x)$,	$0+x·M(x)$,	$0+(x+1)·M(x)$,	…}
1	{1,	$1+1·M(x)$,	$1+x·M(x)$,	$1+(x+1)·M(x)$,	…}
x	{x,	$x+1·M(x)$,	$x+x·M(x)$,	$x+(x+1)·M(x)$,	…}
(x+1)	{(x+1),	$(x+1)+1·M(x)$,	$(x+1)+x·M(x)$,	$(x+1)+$ $(x+1)·M(x)$,	…}
…	…				
$(x^{r-1}+…+x+1)$	{$(x^{r-1}+…+x+1)$,	$(…)+1·M(x)$,	$(…)+x·M(x)$,	$(…)+(x+1)·M(x)$,	…}

Beispiel für das Rechnen mit Polynom-Restklassen

Das Rechnen mit Restpolynomen als Zahlen soll an einem kleinen Beispiel veranschaulicht werden. Das Modularpolynom sei $M(x)=x^3+x+1$ mit dem Grad r=3. Es sollen zwei Elemente $a(x)=x^2+x$ und $b(x)=x^2+1$ multipliziert werden. Wie lautet das Ergebnis $c(x)=a(x)·b(x)$?

$c(x)=(x^2+x)·(x^2+1)=x^4+x^3+x^2+x\equiv x+1 \quad mod(x^3+x+1)$

Die Verwendung der Polynome als „Zahlen" wird augenscheinlicher, wenn man die Folge der Polynom-Koeffizienten, beginnend mit der höchsten Potenz, zur Darstellung benutzt. Zur Unterscheidung von normalen Zahlen wird die Koeffizientendarstellung in geschweifte Klammern „{}" geschrieben. Die Operationen mit den Polynomen erscheinen dann als übersichtliches Schema:

Tab. 2-2: Schema für Multiplikation und Restbildung der Restpolynome a(x)·b(x)

$a(x) = x^2+x = 1·x^2+1·x^1+0·x^0 = \{110\}$
$b(x) = x^2+1 = 1·x^2+0·x^1+1·x^0 = \{101\}$
$M(x) = x^3+x+1 = \{1011\}$

1	1	0	·	1	0	1	Multiplikand, Multiplikator
1	1	0					$(1·x^2+1·x^1+0·x^0)·1·x^2$, für 1. Stelle des Multiplikators
	0	0	0				$(1·x^2+1·x^1+0·x^0)·0·x^1$,
		1	1	0			$(1·x^2+1·x^1+0·x^0)·1·x^0$, für 3. Stelle des Multiplikators
1	1	1	1	0			Ergebnis der Polynom-Multiplikation
1	0	1	1				$\oplus M(x)·x^1$ zur Restbildung, $\oplus$ stellenweise Addition
	1	0	1	1			$\oplus M(x)·x^0$ zur Restbildung
		0	1	1			Ergebnis, Restpolynom bezüglich M(x)
x^4	x^3	x^2	x^1	x^0			Wertigkeiten der Stellen

Das Multiplikationsschema für Polynome entspricht dem aus der Grundschule bekannten Multiplikationsschema. Bei der Addition wird jedoch stellenweise modulo 2 addiert. Dadurch ergeben sich andere Ergebnisse als bei der Multiplikation von Dualzahlen. Die Stellen entsprechen bestimmten Potenzen von x. Für die Restbildung bezüglich M(x) werden Vielfache von M(x) derart subtrahiert, dass nur noch Wertigkeiten von kleiner als r=3 übrig bleiben. In der Arithmetik mod 2 braucht zwischen Addition und Subtraktion nicht unterschieden zu werden, sie sind gleich, vgl. (2.1-7) in Kap. 2.1.2.1.

2.5.2   Irreduzible Polynome

Polynome mit Koeffizienten aus GF(2) haben die Eigenschaft, dass sie entweder in ein Produkt von Teilpolynomen aufgespalten werden können („reduzibel") oder nicht aufgespalten werden können („irreduzibel"). Die Teilpolynome müssen ebenfalls Koeffizienten aus GF(2) haben. Die Produktbildung der Teilpolynome erfolgt nach den Regeln der Arithmetik mod 2.

In der Arithmetik modulo M(x) haben irreduzible Polynome eine vergleichbare Eigenschaft wie Primzahlen (irreduzible Zahlen) in der Arithmetik modulo n. Irreduzible Modularpolynome M(x) begründen in der Arithmetik modulo M(x) einen Körper, d.h. es ist auch das Axiom 11 erfüllt (vgl. Kap. 2.1.2). Dieser Körper wird als Erweiterungskörper $GF(2^r)$ bezeichnet.

Für große Grade von r sind irreduzible Polynome schwer zu finden. Ähnlich wie für Primzahlen gibt es auch Tabellen für irreduzible Polynome. In der folgenden Tabelle sind einige Beispiele zusammengestellt (aus [RWV95], [Pe61], [S73]).

Tab. 2-3: Koeffizienten für einige irreduzible Polynome vom Grad r = 2...8.

r	c9	c8	c7	c6	c5	c4	c3	c2	c1	c0	primitiv
2								1	1	1	ja
3							1	0	1	1	ja
4						1	0	0	1	1	ja
5					1	0	0	1	0	1	ja
					1	1	1	1	0	1	ja
				...	...	...					
6				1	0	0	0	0	1	1	ja
				1	0	1	0	1	1	1	nein
			...	...	...						
7			1	0	0	0	1	0	0	1	ja
		...	...	...							
8		1	0	0	0	1	1	1	0	1	ja
		1	0	1	1	1	0	1	1	1	nein
		1	0	0	0	1	1	0	1	1	?
	...	...	...								

(Die Eigenschaft „primitv" bedeutet, dass die Folge (x^i)mod $M(x)$, i=1, 2, ..., eine maximale Periode von $p=2^r-1$ aufweist. Durch die Folge (x^i)mod $M(x)$ kann auch ein linear rückgekoppeltes Schieberegister beschrieben werden, wobei das Rückkoppelschema den Koeffizienten von $M(x)$ entspricht, vgl. Kap. 1.3.5.5 „PN-Generator". Die Periode von (x^i)mod $M(x)$ ist gleich der Periode des linear rückgekoppelten Schieberegisters.)

2.5.3 Axiome für Erweiterungskörper und Beispiel

Für das Rechnen in einem Erweiterungskörper benutzen wir Restpolynome als „Zahlen". Dabei ist die Frage, welche Axiome erfüllt sind, wenn wir für die arithmetischen Operationen die Regeln für das Addieren und Multiplizieren von Polynomen anwenden. Die Koeffizienten der Polynome berechnen wir dabei in Arithmetik modulo 2. Die Ergebnisse sollen nicht davon abhängen, wenn wir in jedem Rechenschritt ein Polynom durch ein anderes Polynom aus der gleichen Restklasse modulo $M(x)$ ersetzen.

Wir beziehen uns wieder auf die Axiome in Kap. 2.1.2 für Gruppe, Ring und Körper. Es wird sich herausstellen, dass die Axiome 1 bis 10 für jedes Modularpolynom erfüllt sind und das Axiom 11 nur dann erfüllt ist, falls $M(x)$ ein irreduzibles Polynom ist. D.h. die Voraussetzungen für Addieren, Subtrahieren und Multiplizieren sind für jedes $M(x)$ erfüllt. Multiplikativ inverse Elemente existieren zu jedem $a(x) \neq 0$, bzw. das Dividieren durch jedes Element $a(x)$ $\neq 0$ ist nur dann möglich, falls $M(x)$ irreduzibel ist, also nicht aufgespalten werden kann.

Die Erfüllung der Axiome 1 bis 10 lässt sich nachweisen, indem für die Elemente $a(x)$, $b(x)$ bzw. $c(x)$ beliebige Elemente der gleichen Restklasse bezüglich $M(x)$ eingesetzt werden. Das Ergebnis darf dann nur davon abhängen, welchen Restklassen die Operanden $a(x)$ bzw. $b(x)$ angehören. Der Nachweis erfolgt beispielhaft für Axiom 1.

Axiom 1:

Axiom 1 fordert: Die Summe $a+b$ von zwei beliebigen Elementen a und b ist definiert und ebenfalls Element der Menge. Angewendet auf Polynome bei freier Wahl des Vertreters aus den Restklassen R_a bzw. R_b ergibt sich:

$$\left. \begin{array}{l} a + b \equiv (a + i \cdot M) + (b + j \cdot M) = (a + b) + (i + j) \cdot M \equiv (a + b) \bmod M \quad (\bmod M) \\ \text{für} \quad a, b \in \{c_{r-1}c_{r-2}...c_1c_0\} \quad \text{und} \quad i, j \in \{c_0c_1c_2...\} \end{array} \right\} \quad (2.5\text{-}5)$$

In (2.5-5) ist das Argument „(x)" bei $a(x)$, $b(x)$ und $M(x)$ der Übersichtlichkeit halber weggelassen. Die Kurzschrift $\{c_{r-1}c_{r-2}...c_1c_0\}$ bezeichnet die Menge aller 2^r Polynome vom Grad kleiner r. Jeder der r Koeffizienten kann den Wert 0 oder 1 haben. Entsprechend steht $\{c_0c_1c_2...\}$ für die Menge aller Polynome mit Koeffizienten aus GF(2).

Wir sehen in (2.5-5), das Ergebnis $(a+b)$mod M hängt nur von den Restklassen $a(x)$ und $b(x)$ ab, nicht jedoch von den beliebigen Polynomen $i(x)$ und $j(x)$. Damit ist die Addition mod $M(x)$ definiert. Die Angabe (mod M) rechts in (2.5-5) bezieht sich auf die Kongruenzen. Zusätzlich steht $(a+b)$mod M, da die Summe $(a(x)+b(x))$ aus der Menge $\{c_{r-1}c_{r-2}...c_1c_0\}$ herausfallen könnte. Durch die Restbildung liegt das Ergebnis $(a(x)+b(x))$mod $M(x)$ wieder in der Menge $\{c_{r-1}c_{r-2}...c_1c_0\}$.

Axiom 4:

Das additiv inverse Element zu a(x) ist a$_{-1}$(x)=a(x). Jedes Element ist zu sich selbst additiv invers, denn in der Arithmetik modulo 2 für die Koeffizienten von a(x) addieren sich die Koeffizienten je zu 0: a(x)+a(x)≡0 (mod 2).

$$\text{zu} \quad a(x) \quad \text{ist} \quad a_{-1}=a(x) \quad \text{denn} \quad a(x)+a(x) \equiv 0 \,(\text{mod } 2) \tag{2.5-6}$$

In entsprechender Weise kann die Erfüllung aller Axiome 1 bis 10 leicht nachgewiesen werden. Auf der Basis der Axiome 1 bis 10 können wir jetzt in der Arithmetik modulo M(x) mit den gewohnten Regeln für Addition, Subtraktion, Multiplikation, Klammerung usw. rechnen, d.h. entsprechende algebraische Ausdrücke umformen und berechnen.

Axiom 11:

Nach Axiom 11 soll für jedes Element a(x)≠0 ein multiplikativ inverses Element a^{-1}(x)=b(x) existieren, so dass a(x)·b(x)≡1 (modM(x)) ist. Diese Beziehung führt bei freier Wahl innerhalb der entsprechenden Restklassen auf (vgl. (2.1-3) in Abschnitt 2.1.1).

$$a(x) \cdot b(x) \equiv 1+i(x) \quad \text{mod } M(x) \quad \text{mit} \quad i(x) \in \{c_0 c_1 c_2...\} \tag{2.5-7}$$

Dabei sind a(x) und b(x) Polynome vom Grad kleiner als r, und i(x) ist ein beliebiges Polynom mit Koeffizienten aus GF(2). Es wird vorausgesetzt, dass M(x) ein irreduzibles Polynom vom Grad r ist. In einem 1. Teilbeweis ist zu zeigen, dass das Produkt zweier Elemente a(x)≠0 und b(x) ≠0 nicht auf das 0-Element führen kann:

$$\left. \begin{aligned} &a(x) \cdot b(x) \neq i(x) \cdot M(x) \equiv 0 \quad (\text{mod } M(x)) \\ &\text{für} \quad a(x) \neq 0, \quad b(x) \neq 0, \quad M(x)...\text{irreduzibel} \end{aligned} \right\} \tag{2.5-8}$$

Bei Gleichheit in (2.5-8) müsste M(x) in a(x)·b(x) als Faktor enthalten sein. M(x) kann in a(x) oder in b(x) allein nicht als Faktor enthalten sein, da der Grad von M(x) größer ist als der Grad von a(x) oder b(x). Andererseits kann ein Teilfaktor von M(x) in a(x) und der restliche Teilfaktor von M(x) in b(x) nicht enthalten sein, da M(x) als irreduzibel vorausgesetzt wurde. Damit ist die Ungleichheit in (2.5-8) sichergestellt. In einem 2. Teilbeweis ist zu zeigen, dass die Produkte a(x)·b$_1$(x) und a(x)·b$_2$(x) verschieden sind, wobei a(x)≠0, b$_1$(x)≠0, b$_2$(x)≠0 und b$_1$(x)≠b$_2$(x) vorausgesetzt werden:

$$\left. \begin{aligned} &a(x) \cdot b_1(x) \equiv c_1(x) \\ &\underline{a(x) \cdot b_1(x) \equiv c_1(x)} \\ &a(x) \cdot [b_1(x)+b_2(x)] \equiv c_1(x)+c_2(x) \end{aligned} \right\} \quad (\text{mod } M(x)) \tag{2.5-9}$$

Aus b$_1$(x)≠b$_2$(x) folgt wegen der mod2-Arithmetik b$_1$(x)+b$_2$(x)≠0. Dies, eingesetzt in (2.5-9), führt mit (2.5-8) auf c$_1$(x)+c$_2$(x)≠0. Das heißt, es müssen auch c$_1$(x) und c$_2$(x) verschiedene Elemente sein. Wenn nun in dem Produkt

a(x)·b(x) = c(x)

bei festgehaltenem a(x) für b(x) alle 2^{r-1} von Null verschiedenen Elemente eingesetzt werden, dann ergeben sich für c(x) jeweils verschiedene Elemente (2. Teilbeweis). Wegen (2.5-8) ist auch stets c(x)≠0. D.h. c(x) durchläuft alle 2^{r-1} von Null verschiedenen Elemente einmal, und c(x) fällt genau einmal auf das 1-Element. Damit ist für genau ein b(x) die Gl. (2.5-7) erfüllt, und dieses ist das multiplikativ inverse Element zu a(x). In dem 1. Teilbeweis musste vorausgesetzt werden, dass M(x) irreduzibel ist. Deshalb ist nur in diesem Fall das Axiom 11 erfüllt.

Beispiel für die Arithmetik modulo M(x)

Für das Beispiel wird ein irreduzibles Modularpolynom vom Grad r=3 gewählt (vergleiche Tab. 2-3): $M(x) = x^2 + x + 1$

Die $2^r=2^2=4$ Restpolynome bilden dann die Elemente bzw. die „Zahlen" eines Galois-Körpers.

Tab. 2-4: Restpolynome bezüglich $M(x)=x^2+x+1$.

Restpolynom	Symbol
0·x+0	{00}={0}
0·x+1	{01}={1}
1·x+0	{10}={2}
1·x+1	{11}={3}

Die Symbole {0},{1},{2} und {3} bezeichnen die Elemente der Arithmetik modulo M(x) und sind eine Kurzschrift für die Restpolynome. Es lassen sich die Tafeln für die Addition und Multiplikation aufstellen. Sie lauten in der symbolischen Schreibweise:

Tab. 2-5: Additiostafel und Multiplikationstafel für die Arithmetik modulo $M(x)=x^2+x+1$.

+	{0}	{1}	{2}	{3}		•	{0}	{1}	{2}	{3}
{0}	{0}	{1}	{2}	{3}		{0}	{0}	{0}	{0}	{0}
{1}	{1}	{0}	{3}	{2}		{1}	{0}	{1}	{2}	{3}
{2}	{2}	{3}	{0}	{1}		{2}	{0}	{2}	{3}	{1}
{3}	{3}	{2}	{1}	{0}		{3}	{0}	{3}	{1}	{2}

Beispielsweise wird für die Multiplikationstafel {3}·{3}={2} folgendermaßen berechnet:

$$\{3\}\cdot\{3\}=(x+1)\cdot(x+1) = x^2+x+x+1 \equiv$$
$$\equiv x^2+1 \equiv (x^2+1)+M(x) = (x^2+1)+(x^2+x+1) \equiv x = \{2\} \quad (\text{mod } 2, \text{mod } M(x))$$

Vereinfachend könnte {3}·{3}={2} auch entsprechend dem Schema Tab. 2-2 ermittelt werden.

Die Tafeln für Addition und Multiplikation unterscheiden sich von jenen der Arithmetik mod 4. Man beachte die folgenden Merkmale: Die {0} ist das Null-Element, in der Additionstafel ist a+{0}=a für jedes a. Jedes Element ist zu sich selbst additiv invers, a+a={0}, entsprechend dem Element {0} in der Hauptdiagonalen der Additionstafel. Das Element {1} ist das Eins-Element, entsprechend a·{1}=a für jedes a in der Multiplikationstafel. Für jedes Element a≠{0} gibt es ein multiplikativ inverses Element, denn in jeder Zeile (oder Spalte) gibt es für a≠{0} als Produkt das Element {1}.

2.5.4 Übungen

Übung 1

Berechnen Sie das Produkt der Elemente $\{5\}\cdot\{3\}$ sowie die Summe der Elemente $\{5\}+\{3\}$ für das Modularpolynom $M(x)=x^3+x+1$ (vgl. Schema von Tab. 2-2).

Lösung

```
{5}·{3}={101}·{11}    Produkt
        101
        101
       ─────
       1111        ...Ergebnis der Multiplikation mod2
       1011        ...modulo M(x)=x³+x+1
       ─────
        100        ...Ergebnis mod 2


{5}+{3}={101}+{11}    Summe
        101
         11
        ────
        110        ...Ergebnis der Addition mod 2
```

Übung 2

Der erweiterte Euklidische Algorithmus (vgl. 2.1.3.1) kann benutzt werden, um auch für Elemente in einem Erweiterungskörper $GF(2^r)$ multiplikativ inverse Elemente zu berechnen. Das Modularpolynom sei $M(x)=\{100011011\}$ vom Grad $r=8$. Dieses Modularpolynom wird auch von AES (Kap. 2.6) benutzt. Im Folgenden wird beispielhaft zu dem Element $a(x)=\{00001101\}$ das multiplikativ inverse Element $a^{-1}(x)=b(x)$ ermittelt. Das Ergebnis ist $b(x)=\{11100001\}$.

```
ggT({100011011},{1101})
ggT({1101},{11})           {11}={100011011}mod{1101} darstellbar als
                           {11}={100011011}-{1101}·{111000}     *)
ggT({11},{1})              {1}={1101}-{11}·{100}                **)
*)  Erhalten aus der Division mit Rest von {100011011} Div {1101}
**) Erhalten aus der Division mit Rest von {1101} Div {11}

Berechnung des Restes von {100011011} Div {1101}.

100011011 Div 1101 = 111000  Rest   011
1101         ...{1101}·x⁵
 1101        ...{1101}·x⁴
  1101       ...{1101}·x³
  ────
   011           ...Rest
```

Durch Einsetzen von *) in **) ergibt sich:

```
{1}={1101}+{100011011}·{100}+{1101}·{111000}·{100} (mod 2)
{1}={1101}·{11100001}                       (mod{100011011})
```

Zur Erinnerung: Addition und Subtraktion sind mod 2 das Gleiche.

D.h. die Elemente $\{1101\}$ und $\{11100001\}$ sind multiplikativ invers bezüglich $M(x)=\{100011011\}$.

Das Ergebnis ist $b(x)=\{11100001\}$.

Überprüfen Sie das Ergebnis durch Multiplikation: b(x)·a(x)={11100001}·{00001101}

Lösung

```
11100001 • 1101
11100001
 11100001
   11100001
10001101101    ...Ergebnis der Multiplikation
100011011      ...modulo {100011011}
        1      ...das Produkt ergibt erwartungsgemäß den Wert 1.
```

Übung 3

Berechnen Sie zu dem Element a(x)={00000111} das multiplikativ inverse Element $a^{-1}(x)$ = b(x) in $GF(2^8)$ bezüglich M(x)={100011011}.

Lösung

```
ggT({100011011},{111})
ggT({111},{11})              {11}={100011011}-{111}·{1101000}    *)
ggT({11},{1})                {1}={111}-{11}·{10}                 **)

Durch Einsetzen von *) in **) ergibt sich:

{1}≡{111}+{100011011}·{10}+{111}·{1101000}·{10}   (mod 2),
{1}≡{111}·{11010001}                              (mod{100011011}.

Zur Erinnerung: Addition und Subtraktion sind mod 2 das Gleiche.

Das Ergebnis ist b(x)={11010001}.
```

Übung 4

Die beiden Polynome $P_1(x)$={110001} und $P_2(x)$={111001001} sind nicht relativ prim zueinander, d.h. sie haben ein nicht-triviales gemeinsames Teilpolynom. Bestimmen Sie dieses mit Hilfe des erweiterten Euklidischen Algorithmus.

Lösung

```
ggT({111001001},{110001})
ggT({110001},{10010})        {10010}={111001001}mod{110001}
ggT({10010},{111})           {111}={110001}{10010}
ggT({111},{0})               D.h. das Ergebnis ist ggT={111}.

Der größte gemeinsame Teiler von {111001001} und {110001} ist {111}.
```

2.6   AES, Advanced Encryption Standard

Entwicklung von AES

Im Jahr 1997 war abzusehen, dass das bisherige Standard-Verfahren der zunehmenden Rechnerleistung nicht mehr standhält. (Der 56-Bit-DES-Schlüssel konnte durch Brute-Force-Angriff 1998 in 56 und 1999 in 22 Stunden gebrochen werden). Das National Institute of Standards and Technology (NIST) rief 1997 nach Vorschlägen für einen „Advanced Encryption Standard" auf (Blocklänge 128 Bit, Schlüssellängen wahlweise 128, 192, 256 Bit). In 1998 wurden 11 Vorschläge ausgewählt und eine weltweite Prüfung ausgeschrieben. Im Herbst 2000 fiel die Entscheidung auf den Rijndael-Algorithmus, der von Daemen und Rijmen aus Belgien vorgeschlagen worden war, [NIST00]. Das Verfahren für die Auswahl des neuen Algorithmus ist im Hinblick auf Transparenz und Sicherheit als vorbildlich zu bezeichnen.

Merkmale von AES

Der AES ist eine symmetrische Block-Chiffre. Zum Verschlüsseln und Entschlüsseln wird der gleiche Schlüssel k benutzt. Die Blocklänge ist 128 Bit. Eine lange Nachricht m wird in eine Folge von Blöcken m_i zu je 128 Bit aufgespalten. Verschlüsselung und Entschlüsselung wird beschrieben durch (2.6-1).

$$c_i = AES(k, m_i), \qquad m_i = AES^{-1}(k, c_i) \qquad (2.6\text{-}1)$$

Der Schlüssel k kann optional mit einer Länge von 128, 192 oder 256 Bit gewählt werden. Die Quantität der Schlüssel |K| ermöglicht zur Zeit keinen Brute-Force-Angriff. Die Option der Schlüssellänge von 192 und 256 Bit ist für den Bedarf späterer Jahre vorgesehen. Gegenwärtig und in naher Zukunft wird eine Schlüssellänge von 128 Bit ausreichen.

$$|K| = 2^{128}, 2^{192}, 2^{256} \qquad (2.6\text{-}2)$$

Ver- und Entschlüsselung bei AES erfolgt in *Runden*. Die Zahl der Runden N_r hängt von der Schlüssellänge ab: N_r=10/128, 12/192, 14/256. Die Zahl von N_r=10 bis 14 Runden ist kleiner als bei Triple-DES (3•16=48 Runden), deshalb kann AES schneller sein.

AES ist ein schneller Algorithmus. Für einen 500 MHz Pentium III wird eine Verschlüsselungsgeschwindigkeit von 200 Mbit/sec angegeben (aus [SKW00], Leistungsangabe für Verschlüsselung „18 cycles per byte", ergibt für 500 MHz Pentium ca. 200 Mbit/sec.**).**

2.6.1   AES, Verschlüsselung und Entschlüsselung

Im Gegensatz zu DES ist der AES kein Feistel-Netzwerk. Das AES-Schema wird als Substitutions-Permutations-Netzwerk bezeichnet. Das Blockdiagramm in Abb. 2-15 zeigt eine der N_r Verschlüsselungsrunden. Auf den Datenblock d_{r-1} von 128 Bit bzw. 16 Byte werden in einem Transformations-Block Byte-Operationen angewendet (Substitution, Permutation, Intermix). Auf diese Byte-Operationen wird in Abschnitt 2.6.2 noch näher eingegangen. Anschließend wird ein rundenspezifischer Teilschlüssel von 128 Bit bitweise modulo 2 addiert und ergibt den Datenblock d_r.

In einer zusätzlichen Vor-Runde (r=0) wird nur der Teilschlüssel addiert, d.h. es entfällt der gesamte Transformations-Block. Der Eingangs-Datenblock der Vor-Runde ist der Klartext-block m_i. In der letzten Runde (r=N_r) entfällt die Intermix-Funktion in dem Transformations-Block. Der Ausgangs-Datenblock d_{Nr} der letzten Runde ist dann der Chiffrebloch c_i.

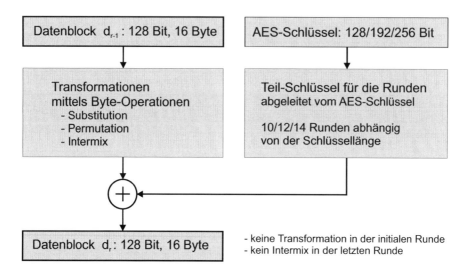

Abb. 2-15: AES, Blockbild einer Verschlüsselungsrunde (r=1...N_r).
Die Zahl der Runden N_r =10, 12, 14 hängt von der Schlüssellänge ab.

Eine Visualisierung des AES-Verfahrens findet sich in CrypTool im Menü Einzelverfahren \ Visualisierung von Algorithmen \ AES.

Zur Entschlüsselung kann das Schema in umgekehrter Reihenfolge durchlaufen werden. Dazu müssen auch die Teilschlüssel der Runden in umgekehrter Reihenfolge bereitgestellt werden. Die Addition mod 2 des letzten Teilschlüssels k_{Nr} in der letzten Runde der Verschlüsselung kann durch nochmalige Addition von k_{Nr} bei der Entschlüsselung rückgängig gemacht werden. Die Byte-Operationen in dem Transformations-Block können bei der Entschlüsselung rück-gängig gemacht werden, indem die Operationen in umgekehrter Reihenfolge (Intermix, Permu-tation, Substitution) und als Umkehrfunktion durchlaufen werden. Dazu müssen diese Opera-tionen natürlich invertierbar sein. Nach dem inversen Durchlaufen der Runden r=N_r...1 und der Vor-Runde r=0 liefert diese schließlich wieder den Klartext-Block m_i.

Teilschlüssel für die einzelnen Runden

Die Ableitung der Teilschlüssel k_r für die einzelnen Runden wird nur für den Fall der Schlüs-sellänge von 128 Bit dargestellt. In diesem Fall gibt es N_r=10 Runden. Der AES-Schlüssel wird in 4 „Wörter" w_0, w_1, w_2, w_3 zu je 32 Bit unterteilt, siehe Abb. 2-16. Von diesen Wörtern wird eine Folge von weiteren Wörtern entsprechend (2.6-3) abgeleitet.

$$w_j = w_{j-4} \oplus w_{j-1} \qquad \text{für} \qquad j = 4...43 \quad \text{und} \quad (j) \bmod 4 \neq 0$$
$$w_j = w_{j-4} \oplus KT(w_{j-1}) \qquad \text{für} \qquad j = 4...43 \quad \text{und} \quad (j) \bmod 4 = 0 \qquad \Bigg\} \quad (2.6\text{-}3)$$

Die Schreibweise in (2.6-3) bedeutet: Ein weiteres Wort w_j ergibt sich als bitweise Summe mod 2 aus dem viertletzten Wort w_{i-4} und dem letzten Wort w_j. Falls der Index j durch 4 teilbar ist, wird w_j durch KT(w_j) mod 2 ersetzt. Die Funktion KT (key transformation) enthält nichtlineare Byte-Operationen (vgl. Kap. 2.6.2). Für die 10 Runden und die zusätzliche Vor-Runde werden insgesamt 11·4=44 Schlüsselwörter (j=0, 1, ...43) benötigt.

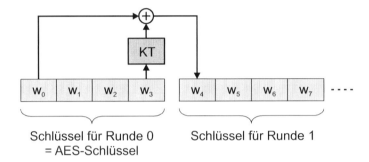

Abb. 2-16: Ableitung der Teilschlüssel für die einzelnen Runden aus dem AES-Schlüssel.
Die Darstellung bezieht sich auf den Fall der Schlüssellänge von 128 Bit.

Die Wörter w_0, w_1, w_2, w_3 entstammen direkt dem AES-Schlüssel und bilden den Teilschlüssel k_0 für die zusätzliche Vor-Runde. Die Teilschlüssel k_1 bis k_{10} werden fortlaufend durch Verkettung von jeweils 4 Wörtern w_j (j=4...43) gebildet:

$$k_r = \text{Concatenate}(w_{4 \cdot r}, w_{4 \cdot r+1}, w_{4 \cdot r+2}, w_{4 \cdot r+3}) \qquad \text{für } r = 0...10. \qquad (2.6\text{-}4)$$

Bei den AES-Schlüssellängen von 192 bzw. 256 Bit unterscheidet sich die Ableitung der Teilschlüssel nur in einigen Parametern. Für weitere Details siehe z.B. [FIPSPUB197].

2.6.2   AES, Transformationsfunktionen

Tab. 2-6: Daten-Bytes als Matrix und Matrix der „States"

d_0	d_4	d_8	d_{12}
d_1	d_5	d_9	d_{13}
d_2	d_6	d_{10}	d_{14}
d_3	d_7	d_{11}	d_{15}

	$s_{0,0}$	$s_{0,1}$	$s_{0,2}$	$s_{0,3}$
$\downarrow$	$s_{1,0}$	$s_{1,1}$	$s_{1,2}$	$s_{1,3}$
$\downarrow$	$s_{2,0}$	$s_{2,1}$	$s_{2,2}$	$s_{2,3}$
$\downarrow$	$s_{3,0}$	$s_{3,1}$	$s_{3,2}$	$s_{3,3}$

Für die Byte-Operationen in dem Transformationsblock (Abb. 2-15) wird der 128 Bit lange Eingangsdatenblock d_{r-1} in 16 Bytes d_0, d_1, ...d_{15} unterteilt. Der Runden-Index r wird hier und im Folgenden weggelassen. Die Folge der Bytes wird als Matrix mit 4 Zeilen und 4 Spalten dargestellt. Die 4 ersten Bytes d_0, d_1, d_2, d_3 stehen in der ersten Spalte, d.h. die Matrix wird von oben links nach unten rechts belegt. In der Matrix werden die Bytes als „States" bezeichnet und durch [Zeilennummer, Spaltennummer] bzw. [r=row, c=column] indiziert, Tab. 2-6. (Der Index r wird in diesem Abschnitt als Index für die Zeilennummern benutzt.)

Die Byte-Operationen in dem Transformationsblock sind Substitution, Permutation und Intermix.

Für die **Substitution** bildet eine Funktion SubByte() ein Eingangs-Byte $s_{r,c}$ auf ein Ausgangs-Byte $s'_{r,c}$ in der gleichen Matrixposition ab. Die Substitution umfasst 2 Schritte.

In *Schritt 1* wird $s_{r,c}$ durch sein multiplikativ inverses Element $s^{-1}_{r,c}$ ersetzt. Die Arithmetik wird dabei durch einen Galois-Körper $GF(2^8)$ bezüglich des irreduziblen Modularpolynoms $M(x)=x^8+x^4+x^3+x+1=\{100011011\}$ definiert, vgl. Kap. 2.5. (zur Erinnerung: Dabei werden die 8 Binärstellen eines Bytes als Koeffizienten eines Polynoms vom Grad kleiner 8 aufgefasst und die Operationen für Polynome modulo 2 und modulo M(x) durchgeführt. Jedes Element $\neq 0$ besitzt ein multiplikativ inverses Element.) Als eine Festlegung wird das Null-Element (Byte besteht aus 8 Nullen) durch sich selbst substituiert.

In *Schritt 2* werden alle Binärstellen eines Bytes linear transformiert, d.h. der Vektor der 8 Binärstellen eines Bytes wird mit einer festen 8x8-Matrix mod 2 multipliziert und ergibt als Ergebnisvektor mit 8 Binärstellen ein Ergebnis-Byte. Die Matrix ist so gewählt, dass die lineare Transformation invertierbar ist. Anschließend wird noch eine Konstante aus $GF(2^8)$ addiert.

Für die Resistenz von AES gegen eine Kryptoanalyse ist der Schritt 1 mit der nichtlinearen multiplikativ inversen Ersetzung sehr wesentlich. Sie ist die einzige nichtlineare Transformation innerhalb von AES.

Für alle $2^8=256$ Werte eines Bytes $s_{r,c}$ kann die multiplikative Ersetzung und anschließende Transformation berechnet und als $s'_{r,c}$ gespeichert werden. Die Substitution kann dann durch eine Ersetzungs-Tabelle von 256 Bytes implementiert werden.

Für die **Permutation** werden die States $s_{r,0}$ $s_{r,1}$ $s_{r,2}$ $s_{r,3}$ innerhalb einer Zeile r der 4x4-Matrix von Tab. 2-6 permutiert. Die Permutation besteht aus zyklischen Links-Shifts um r Byte-Positionen, d.h. um 0, 1, 2 oder 3 Bytes. Die Permutation ist natürlich invertierbar.

Für den **Intermix** bildet eine Funktion MixColumns() eine Eingangs-Spalte ($s_{0,c}$ $s_{1,c}$ $s_{2,c}$ $s_{3,c}$) der Matrix von Tab. 2-6 auf eine Ergebnis-Spalte ($s'_{0,c}$ $s'_{1,c}$ $s'_{2,c}$ $s'_{3,c}$) in gleicher Position c ab. Dazu wird der Eingangsvektor ($s_{0,c}$ $s_{1,c}$ $s_{2,c}$ $s_{3,c}$) mit einer festen 4x4-Matrix multipliziert und ergibt den Ausgangsvektor ($s'_{0,c}$ $s'_{1,c}$ $s'_{2,c}$ $s'_{3,c}$). Dabei handelt es sich um eine lineare Transformation. Die Elemente der Vektoren und der 4x4-Matrix sind Bytes und werden für die Transformation als Elemente des Galois-Körpers $GF(2^8)$ bezüglich des irreduziblen Modularpolynoms $M(x)=x^8+x^4+x^3+x+1=\{100011011\}$ behandelt. Es ist also die Arithmetik des $GF(2^8)$ anzuwenden.

Die 4x4-Transformationsmatrix ist so gewählt, dass sie in $GF(2^8)$ invertierbar ist. Damit kann bei der Entschlüsselung in umgekehrter Weise aus dem Ausgangsvektor ($s'_{0,c}$ $s'_{1,c}$ $s'_{2,c}$ $s'_{3,c}$) der Eingangsvektor ($s_{0,c}$ $s_{1,c}$ $s_{2,c}$ $s_{3,c}$) berechnet werden.

Die 4x4-Transformationsmatrix wird in [FIPSPUB197] aus einer Polynom-Beschreibung abgeleitet. Alternativ kann die Transformation mit der 4x4-Matrix auch als Multiplikation von Polynomen beschrieben werden.

$$s'(x) = a(x)\,gs(x) = \qquad\qquad \text{wobei alle Koeffizienten} \in GF(2^8)$$
$$(a_3 \cdot x^3 + a_2 \cdot x^2 + a_1 \cdot x + a_0)\,g(s_3 \cdot x^3 + s_2 \cdot x^2 + s_1 \cdot x + s_0) \mod (x^4 + 1) \qquad \left.\right\} \quad (2.6\text{-}5)$$

Das multiplikativ inverse Polynom $a^{-1}(x)$ bezüglich mod (x^4+1) leistet dann die Rücktransformation. Für weitere Details siehe [FIPSPUB197].

Mit [CrypTool], „dem E-Learning-Programm für Kryptologie" können zahlreiche Analyse-, Hash- und Verschlüsselungsverfahren demonstriert und animiert werden. Besonders hinzuweisen ist hier auf die Visualisierung von AES (CrypTool: Menu Einzelverfahren -> Visualisierung von Algorithmen -> AES -> Rijndael-Animation).

2.6.3 Übungen

Aufgabe 1

Bei den AES-Transformationen müssen Elemente aus $GF(2^8)$ addiert, multipliziert und multiplikativ invertiert werden. Der Körper $GF(2^8)$ sei hier durch das Modular-Polynom $M(x)=x^8+x^4+x^3+x+1=\{100011011\}$ definiert. Bilden Sie die Summe und das Produkt für die Elemente $a(x)=\{11010111\}$ und $b(x)=\{00110100\}$.

Lösung

```
{11010111}+{00110100}    Summe
 11010111
 00110100
 11100011               ...Ergebnis, Summe mod 2
```
Die Kurzschrift der Polynome durch ihre Koeffizienten kann auch in hexadezimaler Form geschrieben werden: a(x)={d7}, b(x)={34}, {d7}+{34}={e3}.

```
{11010111}·{00110100}    Produkt
 11010111
  11010111
   11010111
 1010011001100          ...Ergebnis der Multiplikation mod 2
 100011011              ...modulo M(x)=x⁸+x⁴+x³+x+1
    100011011           ... dto
     100011011          ... dto
       00001011         ...Ergebnis mod 2, modulo M(x)
```
Hexadezimal: {d7}·{34}≡{0b} (modulo M(x)=x⁸+x⁴+x³+x+1)

Das Berechnen der Produkte in $GF(2^8)$ ist etwas aufwendig. Es ist zweckmäßig, ein Programm dafür zu benutzen.

Übung 2

Die lineare Transformation für die Binärstellen innerhalb eines Bytes kann durch eine 8x8-Matrix in Arithmetik modulo 2 beschrieben werden (in Schritt 2 der Substitution, ohne die anschließende Addition einer Konstanten). Bestimmen Sie für das angegebene Eingangs-Byte $b=(b_7...b_0)=(00000111)$ das Ausgangs-Byte der linearen Transformation.

$$
\begin{bmatrix} c_0 \\ c_1 \\ c_2 \\ c_3 \\ c_4 \\ c_5 \\ c_6 \\ c_7 \end{bmatrix} = \begin{bmatrix} 1 & 0 & 0 & 0 & 1 & 1 & 1 & 1 \\ 1 & 1 & 0 & 0 & 0 & 1 & 1 & 1 \\ 1 & 1 & 1 & 0 & 0 & 0 & 1 & 1 \\ 1 & 1 & 1 & 1 & 0 & 0 & 0 & 1 \\ 1 & 1 & 1 & 1 & 1 & 0 & 0 & 0 \\ 0 & 1 & 1 & 1 & 1 & 1 & 0 & 0 \\ 0 & 0 & 1 & 1 & 1 & 1 & 1 & 0 \\ 0 & 0 & 0 & 1 & 1 & 1 & 1 & 1 \end{bmatrix} \cdot \begin{bmatrix} b_0 \\ b_1 \\ b_2 \\ b_3 \\ b_4 \\ b_5 \\ b_6 \\ b_7 \end{bmatrix} \text{ (mod 2)} \quad \text{für} \quad \begin{bmatrix} b_0 \\ b_1 \\ b_2 \\ b_3 \\ b_4 \\ b_5 \\ b_6 \\ b_7 \end{bmatrix} = \begin{bmatrix} 1 \\ 1 \\ 1 \\ 0 \\ 0 \\ 0 \\ 0 \\ 0 \end{bmatrix} \quad (2.6\text{-}6)
$$

Lösung

Das Ergebnis ist $c=(c_7...c_0)=(01011101)$.

Übung 3

Die lineare Transformation in Übung 2 kann man auch durch Polynome beschreiben:

$$c(x)=a(x) \cdot b(x) \quad (\text{mod } 2, \text{ mod } (x^8+1)) \qquad \text{mit den Polynomkoeffizienten}$$
$$c(x) = \{c_7 ...c_1 \, c_0\} \qquad b(x) = \{b_7 ...b_1 \, b_0\} \qquad a(x) = \{a_7 ...a_1 \, a_0\} = \{00011111\} \qquad (2.6\text{-}7)$$

Vergewissern Sie sich, dass die Transformationen nach (2.6-6) und (2.6-7) äquivalent sind. Anleitung: Der Koeffizient c_0, der zur Potenz x^0 gehört, ergibt sich aus allen Koeffizientenpaaren a_i, b_j, deren Potenz $i+j$ entweder 0 oder 8 ist ($x^8 \bmod(x^8+1)=x^0=1$). Berechnen Sie dazu aus (2.6-7) die Koeffizienten c_0 und c_1 und vergleichen Sie das Ergebnis mit der Matrixdarstellung von (2.6-6).

Lösung

Entsprechend (2.6-7) führen die folgenden Koeffizientenpaare (a_i, b_j) auf Produkte der Potenz x^0 oder x^8. Die Potenzen x^0 oder x^8 gehören zu dem Koeffizienten c_0.
$c_0=b_0 \cdot a_0+b_1 \cdot a_7+b_2 \cdot a_6+b_3 \cdot a_5+b_4 \cdot a_4+b_5 \cdot a_3+b_6 \cdot a_2+b_7 \cdot a_1$. Die oberste Zeile der 8x8-Matrix lautet damit: $(a_0 \, a_7 \, a_6 \, a_5 \, a_4 \, a_3 \, a_2 \, a_1) = (1 \, 0 \, 0 \, 0 \, 1 \, 1 \, 1 \, 1)$. Die konkreten Werte der Koeffizienten von $a(x)$ in (2.6-7) zeigen Übereinstimmung mit der obersten Zeile der 8x8-Matrix in (2.6-6).

Der Koeffizient c_1 in (2.6-7) gehört zu den Potenzen x^1 oder x^9 modulo (x^8+1). $c_1=b_0 \cdot a_1+b_1 \cdot a_0+b_2 \cdot a_7+b_3 \cdot a_6+b_4 \cdot a_5+b_5 \cdot a_4+b_6 \cdot a_3+b_7 \cdot a_2$. Die zweite Zeile der 8x8-Matrix lautet damit: $(a_1 \, a_0 \, a_7 \, a_6 \, a_5 \, a_4 \, a_3 \, a_2) = (1 \, 1 \, 0 \, 0 \, 0 \, 1 \, 1 \, 1)$. Die zweite Zeile der 8x8-Matrix in (2.6-6) ist gegenüber der ersten Zeile zyklisch um eine Position nach rechts verschoben,

Übung 4

Die Transformation (2.6-7) kann invertiert werden, indem man das multiplikativ inverse Polynom $a^{-1}(x)$ bezüglich $M(x)=x^8+1$ bildet. Dazu müssen $a(x)$ und $M(x)$ selbstverständlich teilerfremd sein. Diese inverse Transformation zur Berechnung von $b(x)$ aus $c(x)$ ist für die Entschlüsselung erforderlich.

$$b(x) = a^{-1}(x) \cdot c(x) \quad (\text{mod } 2, \text{ mod } (x^8+1)) \qquad (2.6\text{-}8)$$

Das multiplikativ inverse Polynom lautet $a^{-1}(x)=x^6+x^3+x=\{01001010\}$.

Weisen Sie nach, dass die Polynome $a(x)=\{00011111\}$ und $a^{-1}(x)=\{01001010\}$ bezüglich (x^8+1) multiplikativ invers sind.

Lösung

```
{00011111}·{01001010}     Produkt
 00011111
    00011111
       00011111
 00011100000110          ...Ergebnis der Multiplikation mod2
    100000001            ...modulo M(x)=x⁸+1
     100000001           ... dto
      100000001          ... dto
      000000001          ...Ergebnis mod 2, modulo M(x) ist 1
Die Elemente sind zueinander multiplikativ invers.
Hexadezimal: {1f}·{4a}={01} (modulo M(x)=x⁸+1)
```

Übung 5

Stellen Sie die Transformation mit $a^{-1}(x)=\{01001010\}$ in Matrixform entsprechend (2.6-6) dar. Prüfen Sie, ob die inverse Transformation des Ergebnisses $c=(c_0...c_7)$ von Übung 2 wieder auf den ursprünglichen Wert $b=(b_7...b_0)=(00000111)$ führt.

Lösung

In der Lösung von Übung 3 sahen wir, dass in der obersten Zeile der 8x8-Matrix die Koeffizienten des Polynoms $a(x)$ in der Reihenfolge $(a_0\ a_7\ a_6\ a_5\ a_4\ a_3\ a_2\ a_1)$ auftreten, also um eine Position zyklisch nach rechts verschoben sind. Die nachfolgenden Zeilen sind je um eine weitere Position zyklisch nach rechts verschoben. Entsprechend $a^{-1}(x)=\{01001010\}$ lautet die Koeffizientenfolge der obersten Zeile der 8x8-Matrix $\{00100101\}$.

In der Matrix-Multiplikation ist in der Spalte ganz rechts das Ergebnis von Übung 2 eingetragen: $c=(c_7...c_0)=(01011101)$. Als Ergebnis der Matrix-Multiplikation ergibt sich wieder das ursprüngliche Eingangs-Byte $b=(b_7...b_0)=(00000111)$

$$
\begin{pmatrix} 1 \\ 1 \\ 1 \\ 0 \\ 0 \\ 0 \\ 0 \\ 0 \end{pmatrix}
=
\begin{pmatrix}
0 & 0 & 1 & 0 & 0 & 1 & 0 & 1 \\
1 & 0 & 0 & 1 & 0 & 0 & 1 & 0 \\
0 & 1 & 0 & 0 & 1 & 0 & 0 & 1 \\
1 & 0 & 1 & 0 & 0 & 1 & 0 & 0 \\
0 & 1 & 0 & 1 & 0 & 0 & 1 & 0 \\
0 & 0 & 1 & 0 & 1 & 0 & 0 & 1 \\
1 & 0 & 0 & 1 & 0 & 1 & 0 & 0 \\
0 & 1 & 0 & 0 & 1 & 0 & 1 & 0
\end{pmatrix}
\cdot
\begin{pmatrix} 1 \\ 0 \\ 1 \\ 1 \\ 1 \\ 0 \\ 1 \\ 0 \end{pmatrix}
$$

Übung 6

Für Unermüdliche: Berechnen Sie mit Hilfe des erweiterten Euklidischen Algorithmus das multiplikativ inverse Element $a^{-1}(x)$ zu $a(x)=\{00011111\}$ bezüglich $M(x)=(x^8+1)$.

Lösung

```
ggT((x⁸+1), a(x))=
ggT({100000001},{11111})
ggT({11111},{1001})        {1001}={100000001}+{11000}·{11111} (mod 2) ¹)
ggT({1001},{100})          {100}={11111}+{11}·{1001}            (mod 2) ²)
ggT({100},{1})             {1}={1001}+{10}·{100}                (mod 2) ³)

Durch Einsetzen von ¹) und ²) in ³) erhält man:
{1}={1001}+{10}·{100}=
={100000001}+{11000}·{11111}+{10}·({11111}+{11}·({100000001}+
+{11000}·{11111}))≡{11111}·({11000}+{10}+{10}·{11}·{11000})≡
≡{11111}·({11000}+{10}+{1010000})≡
≡{11111}·{1001010} (mod 2, mod (x⁸+1).
Das Ergebnis ist a⁻¹(x)={01001010}.
```

2.7 Betriebsarten von Block-Chiffren: ECB, CBC, CFB, OFB, CTR

Die Abkürzungen der Betriebsarten – auch Betriebsmodi genannt – lauten ausgeschrieben:

ECB   Electronic Code Book
CBC   Cipher Block Chaining
CFB   Cipher FeedBack
OFB   Output FeedBack
CTR   Counter-Modus

2.7.1 Wozu Betriebsarten?

In der einfachsten Betriebsart „Electronic Code Book (ECB)" wird jeder Klartextblock unabhängig von anderen Klartextblöcken verschlüsselt. Diese Betriebsart hat den Nachteil, dass identische Klartextblöcke auf identische Chiffreblöcke führen, was z.B. bei Protokoll-Headern auftreten kann. Identische Chiffreblöcke können einem Angreifer unerwünschte Hinweise geben. Ein weiterer Nachteil ist, dass verlorene oder verdoppelte Chiffreblöcke nicht bemerkt werden.

Diese Nachteile können mit den Betriebsarten CBC, CFB, OFB, CTR durch Abhängigkeit zwischen den Blöcken vermieden werden [FIPSPUB81], [Ru93]. Die Betriebsarten sind nicht nur auf DES, sondern auch auf andere Block-Algorithmen anwendbar. Wir wollen sie allgemein mit BA für die Verschlüsselung und BA^{-1} für die Entschlüsselung bezeichnen.

$$\left.\begin{array}{lll} \text{Verschlüsselung} & BA & \text{z.B. für} & DES, 3DES, IDEA, AES \\ \text{Entschlüsselung} & BA^{-1} & \text{z.B. für} & DES^{-1}, 3DES^{-1}, IDEA^{-1}, AES^{-1} \end{array}\right\} \quad (2.7\text{-}1)$$

Blockweise Verschlüsselungen arbeiten mit einer festen Blocklänge l_b, z.B. mit 64 Bit (DES, Triple-DES, IDEA) oder mit 128 Bit (AES). Falls eine Nachricht kürzer als die Blocklänge ist, dann wird die restliche Blocklänge durch Leer-Information (padding) aufgefüllt. Längere Nachrichten m der Länge l_m werden in eine Folge von t Blöcken aufgespalten.

$$m: \quad m_1, m_2, m_3, \ldots m_t \qquad \text{mit} \qquad l_m = l_b \cdot t \qquad (2.7\text{-}2)$$

2.7.2   Eigenschaft der Betriebsarten

2.7.2.1   Electronic Code Book (ECB)

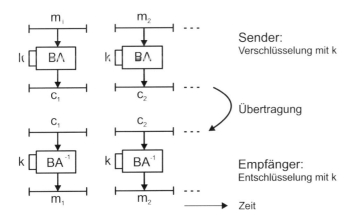

Abb. 2-17: Electronic Code Book (ECB). Folge von Nachrichtenblöcken, Verschlüsselung im Sender, Übertragung und Entschlüsselung im Empfänger.

Bei dieser einfachen Betriebsart gibt es keine Abhängigkeiten zwischen den Blöcken. Sie wird durch Abb. 2-17 oder (2.7-3) beschrieben.

$$\left.\begin{array}{ll} \text{Verschlüsselung:} & c_i = BA(m_i) \\ \text{Entschlüsselung:} & m_i = BA^{-1}(c_i) \end{array}\right\} \quad (2.7\text{-}3)$$

Die Eigenschaften von Electronic Code Book (ECB) sind:

- Jeder Block wird unabhängig verschlüsselt.

- Gleiche Klartextblöcke ergeben gleiche Chiffretextblöcke.

- Fehlerausbreitung: Ein fehlerhaft übertragenes Bit in einem Chiffretextblock betrifft bei der Entschlüsselung nur diesen Block. Gute Block-Algorithmen (DES, IDEA, AES) haben die

Eigenschaft, dass ein einziges geändertes Bit am Eingang von BA oder BA^{-1} im Mittel die Hälfte aller Binärstellen am Ausgang verändert („sieht aus wie ein neues Zufallsmuster").

- Synchronisation der Blockgrenzen. Wenn der Empfänger die Blocksynchronisation verliert, ist eine Entschlüsselung nicht mehr möglich.

- Sehr kurze Nachrichten (z.B. für die getrennte Übertragung einzelner Bytes) müssen durch Leer-Information (padding) aufgefüllt werden.

- ECB sollte nicht für lange Nachrichten benutzt werden ($l_m \gg l_b$).

2.7.2.2 Cipher Block Chaining (CBC)

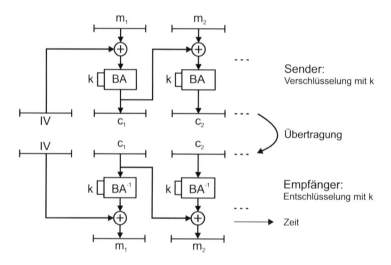

Abb. 2-18: Cipher Block Chaining (CBC). Folge von Nachrichtenblöcken, Verschlüsselung im Sender, Übertragung und Entschlüsselung im Empfänger.

Wie der Name schon sagt, werden die Chiffreblöcke verkettet, wobei ein Chiffreblock von dem vorangehenden Chiffreblock abhängt.

$$\left.\begin{array}{lll}\text{Verschlüsselung} & c_i = BA(m_i \oplus c_{i-1}) & \text{mit} \quad c_0 = IV \\[2mm] \text{Entschlüsselung} & m_i = BA^{-1}(c_i) \oplus c_{i-1} & \end{array}\right\} \qquad (2.7\text{-}4)$$

Die Formel für die Entschlüsselung in (2.7-4) gewinnt man durch Umformung der Formel für die Verschlüsselung. Das Symbol $\oplus$ bedeutet bitweise Addition modulo 2. Die Formeln lassen sich direkt als Datenflussbild darstellen, Abb. 2-18. Man beachte die Verkettung von Chiffreblock und Folgeblock.

Die Eigenschaften von Cipher Block Chaining (CBC) sind:

- Ein Initialisierungsvektor IV muss festgelegt werden. Er kann offen übertragen werden.

- Ein Chiffreblock c_i hängt ab vom eigenen Nachrichtenblock und allen vorangehenden Nachrichtenblöcken m_1, m_2, ...m_{i-1}, m_i. Zwei gleiche Nachrichtenblöcke $m_i=m_j$ ergeben damit unterschiedliche Chiffreblöcke. Ein einziges verändertes Bit in einem Nachrichtenblock m_i verändert den eigenen und alle folgenden Chiffreblöcke c_i, c_{i+1}, c_{i+2},... drastisch (im Mittel die Hälfte aller Binärstellen, „sieht aus wie neue Zufallsmuster").

- Ebenso hängt ein Chiffreblock c_i drastisch ab von Vertauschungen in der Reihenfolge der Nachrichtenblöcke m_1, m_2, ...m_{i-1}, m_i sowie vom Verlust oder einer Verdopplung von Nachrichtenblöcken.

- Identische Folgen von Nachrichtenblöcken m_1, m_2,... führen bei erneuter Verschlüsselung auf identische Folgen von Chiffreblöcken c_i, c_{i+1},... Deshalb sollten Zeitstempel im Initialisierungsvektor IV benutzt werden, damit eine Wiederholung identischer Folgen von Chiffreblöcken vermieden wird.

- Fehlerausbreitung: Ein Bitfehler bei der Übertragung eines Chiffreblocks c_i verursacht, dass der eigene Nachrichtenblock m_i (drastisch falsch) und der Folgeblock m_{i+1} (ein Bit falsch) fehlerhaft entschlüsselt werden. Die folgenden Nachrichtenblöcke m_{i+2}, m_{i+3},... werden korrekt entschlüsselt. Die Fehlerausbreitung ist also begrenzt auf den eigenen Block und den Folgeblock (vgl. Entschlüsselung in (2.7-4)).

- Blocksynchronisation: Nach Verlust und Wiederherstellung der Blocksynchronisation für Block i kann nach Block i (m_{i+1}, m_{i+2},...) wieder korrekt entschlüsselt werden.

Speziell bei CBC ist der letzte Chiffreblock c_t identisch dem Message Authentication Code (MAC) von Kap. 2.2.4.1. Jedoch kann c_t nicht für die Authentifizierung benutzt werden, weil der Empfänger den Wert von c_t nicht auf getrenntem Wege berechnen kann. Integrität und Authentizität müssen durch getrennte Mechanismen bereitgestellt werden.

2.7.2.3   Cipher Feedback (CFB)

Beim „Cipher Feedback" wird der Chiffreblock c_i als neuer Eingangswert c_{i-1} für den Blockalgorithmus zurückgekoppelt. Die Formeln (2.7-5) für Verschlüsselung und Entschlüsselung unterscheiden sich nur durch eine Umformung. Man beachte, dass der Blockalgorithmus BA auch für die Entschlüsselung in normaler Richtung benutzt wird (nicht BA^{-1}).

$$\left. \begin{array}{lll} \text{Verschlüsselung} & c_i = BA(c_{i-1}) \oplus m_i & \text{mit} \quad c_0 = IV \\ \text{Entschlüsselung} & m_i = BA(c_{i-1}) \oplus c_i & \end{array} \right\} \quad (2.7\text{-}5)$$

Als Verallgemeinerung ist es bei Cipher Feedback möglich, nur einen Teilblock, z.B. nur ein Byte zu nutzen. Es braucht dann auch nur ein Teilblock von c_i übertragen zu werden. Auf diese Weise lässt sich eine Folge von Bytes byteweise verschlüsseln und übertragen. Dieser Modus wird als „Strom-orientiert" bezeichnet.

Wie im Datenflussbild in Abb. 2-19 ersichtlich hängt der Schlüsselstrom, der zu m_i addiert wird, $z_i = BA(c_{i-1}) = BA(BA(c_{i-2}) \oplus m_{i-1})$ von der Nachricht m ab. Diese Eigenschaft erhöht die Sicherheit vor Angriffen. Dagegen ist bei einer reinen Strom-Chiffre der Schlüsselstrom z_i unabhängig von der Nachricht.

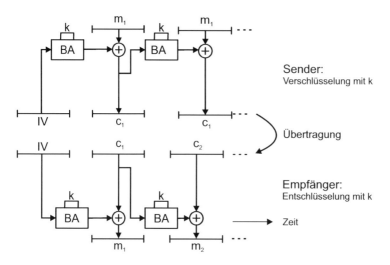

Abb. 2-19: Cipher Feedback (CFB), Sender- und Empfängerseite im Datenflussbild

2.7.2.4   Output Feedback (OFB)

Der wesentliche Teil von Output Feedback (OFB) ist ein schlüsselgesteuerter PN-Generator (PN, pseudo noise). Er erzeugt, ausgehend von einem initialen Zustand z_0=IV mit Hilfe des Block-Algorithmus BA eine Folge von Pseudo-Zufalls-Blöcken z_i. Diese werden bitweise mod 2 mit den Nachrichtenblöcken addiert und ergeben die Chiffreblöcke. Die Formeln (2.7-6) und Abb. 2-20 beschreiben das Verfahren.

$$\left.\begin{array}{lll} \text{PN – Generator} & z_i = BA(z_{i-1}) & \text{mit} \quad z_0 = IV \\[4pt] \text{Verschlüsselung} & c_i = z_i \oplus m_i \\[4pt] \text{Entschlüsselung} & m_i = z_i \oplus c_i \end{array}\right\} \qquad (2.7\text{-}6)$$

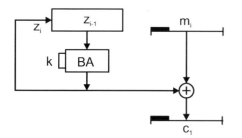

Abb. 2-20: Output Feedback (OFB), Sendeseite, Blockschaltbild für die Verschlüsselung. Für die Entschlüsselung werden lediglich m_i und c_i vertauscht.
Der PN-Generator befindet sich in der linken Bildhälfte.

Für die Entschlüsselung benötigt der Empfänger Blocksynchronisation und Synchronisation mit dem Zustand z_{i-1}. Man beachte, dass der Blockalgorithmus BA auch für die Entschlüsselung in normaler Richtung benutzt wird (nicht BA^{-1}). Es werden lediglich m_i und c_i vertauscht, wie aus (2.7-6) zu entnehmen ist.

Der PN-Generator ist von hoher Qualität, weil der Blockalgorithmus BA (DES, IDEA, AES) nichtlinear und schwer zu brechen ist. Um den Schlüssel k zu ermitteln, kann eine Folge von zwei Vektoren z_{i-1} und $z_i=BA(z_{i-1})$ verwendet werden (entspricht Known-Plaintext). Für das Brechen des Schlüssels wäre dann der Aufwand eines Brute-Force-Angriffs nötig.

Als Verallgemeinerung ist es bei Cipher Feedback möglich, nur einen Teilblock, z.B. nur ein Byte zu nutzen (siehe Markierung in Abb. 2-20). Es braucht dann auch nur ein Teilblock von c_i übertragen zu werden.

Die Eigenschaften von Output Feedback (OFB) sind:

- Die Folge der Zustände z_{i-1} bzw. der Schlüsselstrom z_i hängt nicht von der Nachricht m ab. Der Schlüsselstrom wird zu der Folge der Nachrichtenblöcke / Nachrichten-Bytes m_i addiert. Diese Art der Verschlüsselung wird als „Strom-Chiffre" bezeichnet. Der Schlüsselstrom z_i und damit der Initialisierungsvektor $z_0=IV$ darf bei gleichem Schlüssel k nur einmal benutzt werden (vgl. Kap. 2.4 „Stromchiffren").

- Das Verfahren entspricht einer Verschlüsselung mit einem schlüsselgesteuerten Pseudo-Noise-Generator (PN-Generator).

- Die Änderung einer Binärstelle in Nachrichtenblock m_i beeinflusst nur den eigenen Chiffreblock c_i, nicht jedoch die folgenden Chiffreblöcke.

- Es gibt keine Fehlerausbreitung. Die bei der Übertragung gefälschten Stellen in c_i finden sich nach der Entschlüsselung an den gleichen Positionen im Klartext m_i wieder.

- Bei Verlust der Synchronisation muss sowohl auf die Blockgrenzen als auch auf die Folge z_i re-synchronisiert werden.

2.7.2.5   Counter-Modus (CTR)

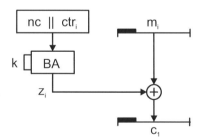

Abb. 2-21: Counter-Modus (CTR), Sendeseite. Blockschaltbild für die Verschlüsselung. Für die Entschlüsselung werden lediglich m_i und c_i vertauscht.

Der CTR-Modus ist dem Output Feedbach (OFB) sehr ähnlich. Er unterscheidet sich lediglich in dem Pseudo-Noise-Generator. Dieser enthält keine Rückkopplung, sondern stattdessen einen Zähler sowie einen Initialisierungsvektor IV, der hier als Nonce (Einmal-Zufallswert) bezeichnet wird. Der Zähler ctr_i wird mit jedem Block inkrementiert, die Nonce nc wird für eine ganze Nachricht beibehalten und muss dem Empfänger bekannt sein. Sie braucht nicht geheim zu sein, darf aber nicht wieder verwendet werden (vgl. Kap. 2.4 „Stromchiffren"). Der CTR-Modus wird durch Formel (2.7-7) sowie Abb. 2-21 beschrieben.

$$\left.\begin{array}{lll} \text{PN – Generator} & z_i = BA(nc \parallel ctr_i) & \text{mit} \quad nc = \text{nonce} \\[2mm] \text{Verschlüsselung} & c_i = z_i \oplus m_i \\[2mm] \text{Entschlüsselung} & m_i = z_i \oplus c_i \end{array}\right\} \qquad (2.7\text{-}7)$$

Der Ausgang z_i des PN-Generators wird durch den Zähler ctr_i getrieben. Für den Eingang des PN-Generators bzw. von BA gibt es mehrere Möglichkeiten. Eine Möglichkeit besteht darin, das Eingangsregister aufzuteilen in Stellen für die Nonce nc und in Stellen für den Zählerstand ctr_i. Aus diesem Grund wird der CTR-Modus auch als SIC-Modus (Segmented Integer Counter) bezeichnet. Als eine andere Möglichkeit kann für den Eingang von BA die Summe mod 2 $nc \oplus ctr_i$ gebildet werden. In diesem Fall stehen für nc und ctr_i mehr Binärstellen zur Verfügung, so dass die Periode des PN-Generators größer wird. Durch den Schlüssel k wird die Vielfalt von PN-Folgen weiter vergrößert.

Als Verallgemeinerung ist es im CTR-Modus möglich, nur einen Teilblock, z.B. nur ein Byte zu nutzen (siehe Markierung in Abb. 2-21). Es braucht dann auch nur ein Teilblock von c_i übertragen zu werden. Die für Output Feedback (OFB) aufgelisteten Eigenschaften gelten auch für den CTR-Modus. Der Counter-Modus findet Anwendung z.B. in Funknetzen (Kap. 6.5.5).

2.7.2.6 Anmerkungen

Anmerkung zu Strom-Chiffre und Strom-orientert: Die Betriebsarten Cipher Feedback (CFB), Output Feedback (OFB) und Counter-Modus (CTR) sind geeignet, um eine Folge von Bytes byteweise zu verschlüsseln und zu übertragen. Sie werden deshalb auch als *Strom-orientiert* bezeichnet. Bei Output Feedback (OFB) und Counter-Modus (CTR) wird zu der Nachricht ein Schlüsselstrom addiert, der von der Nachricht unabhängig ist. Diese Verschlüsselung wird als Strom-Chiffre bezeichnet, vgl. RC4 in Kap. 2.4. Bei Stromchiffren ist es besonders riskant, den Initialisierungsvektor IV nochmals zu verwenden.

Anmerkung zu Integrität und Authentizität: Durch Verschlüsselung wird der Dienst der Vertraulichkeit bereitgestellt. Obwohl bei den Betriebsarten Cipher Block Chaining (CBC) und Cipher FeedBack (CFB) jede Stelle in der Nachricht den letzten Chiffreblock c_t beeinflusst und bei CBC sogar mit dem MAC nach Kap. 2.2.4.1 übereinstimmt, stellen diese Mechanismen weder Integrität noch Authentizität bereit. Es fehlt die Möglichkeit einer Kontrolle. Für die Dienste der Integrität und Authentizität sind gesonderte Mechanismen erforderlich.
Als eine Möglichkeit kann die Nachricht m zusammen mit ihrem MAC(m) verschlüsselt werden, $c_{MAC}=f(k, [m, MAC(m)])$. Als eine bessere und meist benutzte Möglichkeit wird der MAC nach der Verschlüsselung c=f(k, m) über die Chiffre c und den benutzten Initialisierungsvektor IV gebildet und in der Form [(c, IV), MAC(c, IV)] übertragen. Dabei erscheint der Initialisierungsvektor IV und der gemeinsame MAC in Klartext. Der Empfänger kann dann vor der Entschlüsselung prüfen, ob die Chiffre und der Initialisierungsvektor (c, IV) ihren gemeinsamen MAC(c, IV) erfüllen, also integer und authentisch sind. Brute-Force-Angriffe auf Schlüssel, die teilweise bekannt sind, lassen sich ganz praktisch für alle implementierten modernen symmetrischen Verfahren in CrypTool durchführen: siehe Menü Analyse \ Symmetrische Verschlüsselung (modern).

3 Hash-Funktionen

Durch eine Hash-Funktion h( ) wird eine Nachricht beliebiger Länge auf einen Hashwert mit einer festen Länge z.B. von 160 Bit abgebildet. Nach einem Überblick über Anwendungen und Arten von Hash-Funktionen werden in diesem Kapitel Angriffe auf Einweg-Hash-Funktionen diskutiert, konkrete Hash-Funktionen auf Basis von Block-Chiffren und eigenständige Hash-Funktionen (MD5, SHA, RIPEMD) vorgestellt und schließlich Hash-Funktionen als MAC verwendet (HMAC: keyed-Hash MAC).

Anm.: Die Schreibweise h( ) bezeichnet eine Funktion. In der Klammer steht im konkreten Fall der Eingangswert, z.B. die Nachricht m für h(m).

3.1 Anwendungen und Arten von Hash-Funktionen

Durch eine Hashfunktion h( ) wird eine Nachricht oder ein Name beliebiger Länge auf einen Hashwert einer bestimmten, festen Länge abgebildet. Hashfunktionen werden dazu benutzt, um z.B. eine Menge von Namen einer adressierbaren Liste zuzuordnen. Als einfaches Beispiel kann von dem Zeichencode eine stellenweise Summe modulo 2 gebildet werden:

```
a            110.0001
l            110.1100
p            111.0000
h            110.1000
a            110.0001
h(„alpha")   111.0100
```

Bei Verwendung von 7-Bit-ASCII wird eine Liste von $2^7 = 128$ Adressen gebildet. Der Name „alpha" fällt auf die Adresse h("alpha") = 111.0100. Ziel der Abbildung von Namen auf eine Liste von Adressen ist, dass die Liste möglichst gleichförmig belegt wird und unterschiedliche Namen nicht auf die gleiche Adresse fallen (Kollision).

Als eine weitere Anwendung dienen Hashfunktionen, um Passwörter in einer verschlüsselten Form in einer Passwort-Datei abzulegen. Bei Eingabe eines Passwortes wird dieses ebenfalls verschlüsselt und die verschlüsselte Form mit den Einträgen der Passwort-Datei verglichen. Dagegen soll es nicht möglich sein, die verschlüsselte Form eines Passworts zu entschlüsseln. Dazu eignen sich **Einweg-Hashfunktionen**. Sie haben die Eigenschaft, dass es praktisch nicht möglich ist, von dem Hashwert auf den Eingabewert zurückzuschließen, d.h. aus dem Hashwert eines Passworts das Passwort selbst zu bestimmen.

Einweg-Hashfunktionen werden auch als **kryptographische Hashfunktionen** bezeichnet. Entgegen einer nahe liegenden Vermutung benutzen kryptographische Hashfunktionen ebenfalls keinen Schlüssel. Der Name ist so zu verstehen, dass kryptographische Hashfunktionen als Hilfsfunktionen für die Kryptographie benutzt werden. Beispiele von Einweg-Hashfunktionen wurden bereits in Kap. 2.2.4 „Kennwörter für UNIX" und Kap. 2.2.4.2 „Einweg-Hashfunktion auf Basis von DES" angesprochen. Das obige Beispiel h(„alpha") ist dagegen keine Einweg-Hashfunktion.

Hashfunktionen werden auch dazu benutzt, um Dateien bei der Speicherung oder Übertragung gegen Veränderung zu schützen (Integrität z.B. von Programmdateien). Dazu wird ein Hashwert der Datei gebildet und als *Message Digest* oder digitaler *Fingerabdruck* (*finger-print*) gespeichert oder mit übertragen. Bei einer unveränderten Datei müssen der ursprüngliche und ein neu berechneter Hashwert übereinstimmen.

Schließlich werden Hashfunktionen im Rahmen von digitalen Signaturen angewendet (vgl. Kap. 1.3.4, 4.2.1, 4.4.2). Für lange Nachrichten wäre es zu aufwändig, die Nachricht m direkt zu signieren. Stattdessen wird der Hashwert der Nachricht h(m) digital signiert. Dabei muss an die Hashfunktion die Anforderung gestellt werden, dass es praktisch nicht möglich ist, zu einem bekannten Hashwert h(m) eine andere Nachricht m* zu konstruieren, die den gleichen Hashwert h(m*) = h(m) aufweist. Andernfalls würde eine digitale Signatur der Nachricht m ebenfalls für die Nachricht m* gelten, und man könnte einer Signatur eine andere Nachricht unterschieben. Für digitale Signaturen muss als Hashfunktion also eine Einweg-Hashfunktion bzw. kryptographische Hashfunktion benutzt werden. Im Folgenden werden, ohne es jeweils zu nennen, nur noch Einweg-Hashfunktionen bzw. kryptographische Hashfunktionen betrachtet.

Vollständigkeitshalber sei noch erwähnt, dass außerhalb der Kryptographie Hashfunktionen eine wichtige Rolle bei der Suche in Datenbanken spielen. Dabei wird über jedes Objekt der Datenbank ein Hashwert berechnet. Diese Hashwerte werden dann in einer kompakten Hash-Tabelle abgelegt. Bei der Suche braucht jetzt nur der aus der Suchanfrage berechnete Hashwert mit den Einträgen aus der Hash-Tabelle verglichen zu werden. Die Datenbanksuche wird durch diese Verkleinerung des Suchraums über Hash-Tabellen deutlich beschleunigt.

Das Wort „Hash" kommt von Haschee bzw. Hackfleisch (engl. hash). Eine Hashfunktion ist einem Fleischwolf vergleichbar in dem Sinn, dass dem Hackfleisch seine ursprüngliche Form nicht mehr anzusehen ist.

3.1.1   Arten von Hash-Funktionen

Es wurden bereits Einweg-Hashfunktionen bzw. kryptographische Hashfunktionen angesprochen, bei denen es praktisch nicht durchführbar ist, zu einem gegebenen Hashwert h(m) eine andere Nachricht m* mit dem gleichen Hashwert h(m*) = h(m) zu konstruieren.

Falls zwei Nachrichten m_1 und m_2 auf einen gleichen Hashwert führen, $h(m_1) = h(m_2)$, dann wird dies als **Kollision** bezeichnet. Der gelegentlich zu findende Begriff *kollisionsfrei* ist unsinnig und irreführend. Wenn z.B. von beliebigen Nachrichten mit der Länge von 1 MBit Hashwerte von 160 Bit gebildet werden, dann fallen offensichtlich auf jeden der 2^{160} möglichen Hashwerte im Mittel $2^{1.000.000} / 2^{160} = 2^{999.840}$ unterschiedliche Nachrichten. Bei dieser riesigen Zahl von Kollisionen kann von Kollisionsfreiheit keine Rede sein.

Eine gute Hashfunktion soll **kollisionsresistent** sein, das heißt das Finden einer Kollision soll praktisch undurchführbar sein. Es klingt zunächst paradox, dass in dem obigen Beispiel eine riesige Zahl von Kollisionen existiert, aber keine der im Mittel $2^{999.840}$-1 anderen Nachrichten mit dem gleichen Hashwert gefunden werden kann. Die Erklärung ist: Eine gute Hashfunktion erzeugt von den Nachrichten Hashwerte, die einem Zufallsmuster gleichen. Ein Bit Änderung in der Nachricht ergibt einen völlig anderen Hashwert. Wenn ein Angreifer unterschiedliche

Nachrichten durchprobiert, dann erzeugt er quasi zufällige Hashwerte. In dem obigen Beispiel gibt es 2^{160} unterschiedliche Hashwerte. Dass eine gewählte Nachricht auf einen bestimmten Hashwert fällt, hat die Wahrscheinlichkeit 2^{-160}, falls sich die Nachrichten gleichmäßig auf die 2^{160} Hashwerte verteilen.

Bei den kollisionsresistenten Hashfunktionen wird noch unterschieden zwischen *schwach kollisionsresistenten* und *stark kollisionsresistenten* Hashfunktionen.

Definition: Bei **schwach kollisionsresistenten** Hashfunktionen ist es praktisch nicht durchführbar, zu einem gegebenen Hashwert h(m) eine andere Nachricht m* mit dem gleichen Hashwert h(m*) = h(m) zu finden.

Definition: Bei **stark kollisionsresistenten** Hashfunktionen ist es praktisch nicht durchführbar, zwei Nachrichten m_1 und m_2 mit dem gleichen Hashwert h(m_1) = h(m_2) zu finden.

Die beiden Arten von Hashfunktionen unterscheiden sich insbesondere durch die Art des Angriffs, gegenüber dem sie resistent sein sollen. Im Fall von schwach kollisionsresistenten Hashfunktionen sind die Nachricht m und ihr Hashwert h(m) festgelegt. Im Fall von stark kollisionsresistenten Hashfunktionen hat der Angreifer völlige Freiheit in der Auswahl der beiden Nachrichten m_1 und m_2. Die Arten der Angriffe werden im Folgenden diskutiert.

3.1.2 Angriffe auf Hash-Funktionen

Die hier diskutierten Angriffe sind Brut-Force-Angriffe, bei denen Kollisionsversuche ohne Kenntnis der speziellen Eigenschaften der Hashfunktionen durchgeführt werden und die damit auf jede Hashfunktion anwendbar sind. Bei speziellen Hashfunktionen kann der Aufwand für einen Angriff geringer sein als bei einem Brut-Force-Angriff. In diesem Fall ist dann zu entscheiden, ob die Kollisionsresistenz einer speziellen Hashfunktion noch ausreicht.

3.1.2.1 Angriff auf schwache Kollisionsresistenz

Es wird angenommen, dass die Hashwerte eine Länge von n Bit haben. Die Nachrichten dürfen beliebig lang sein. Es wird weiter angenommen, dass es sich um gute Hashfunktionen handelt, d.h. die Hashwerte der Nachrichten verteilen sich gleichmäßig und quasi-zufällig auf alle 2^n möglichen Hashwerte.

Bei schwacher Kollisionsresistenz ist eine Nachricht m mit ihrem Hashwert h(m) vorgegeben. Ein Angreifer wählt Nachrichten m* aus und prüft, ob er eine Kollision mit h(m*) = h(m) gefunden hat. Die Wahrscheinlichkeit, dass bei einem Versuch eine Kollision mit h(m) auftritt, ist 2^{-n}. Bei jedem Versuch ergibt sich ein Erwartungswert von 2^{-n} Kollisionen. Die Erwartungswerte der Kollisionen können bei unabhängigen Versuchen addiert werden. Bei 2^n Versuchen ist der Erwartungswert für Kollisionen $E_K = 2^n \cdot 2^{-n} = 1$. Das heißt, bei 2^n Versuchen tritt im Mittel eine Kollision auf.

$$\left. \begin{array}{l} < \text{Zahl der Versuche für im Mittel } E_K = 1 \text{ Kollision} > \quad = 2^n \\ \text{bei Wahrscheinlichkeit von } 2^{-n} \text{ für eine Kollision je Versuch} \end{array} \right\} \qquad (3.1\text{-}1)$$

Das Ergebnis entspricht der bekannten Beobachtung, dass bei 6 Würfen mit einem Würfel im Mittel eine „Sechs" auftritt, wenn der Würfel symmetrisch ist und jede Augenzahl mit der Wahrscheinlichkeit 1/6 gewürfelt wird.

Für das Finden einer Kollision bei einem Hashwert von z.B. n = 160 Bit bedeutet das Ergebnis, dass bei 2^{160} Versuchen im Mittel eine Kollision gefunden wird. Diese Zahl von Versuchen ist praktisch undurchführbar, es würde für die heute verfügbare Rechenleistung bereits ein kürzerer Hashwert von z.B. n = 80 ausreichen (vgl. 2^{80} ns $\approx$ 38 Mio. Jahre).

3.1.2.2 Angriff auf starke Kollisionsresistenz

Bei starker Kollisionsresistenz genügt es, dass ein Angreifer zwei beliebige Nachrichten m_1 und m_2 mit gleichen Hashwerten $h(m_1) = h(m_2)$ findet. Er kann dazu beliebige Nachrichten m_i auswählen und ihre Hashwerte $h(m_i)$ in einer geordneten Liste speichern. Sobald ein gleicher Hashwert auftritt, ist dies beim Speichern in der Liste zu bemerken und der Angriff war erfolgreich. Neben der Zeit für die Versuche ist für jeden Versuch entsprechender Speicherplatz erforderlich.

Es wird wieder angenommen, dass die Hashwerte eine Länge von n Bit haben. Die Nachrichten dürfen beliebig lang sein. Es wird weiter angenommen, dass es sich um gute Hashfunktionen handelt, d.h. die Hashwerte der Nachrichten sich gleichmäßig und quasi-zufällig auf alle 2^n möglichen Hashwerte verteilen.

Beim 1. Versuch ist die Wahrscheinlichkeit für eine Kollision gleich 0, weil die Liste noch leer ist. Beim 2. Versuch ist die Wahrscheinlichkeit für eine Kollision gleich 2^{-n}, weil eine Kollision mit einem von 2^n möglichen Hashwerten auftreten kann. Beim j-ten Versuch kann eine Kollision mit jedem der j-1 vorhandenen Hashwerte in der Liste auftreten. Die Wahrscheinlichkeit dafür ist $(j-1) \cdot 2^{-n}$. Bei jedem Versuch kann nur eine Kollision auftreten. Die Wahrscheinlichkeit für eine Kollision ist deshalb gleich dem Erwartungswert an Kollisionen. Die Erwartungswerte für die Versuche 1 bis j kann man addieren. Der Erwartungswert E_K für die Summe der Kollisionen ist damit:

$$E_{K(j\,Versuche)} = 2^{-n} \cdot [0+1+2+...(j-1)] = 2^{-n} \cdot (j-1) \cdot j / 2 \qquad (3.1-2)$$

Die Zahl der Versuche j, die im Mittel $E_{K(j\,Versuche)} = 1$ Kollision verursachen, ergibt sich, indem (3.1-2) gleich 1 gesetzt und nach j aufgelöst wird.

$$\left. \begin{array}{l} j \cdot (j-1) = 2 \cdot 2^n \quad \text{bzw.} \quad j = 1/2 + \sqrt{2 \cdot 2^n} \cdot \sqrt{1 + 1/8 \cdot 2^{-n}} \\ \text{bzw. für große n :} \qquad j \approx \sqrt{2} \cdot 2^{n/2} \end{array} \right\} \qquad (3.1-3)$$

Als wesentliches Ergebnis zeigt sich, dass ein Angriff auf starke Kollisionsresistenz viel weniger Versuche erfordert. Die Zahl der Versuche für eine zu erwartende Kollision reduziert sich etwa auf die Wurzel der Versuche, die bei einem Angriff auf schwache Kollisionsresistenz erforderlich sind. Oder anders ausgedrückt, bei Angriff auf starke Kollisionsresistenz muss der Hashwert die doppelte Länge in Bit aufweisen wie bei einem Angriff auf schwache Kollisionsresistenz, damit ein Angriff vergleichbar schwer ist.

Bei einem Angriff auf starke Kollision ist ein Hashwert mit einer Länge von mindestens $n = 160$ erforderlich. Die Anzahl der Versuche für im Mittel eine Kollision ist dann $j \approx 1{,}4 \cdot 2^{160/2} = 1{,}4 \cdot 2^{80}$.

Die Frage einer schwachen oder starken Kollisionsresistenz ist eine Frage der Anwendung und weniger eine Eigenschaft der Hashfunktion. Bei einer digitalen Signatur auf den Hashwert $h(m)$ einer Nachricht m müsste ein Angreifer eine Nachricht m^* genau für diesen Hashwert finden, um der vorhandenen Signatur die konstruierte Nachricht m^* zu unterschieben. Zu einem vorgegebenen Hashwert eine andere Nachricht m^* zu finden entspricht einem Angriff auf schwache Kollisionsresistenz. Eine starke Kollisionsresistenz wäre somit nicht erforderlich. Allerdings zeigen neuere Angriffe [KES05], dass eine schwache Kollisionsresistenz im Zusammenhang mit digital signierten Dokumenten, die von einem Interpreter verarbeitet werden, nicht unbedingt ausreicht. Gefundene Kollisionen können verwendet werden, um die Bildschirm-Ausgabe, zum Beispiel eines Postscript-Interpreters, zu steuern. Bei gleich bleibender digitaler Signatur wird dann, abhängig von der im elektronischen Dokument eingesetzten Kollision, eine andere Ausgabe am Bildschirm angezeigt. Das interpretierte Dokument enthält dann Anweisungen, bei dem einen Kollisions-Datum die Ausgabe bestimmter Information zu unterdrücken, während diese Informationen bei dem anderen Datum angezeigt werden. Beide Datensätze besitzen aber denselben Hashwert und führen somit zu einer identischen digitalen Signatur.

3.1.2.3   Geburtstagsangriff

Der Angriff auf starke Kollisionsresistenz wird auch als *Geburtstagsangriff* bezeichnet. Die Bezeichnung leitet sich von einem Phänomen her, das als *Geburtstags-Paradoxon* bezeichnet wird. Eine erste Situation sei, dass ich einen Saal betrete und feststelle, ob eine andere Person im Saal am gleichen Tag Geburtstag hat wie ich selbst. Wenn Geburtstage gleichmäßig und zufällig über das Jahr verteilt sind, dann hat im Mittel eine von 365 anderen Personen an meinem Geburtstag ebenfalls Geburtstag.

Eine zweite Situation sei, dass Personen in einem Saal zusammenkommen und diese feststellen, ob zwei beliebige Personen im Saal am gleichen Tag Geburtstag haben. Dafür sind deutlich weniger als 365 Personen erforderlich. Diese Situation entspricht genau dem Fall, dass j zufällig ausgewählte Geburtstage „kollidieren". Wenn wir in (3.1-3) die Zahl der Möglichkeiten 2^n an Hashwerten durch die Zahl 365 der möglichen Tage im Jahr ersetzen, dann gibt (3.1-4) die Zahl der Personen an, die zusammenkommen müssen, um im Mittel eine Geburtstagskollision zu haben.

$$j \approx 1/2 + \sqrt{2 \cdot 365} = 27 \text{ bis } 28 \tag{3.1-4}$$

Das heißt, es müssen 27 bis 28 Personen zusammenkommen, so dass im Mittel einmal das Ereignis „Geburtstag am gleichen Tag" auftritt. An anderer Stelle [Bu99] wird angegeben, dass k=23 Personen zusammenkommen müssen, so dass das Ereignis „Geburtstag am gleichen Tag" mit der Wahrscheinlichkeit von ≥1/2 auftritt. Die Zahl der Personen ist dafür plausiblermaßen kleiner als jene nach (3.1-4). Brute-Force-Angriffe für Schlüssel, die teilweise bekannt sind, lassen sich ganz praktisch für alle implementierten modernen symmetrischen Verfahren in CrypTool durchführen: siehe Menü Analyse \ Symmetrische Verschlüsselung (modern).

3.2   Hash-Funktionen auf Basis von Block-Chiffren

Eine Hashfunktion auf der Basis von Block-Chiffren wurde in Kap. 2.2.4.2 (Einweg-Hashfunktion auf Basis von DES) bereits vorgestellt. In Abb. 3-1 ist der Fall dargestellt, dass ein beliebiger Block-Algorithmus BA benutzt wird.

Dazu wird eine Nachricht m in Blöcke aufgeteilt, m = {m_1, m_2, ... m_t}. Die Blocklänge entspricht der Blocklänge des Block-Algorithmus BA, also 64 Bit bei DES und Triple-DES oder 128 Bit bei AES. Der letzte Block m_t muss gegebenenfalls durch „Padding" auf die Blocklänge von BA aufgefüllt werden. Jeder Nachrichtenblock m_i durchläuft den Block-Algorithmus BA. Der Ausgang eines Blocks wird mit einem Eingang des nächsten Blocks verkettet, ähnlich wie bei CBC (Cipher Block Chaining, Kap. 2.7).

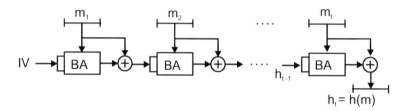

Abb. 3-1: Einweg-Hashfunktion auf der Basis eines Block-Algorithmus BA.

Die Länge des Hashwertes h(m) ist gleich der Blocklänge von BA. Bei Verwendung von AES würde die Blocklänge für Angriffe auf schwache Kollisionsresistenz ausreichen. Durch Parallelschaltung von BA-Blöcken kann die Länge des Hashwertes verdoppelt werden, was aber keine praktische Bedeutung erlangt hat.

Die stellenweise Addition mod 2 am Ausgang der BA-Blöcke ist für die Eigenschaft als Einwegfunktion wesentlich. Die entsprechende Gleichung (3.2-1) für die letzte Stufe t kann wegen der Nichtlinearität nicht nach m_t aufgelöst werden.

$$h_t = h(m) = m_t \oplus DES(m_t) \qquad (3.2\text{-}1)$$

Ein Angreifer könnte (t−1) Nachrichtenblöcke $m*_1...m*_{(t-1)}$ frei wählen. Damit ist der Schlüsseleingang der Stufe t festgelegt und bekannt. Der letzte Nachrichtenblock $m*_t$ kann benutzt werden, um den vorgegebenen Hashwert h(m) = h_t zu erfüllen. Dazu müsste der Angreifer jedoch von dem Hashwert h(m) = h_t auf den letzten Nachrichtenblock $m*_t$ zurückrechnen, um zu einem gegebenen h(m) eine Nachricht m* mit dem gleichen Hashwert zu konstruieren. Dafür ist nur die Möglichkeit eines Brute-Force-Angriffs bekannt.

Es sind weitere Schemata vorgeschlagen worden, um Einweg-Hashfunktionen auf Basis von Block-Algorithmen zu konstruieren. In Abb. 3-2 sind drei Versionen mit nur einer von jeweils t Stufen dargestellt. Es bedeuten darin m_i der Nachrichtenblock der Stufe i, h_{i-1} der Hash-Eingang und h_i der Hash-Ausgang der Stufe i. Der Hash-Eingang h_0 für die Stufe 1 ist ein nicht-geheimer Initialvektor IV. Falls h_{i-1} für den Schlüssel-Eingang benutzt wird, dann passt eine Funktion g das Format von h_{i-1} an das Schlüsselformat an.

Allen drei Versionen in Abb. 3-2 ist gemeinsam, dass der Ausgang von BA jeweils mit dem Dateneingang von BA durch eine stellenweise Addition mod 2 verknüpft wird. Dadurch ist es entsprechend (3.2-1) einem Angreifer nicht möglich, aus dem Daten-Ausgang den Daten-Eingang von BA zu berechnen. Es ist nur ein Brute-Force-Angriff möglich.

Die oben in Abb. 3-1 dargestellte Hashfunktion entspricht in Abb. 3-2 näherungsweise der Version b) von Matyas-Meyer-Oseas.

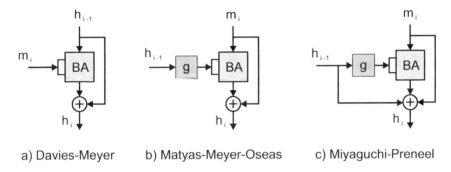

a) Davies-Meyer b) Matyas-Meyer-Oseas c) Miyaguchi-Preneel

Abb. 3-2: Einweg-Hashfunktion auf der Basis von Block-Algorithmen BA nach Davies-Meyer, Matyas-Meyer-Oseas, Miyaguchi-Preneel.

Wenn die Block-Algorithmen sicher sind, was für DES, Triple-DES, IDEA und AES bisher nicht widerlegt wurde, dann scheinen auch die abgeleiteten Hashfunktionen sicher zu sein. Zumindest ist bisher kein Angriff bekannt. Eine Hashfunktion gilt als sicher, wenn bei einem Hashwert von n Bit für das Finden einer Kollision 2^n Versuche (bei Angriff auf schwache Kollisionsresistenz) bzw. $2^{n/2}$ Versuche (bei Angriff auf starke Kollisionsresistenz, Geburtstagsangriff) erforderlich sind.

3.3 Eigenständige Hash-Funktionen

Hashfunktionen auf der Basis von Block-Chiffren haben den Nachteil, dass sie langsamer sind als eigenständige Hashfunktionen. Deshalb wurden eigenständige Hashfunktionen entwickelt. Es stellte sich jedoch heraus, dass Angriffe auf Hashfunktionen bekannt wurden und ältere Hashfunktionen deshalb ersetzt werden mussten.

Eine erste Serie von Hashfunktionen wurde von Ronald Rivest (einer der Erfinder von RSA) vorgeschlagen. Die letzte Version **MD5** (Message Digest 5) wurde 1992 veröffentlicht [RFC1321]. MD5 erzeugt einen Hashwert von 128 Bit und wurde für viele Sicherheitsanwendungen eingesetzt. Ein leichter Mangel im MD5-Algorithmus wurde 1996 bekannt. Gravierendere Schwächen zeigten sich seit 2004 (z.B. [WY05]), wobei Kollisionen innerhalb einer

Stunde auf einem PC gefunden werden können. Für neue Entwicklungen kommt MD5 nicht mehr in Betracht.

SHA (Secure Hash Algorithm) wurde von NSA entwickelt (National Security Agency) und von NIST (National Institute of Standards and Technology) als US Government Standard festgelegt. Die erste Version [FIPSPUB180] von 1993 wurde 1995 ersetzt und als **SHA-1** publiziert [FIPSPUB180-1]. SHA-1 erzeugt einen Hashwert von 160 Bit und wird in zahlreichen Anwendungen eingesetzt (TLS, SSL, IPSec, SSH, PGP, S/MIME, die vier erstgenannten Protokolle finden sich in Kap. 6.2. Es bedeuten PGP: Pretty Good Privacy; S/MIME: Secure / Multipurpose Internet Mail Extensions). SHA-1 wird als Nachfolger von MD5 betrachtet.

In 2005 sind für SHA-1 Angriffe bekannt geworden, die statt eines Geburtstagsangriffs mit $2^{160/2} = 2^{80}$ Versuchen nur noch 2^{69} bzw. 2^{63} Versuche benötigen [WYY05]. In den Jahren 2001/2002 und ergänzt in 2004 wurde SHA-1 um SHA-256/224 und SHA-512/384 erweitert, die unter dem Namen **SHA-2** zusammengefasst werden [FIPSPUB180-2]. Die Hashwerte sind 256 bzw. 512 Bit lang. Sie können auf 224 bzw. 384 Bit verkürzt werden. Für SHA-2 sind noch keine Angriffe bekannt geworden.

RIPEMD (RACE Integrity Primitives Evaluation Message Digest) wurde in Europa im Rahmen eines RACE-Projekts in den Jahren 1988 bis 1992 entwickelt. Die ursprüngliche Version liefert einen Hashwert von 128 Bit, jetzt als RIPEMD-128 bezeichnet. Eine Version **RIPEMD-160** mit 160 Bit wurde 1996 veröffentlicht [DBP96]. Daneben gibt es optionale Erweiterungen RIPEMD-256 und RIPEMD-320 mit den Hash-Längen von 256 bzw. 320 Bit. RIPEMD-128 ist inzwischen durch Geburtstagsangriffe gefährdet. Für die anderen Versionen (-160, -256, -320) sind noch keine Angriffe bekannt geworden. RIPEMD-160 ist durch keine Patente belastet, dennoch hat es in Konkurrenz zu SHA-1 den Weg nicht in breite Anwendung gefunden.

Tab. 3-1: Überblick über einige Eigenschaften von Hashfunktionen.

Algorith -mus	Hash- länge (Bit)	Block- größe (Bit)	Wort- länge (Bit)	Runden	Angriffe	Leistung[*) (Mbit/sec)
MD5	128	512	32	64	PC, <1 Std.	114
SHA-1	160	512	32	80	2^{63} Versuche	49
SHA-256	256	512	32	64	noch nicht	
SHA-512	512	1024	64	80	noch nicht	
RIPEMD-160	160	512	32	80	noch nicht	40
AES-Block	128	128	128	10	noch nicht	21

*) Aus [BGV96], Leistungsangabe für 90 MHz Pentium. Für Hashfunktion auf Basis von AES-Block-Chiffre, aus [SKW00], Leistungsangabe „hash speed Pentium, 34 cycles per byte", ergibt für 90 MHz Pentium 21 Mbit/sec.

In Tab. 3-1 sind einige Eigenschaften von Hashfunktionen zusammengestellt. Die Länge der Hashwerte und die bisher bekannten Angriffe wurde bereits angesprochen. Die Leistung für die Hashwert-Berechnung ist bei MD5 am höchsten, jedoch genügt die Sicherheit nicht mehr.

Sonst ist die Leistung der eigenständigen Hashfunktionen etwa doppelt so hoch wie für die Hashfunktion auf Basis der AES-Block-Chiffre. Die weiteren Eigenschaften von Tab. 3-1 werden in den folgenden Unterkapiteln diskutiert.

3.3.1 MD5

Der Algorithmus MD5 war Vorbild für viele Hash-Algorithmen. Deshalb hier ein kurzer Blick auf die prinzipielle Arbeitsweise von MD5.

Die Nachricht, für die der Hashwert ermittelt werden soll, wird in Blöcke von jeweils 512 Bit unterteilt. Der letzte Block wird durch Padding und eine Längenangabe aufgefüllt. Die Längenangabe markiert die Grenze zwischen Nachricht und Padding. Jeder 512-Bit-Block wird wiederum in 16 Wörter w_j (j=0...15) zu je 32 Bit heruntergebrochen. Die Verarbeitung eines Blocks erfolgt in 64 *Runden*, wobei je eines der 16 Wörter w_i einfließt. Jedes 32-Bit-Wort w_j wird dabei in 4 unterschiedlichen Runden verwendet.

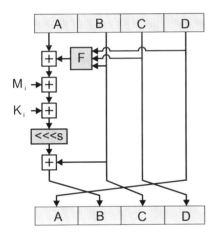

Abb. 3-3: MD5-Algorithmus. Der Algorithmus arbeitet mit einem Zustand von 4 Worten zu je 32 Bit, die mit A, B, C, D bezeichnet sind. Der Zustand von 4*32=128 Bit liefert am Ende der Nachricht den Hashwert.

Es bedeuten:
F eine Funktion, die einen 32-Bit-Wert liefert,
$\quad$ eine Addition mod 2^{32},
<<<s einen zyklischen Links-Shift um s Stellen,
M_i ein 32-Bit-Wort der Nachricht,
K_i eine 32-Bit-Konstante für die Runde i.

Das Bild zeigt eine Runde, die für jeden Block 64mal durchlaufen wird.

Der MD5 arbeitet mit einem Zustand von 4 Worten zu je 32 Bit, die in Abb. 3-3 mit A, B, C, D bezeichnet sind. Anfangs vor dem ersten Block werden die 32-Bit-Wörter (A, B, C, D) je mit einer definierten Konstanten vorbelegt. Am Ende der Nachricht liefert dieser Zustand den Hashwert von 4*32=128 Bit.

Abb. 3-3 zeigt eine „Runde". Innerhalb einer Runde werden die Wörter (B, C, D)/ alter Zustand den Wörtern (C, D, A)/ neuer Zustand entsprechend den Pfeilen in Abb. 3-3 zugewiesen. Die Zuweisung an das Wort B/neu erfolgt über eine Funktion $F_i(B, C, D)$. Deren Ausgang wird mit dem Wort A, einem Nachrichtenwort M_i und mit einer Konstanten K_i modulo 2^{32} addiert. Es folgt ein zyklischer Links-Shift um s Stellen, und schließlich wird das Wort B mod 2^{32} addiert. In jeder Runde wird mit M_i ein 32-Bit-Wort der Nachricht verarbeitet.

$$B_{neu} = A + F_i(B,C,D) + M_i + K_i + B \qquad \text{dabei "+" Addition mod ulo } 2^{32} \qquad (3.3\text{-}1)$$

Die Funktion F_i hängt vom Runden-Index i ab. Nach jeweils 16 aufeinander folgenden Runden wechselt die Funktion F_i. Durch die Operatoren OR, AND und NOT ist die F_i nicht-linear.

In den ersten 16 Runden (i = 0...15) werden die 16 Wörter w_j eines Blocks in der ursprünglichen Reihenfolge verarbeitet ($M_i = w_i$). In den nächste 16 Runden (i = 16...31) werden die 16 Wörter w_j nochmals verarbeitet, aber in einer permutierten Reihenfolge. Entsprechend werden in den Runden (i = 32...47) und (i = 48...63) die Wörter w_i nochmals in unterschiedlich permutierter Reihenfolge verarbeitet.

$$
\begin{aligned}
F_i(B, C, D) &= (B \wedge C) \vee (\neg B \wedge D) && \text{für} \quad i = 1...15 \\
&= (B \wedge D) \vee (C \wedge \neg D) && \text{für} \quad i = 16...31 \\
&= B \oplus C \oplus D && \text{für} \quad i = 32...47 \\
&= C \oplus (B \vee \neg D) && \text{für} \quad i = 48...63
\end{aligned}
\qquad (3.3\text{-}2)
$$

(Es bedeuten : $\oplus$: Addition mod 2 (XOR), $\vee$: OR, $\wedge$: AND, $\neg$: NOT, je stellenweise)

Der Wert der Konstanten K_i ist rundenspezifisch. Die 32-Bit-Konstanten K_i werden nach dem Standard von einer sin-Funktion abgeleitet. Für die zyklischen Links-Shifts (<<<s) um s Stellen ist der Wert von s durch den Standard rundenspezifisch festgelegt.

In dem Standard werden ein Durchlauf durch das Schema von Abb. 3-3 als „Operation" und 16 Operationen als „Runde" bezeichnet. Dem entgegen wird hier ein einziger Durchlauf durch das Schema von Abb. 3-3 als *Runde* bezeichnet, damit dieser Begriff für MD5 und SHA eine einheitlicher Bedeutung hat.

Der MD5 zeigte gravierende Schwächen (z.B. [WY05]) gegenüber einer differentiellen Kryptoanalyse. Kollisionen konnten innerhalb einer Stunde (und inzwischen noch schneller) auf einem PC gefunden werden. Als plausibler Grund ist zu vermuten, dass die 4fache Verarbeitung der unveränderten Wörter w_j nicht für genügend „Durchmischung" sorgt. Für neue Entwicklungen kommt MD5 nicht mehr in Betracht. Weitere Details für den MD5-Algorithmus finden sich in den Standards oder in umfangreicheren Darstellungen, [RFC1321], [Schn96], [FS03].

3.3.2   SHA-1

Bei SHA-1 wird die Nachricht, für die der Hashwert ermittelt werden soll, ebenfalls in Blöcke von jeweils 512 Bit unterteilt. Der letzte Block wird durch Padding und eine Längenangabe aufgefüllt. Jeder 512-Bit-Block enthält 16 Wörter w_i (i=0...15) zu je 32 Bit. Ein Block wird in 80 *Runden* verarbeitet. Dazu werden die 16 Wörter w_i (i=0...15) intern auf 80 Wörter w_i (i=0...79) expandiert, (3.3-3). In der Runde i wird das Wort w_i (i=0...79) verarbeitet.

$$
w_i = \text{leftrotate.} 1(w_{i-3} \oplus w_{i-8} \oplus w_{i-14} \oplus w_{i-16}) \qquad \text{für } i = 16...79
\qquad (3.3\text{-}3)
$$

$\oplus$ bedeutet Addition stellenweise mod 2 (XOR)

Der zyklische Links-Shift um eine Stelle („leftrotate.1") in (3.3-3) wurde gegenüber der Vorgängerversion SHA-0 eingeführt und hat die Resistenz gegenüber Angriffen wesentlich verbessert. Ohne den „leftrotate.1" würde z.B. die erste Stelle innerhalb der Wörter w_i (i=16...79) nur von der ersten Stelle der Wörter w_i (i=0...15) abhängen. Durch „leftrotate.1" werden in (3.3-3) die mod 2 addierten Stellen durchmischt.

In dem Schema in Abb. 3-4 für eine Runde ist die Verwandtschaft zu MD5 zu erkennen. Der Zustand umfasst jedoch jetzt 5 Worte (A, B, C, D, E) zu je 32 Bit, dem Hashwert von 5·32=160 Bit entsprechend.

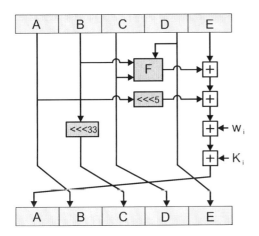

Abb. 3-4: SHA-1. Der Algorithmus arbeitet mit einem Zustand von 5 Worten zu je 32 Bit, die mit A, B, C, D, E bezeichnet sind. Der Zustand von 5*32=160 Bit liefert am Ende der Nachricht den Hashwert.

Es bedeuten:
F eine Funktion, die einen 32-Bit-Wert liefert,
  ⊞ eine Addition mod 2^{32},
<<<s ein zyklischer Links-Shift um s Stellen,
w_i ein 32-Bit-Wort der Nachricht,
K_i eine 32-Bit-Konstante für die Runde i.

Das Bild zeigt eine Runde, die für jeden Block 80 mal durchlaufen wird.

Das Schema einer Runde ist der Abb. 3-4 zu entnehmen. Die Funktion F ist ähnlich zu MD5:

$$
\begin{aligned}
F_i(B, C, D) &= (B \wedge C) \vee (\neg B \wedge D) && \text{für} \quad i = 1 ...19 \\
&= B \oplus C \oplus D && \text{für} \quad i = 20...39 \\
&= (B \wedge C) \vee (B \wedge D) \vee (C \wedge D) && \text{für} \quad i = 40...59 \\
&= B \oplus C \oplus D && \text{für} \quad i = 60...79
\end{aligned}
\qquad (3.3\text{-}4)
$$

(Es bedeuten : ⊕ Addition mod 2 (XOR), ∨ OR, ∧ AND, ¬ NOT, je stellenweise)

Die Funktion F_i hängt ebenfalls vom Runden-Index i ab. Nach jeweils 20 aufeinander folgenden Runden wechselt die Funktion F_i. Die 32-Bit-Konstanten K_i sind ebenfalls für jeweils 20 Runden gleich. Die entsprechenden 4 Konstanten sind durch den Standard definiert.

In 2005 sind für SHA-1 Angriffe bekannt geworden, die statt eines Geburtstagsangriffs mit $2^{160/2} = 2^{80}$ Versuchen nur noch 2^{69} bzw. 2^{63} Versuche benötigen [WYY05]. Das ist noch nicht alarmierend, gab aber Anlass, für SHA-1 einen Nachfolger SHA-2 zu entwickeln. Weitere Details zu SHA-1 finden sich in den Standards oder in umfangreicheren Darstellungen, [FIPSPUB180-1], [Schn96], [FS03].

3.3.3   SHA-2

Unter SHA-2 sind die Hashfunktionen SHA-256/224 und SHA-512/384 zusammengefasst. Die Version SHA-256 arbeitet ebenso wie SHA-1 mit Blöcken von 512 Bit, die in 16 Wörter zu je 32 Bit unterteilt sind. Intern werden die 16 Wörter w_i in ähnlicher Weise wie in (3.3-3) auf 64 Wörter w_i (i = 0...63) expandiert. Der Algorithmus arbeitet mit 64 Runden. Der Zustand umfasst bei SHA-256 die 8 Wörter (A, B, C, D, E, F, G, H) und er liefert nach Verarbeitung der gesamten Nachricht einen Hashwert von 8·32=256 Bit. Bei der Version SHA-224 wird von dem Zustand (A, B, C, D, E, F, G, H) eine Teilmenge von 224 Bit als Hashwert ausgewählt

Die Version SHA-512 unterteilt eine Nachricht in Blöcke von 1024 Bit, die aus 16 Wörter zu je 64 Bit bestehen. Intern werden die 16 Wörter w_i auf 80 Wörter w_i (i = 0...79) expandiert. Der Algorithmus arbeitet mit 80 Runden bei einer Verarbeitungsbreite von 64 Bit. Der Zustand umfasst bei SHA-512 die 8 Wörter (A, B, C, D, E, F, G, H) und er liefert nach Verarbeitung der gesamten Nachricht einen Hashwert von 8·64=512 Bit. Bei der Version SHA-384 wird von dem Zustand (A, B, C, D, E, F, G, H) eine Teilmenge von 384 Bit als Hashwert ausgewählt

Weitere Details zu SHA-2 finden sich in dem Standard [FIPSPUB180-2] sowie in dem Entwurf von [FIPSPUB180-3]. Im Gegensatz zu dem viel benutzten SHA-1 hat SHA-2 noch keine verbreitete Anwendung gefunden. Jedoch dringt das amerikanische National Institute of Standards and Technology (NIST) darauf, für neue Anwendungen SHA-2 zu benutzen und SHA-1 ab 2010 nicht mehr zuzulassen.

3.3.4   SHA-Nachfolger

Wie oben bereits besprochen, sind für SHA-1 erst Schwächen mit 2^{69} bzw. 2^{63} statt der 2^{80} Versuche für einen Geburtstagsangriff bekannt geworden [WYY05]. Für SHA-2 sind noch keine erfolgreichen Angriffe bekannt.

Für den Fall möglicher Angriffe auf SHA-2 will NIST (National Institute of Standards and Technology) Vorsoge treffen und hat in 01/2007 eine Initiative gestartet, um einen SHA-Nachfolger durch weltweiten Wettbewerb zu finden [NIST07]. Es wird angestrebt, in 2012 für einen „Secure Hash Standard" den Wettbewerbsprozess abzuschließen und den „revised Hash Function Standard" zu veröffentlichen. Das Verfahren eines weltweiten Aufrufs nach Vorschlägen und deren weltweite Prüfung wurde bereits für die Entwicklung des AES (Advanced Encryption Standard) erfolgreich angewandt.

3.4   HMAC, MAC auf Basis von Hash

HMAC (keyed-Hash Message Authentication Code) ist ein *Message Authentication Code* (MAC) auf Basis einer Hashfunktion. Allgemein ist ein MAC ein „kryptographischer Fingerabdruck" bzw. eine kryptographische Prüfinformation einer Nachricht m. Der MAC wird vom Sender erzeugt und kann vom Empfänger nachgeprüft werden. Sender und Empfänger benutzen dabei einen symmetrischen Schlüssel k, den nur sie kennen. Ein MAC gewährleistet Authentizität und Integrität der Nachricht. Damit diese Sicherheitsdienste erreicht werden, darf es ohne Kenntnis des Schlüssels k weder möglich sein, zu einer gegebenen Nachricht m den MAC zu bilden, noch zu einem gegebenen MAC-Wert eine dazu passende Nachricht m* zu finden.

Ein MAC auf Basis von Block-Chiffren wurde bereits in Kap. 2.2.4.1 „Message Authentication Code (MAC) auf Basis von DES" besprochen, wobei statt DES jeder Block-Algorithmus benutzt werden kann. Bei einem MAC auf Basis einer Block-Chiffre wird ja bereits ein symmetrischer Schlüssel k benutzt, auf den sich Authentizität und Integrität gründen.

Innerhalb einer Hashfunktion ist grundsätzlich *kein* geheimer Schlüssel beteiligt. Ein Hashwert h(m) zu einer Nachricht m soll von jeder Partei berechnet und nachgeprüft werden können. Wenn jedoch ein MAC auf Basis einer Hashfunktion gebildet werden soll, dann muss ein symmetrischer Schlüssel nachträglich ins Spiel gebracht werden. Eine einfache Möglichkeit dafür ist, der Nachricht m den Schlüssel k voranzustellen, d.h. k und m zu verketten, und beides einer Hashfunktion h( ) zu unterziehen: $MAC_k(m) = h(k \parallel m)$. Das Symbol „$\parallel$" bedeutet eine Verkettung. Das Ergebnis ist ein kryptographischer Fingerabdruck von m, der nur mit Kenntnis von k gebildet oder nachgeprüft werden kann.

Dieser einfache MAC auf Basis von Hash kann jedoch leicht angegriffen werden. Für eine verlängerte Nachricht m$\parallel$m* kann die Hash-Bildung h(k$\parallel$m) ohne Kenntnis von k fortgesetzt werden und führt auf einen gültigen $MAC_k(m\parallel m*) = h(k\parallel m\parallel m*)$. Den genannten Nachteil vermeidet der standardisierte Algorithmus HMAC, gegen den noch keine Angriffe bekannt sind.

3.4.1 HMAC-Algorithmus

HMAC (keyed-Hash Message Authentication Code) wurde 1997 als RFC 2104 vorgeschlagen und 2002 als Standard FIPS PUB 198 veröffentlicht, [RFC2104], [FIPSPUB198]. HMAC liefert einen Message Authentication Code (MAC) auf der Basis einer beliebigen Hashfunktion h( ) und eines zusätzlichen symmetrischen Schlüssels k. Die Stellenlänge des erzeugten HMAC ist gleich der Stellenlänge der verwendeten Hashfunktion h, also 128 Bit bei MD5, 160 Bit bei SHA-1 und 256 Bit bei SHA-256.

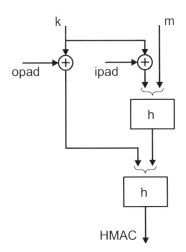

Abb. 3-5: HMAC,
keyed-Hash Message Authentication Code.

k Schlüssel
m Nachricht
ipad inner padding, Konstante
opad outer padding, Konstante
$\oplus$ stellenweise Addition mod 2, (XOR)
h Hashfunktion

Der Algorithmus arbeitet zweistufig, mit einer inneren und einer äußeren Stufe (siehe (3.3-5) oder anschaulicher Abb. 3-5). Jede Stufe benutzt einen unterschiedlichen Schlüssel, der mit zwei Konstanten ipad und opad aus dem Schlüssel k abgeleitet wird. Die innere Stufe bildet aus dem inneren Schlüssel $k \oplus ipad$, verkettet mit der Nachricht m, einen inneren Hashwert. Die äußere Stufe verkettet den äußeren Schlüssel $k \oplus opad$ mit dem inneren Hashwert und bildet den endgültigen Hashwert HMAC. Durch die äußere Stufe wird verhindert, dass die Nachricht m unbemerkt durch eine Nachricht m* verlängert werden kann.

$$HMAC_k(m) = h[(k \oplus opad) \| h((k \oplus ipad) \| m)]$$

$\oplus$: stellenweise Addition mod 2 (XOR), $\|$: Konkatenation

$$\left.\begin{array}{c} \\ \\ \end{array}\right\} \qquad (3.3\text{-}5)$$

Bei einer langen Nachricht m sind in der inneren Stufe viele Blöcke von der Hashfunktion zu verarbeiten. In der äußeren Stufe sind es nur zwei Blöcke, einer mit dem Schlüssel $k \oplus opad$ und einer mit dem Hashwert der inneren Stufe.

Die verwendeten Hashfunktionen h( ) arbeiten meist mit einer Blocklänge von 512 Bit (MD5, SHA-1, SHA-256, RIPEMD-160). Falls der Schlüssel k kürzer als die Blocklänge ist, wird er durch Anhängen von 0...0 auf die Blocklänge verlängert. Die Länge der beiden Konstanten ist ebenfalls gleich der Blocklänge. Sie lauten in hexadezimaler Schreibweise:

ipad = 0x3636...3636 und

opad = 0x5c5c...5c5c.

3.4.2   Vergleich von MAC mit HMAC

Ein MAC auf Basis von Block-Chiffren hat eine Länge, die gleich der Länge der verwendeten Block-Chiffre ist. Bei Verwendung von DES oder Triple-DES ergibt sich ein MAC von 64 Bit und bei Verwendung von AES ist der MAC 128 Bit lang. Die Wahlfreiheit für die Länge des MAC ist damit sehr eingeschränkt. Für die Länge des HMAC gibt es durch die Wahl der Hashfunktion einen größeren Freiraum: 128 Bit bei MD5, 160 Bit bei SHA-1, mehrere Möglichkeiten bei RIPEMD und 256/224 Bit oder 512/384 Bit bei den verschiedenen Versionen von SHA-2.

Bei Kenntnis des Schlüssels k können Sender und Empfänger den HMAC leicht erzeugen oder nachprüfen. Dagegen ist es auch bei Kenntnis des Schlüssels k nicht möglich, aus einem gegebenen HMAC-Wert eine dazu passende Nachricht m* zu konstruieren. Die kryptographische Hashfunktion h( ) ist eine Einwegfunktion, und es ist praktisch nicht durchführbar, für einen Hashwert h einen passenden Eingangswert zu finden.

Bei einem MAC auf Basis einer Block-Chiffre ist es bei Kenntnis des Schlüssels k sehr wohl möglich, zu einem gegebenen MAC-Wert eine dazu passende Nachricht zu konstruieren (Kap. 2.2.4.1). Diese Möglichkeit entspricht nicht der normalen Verwendung von MAC und stellt eine gewisse Schwäche dar.

Zusammenfassend lässt sich feststellen, dass HMAC gegenüber dem MAC auf Basis einer Block-Chiffre in Flexibilität, Sicherheit und auch Performance überlegen ist.

4 Asymmetrische Chiffren

Asymmetrische Chiffren benutzen Paare von Schlüsseln. Ein solches Schlüsselpaar gehört zu einer bestimmten Person oder Instanz. Ein Schlüssel e eines Paares ist öffentlich. Der andere Schlüssel d ist privat und geheim. Er kann nur von dem Besitzer des Schlüssels benutzt werden. Die Schlüssel e (encryption) und d (decryption) eines Schlüsselpaares hängen natürlich zusammen. Aber es ist praktisch nicht durchführbar, aus dem öffentlich bekannten Schlüssel e das private und geheime Gegenstück d zu berechnen.

Symmetrische Chiffren sind schon seit Jahrtausenden in Gebrauch. Asymmetrische Chiffren sind erst um 1970 erfunden worden. Sie erlauben zwei wesentliche Sicherheitsdienste:

1. Vertraulichkeit durch Verschlüsselung, ohne dass vorab ein geheimer Schlüssel übertragen werden muss. Dazu wird der öffentliche Schlüssel des Empfängers benutzt.

2. Verbindlichkeit durch digitale Signatur des Absenders. Er benutzt dazu seinen eigenen privaten Schlüssel, den nur er zur Verfügung hat.

Asymmetrische Chiffren basieren meist auf Potenzen von Elementen. Beim RSA-Verfahren z.B. wird die Verschlüsselung und Entschlüsselung durchgeführt, indem sehr große Zahlen mit 1000 und mehr Binärstellen mit ebenso großen Exponenten potenziert werden. Andere Verfahren, wie ElGamal, erhalten ihre Sicherheit durch diskrete Logarithmen, das ist die Umkehrung der Potenzierung in diskreten Zahlenräumen. Verfahren, die auf elliptischen Kurven basieren, erhalten ihre Sicherheit durch speziell definierte Punkt-Multiplikationsoperationen, die sich schwer invertieren lassen.

In dem vorliegenden Kapitel werden die wichtigsten asymmetrischen Verfahren vorgestellt: RSA, ElGamal, der klassische Diffie-Hellman-Schlüsselaustausch, digitale Signaturen und ECC-Kryptographie: (Elliptic Curve Cryptography). Um die Arbeitsweise dieser Verfahren zu verstehen, sind Abschnitte über das Rechnen mit Potenzen modulo n eingefügt sowie später über das Rechnen auf Elliptischen Kurven (ECC).

4.1 Rechnen mit Potenzen modulo n

Wie sich Potenzen modulo n verhalten, wird zunächst an Beispielen gezeigt und dann durch Theoreme verallgemeinert. Die Berechnung von Potenzen mit sehr großen Zahlen hat hohe praktische Bedeutung und muss in angemessener Zeit möglich sein. Dies trifft insbesondere dann zu, wenn die Vorgänge auf einer Chipkarte mit geringer Rechenleistung ablaufen sollen. Dabei ist es möglich, mit dem Chinesischen Restsatz den Ablauf zu beschleunigen. Der letzte Abschnitt über den diskreten Logarithmus soll einen anschaulichen Eindruck vermitteln.

4.1.1 Potenzen modulo n

Folgen von Potenzen in einem Galois-Körper

Für ein Beispiel wählen wir einen kleinen Galois-Körper GF(5) mit den 5 Elementen $a \in [0, 4]$, vgl. Kap. 2.1.2. Der Körper basiert auf der Arithmetik modulo 5. Für jedes Element a bilden wir die Folge der Potenzen a^1, a^2, a^3,... Die Folgen sind in den einzelnen Spalten der Tab. 4-1 zu sehen. In einer Spalte erhalten wir die nächste Potenz durch Multiplikation mit a modulo 5. Die Potenzen 0^i sind alle 0 und die Potenzen von 1^i sind alle 1. Die Zahl der 5 Elemente ist endlich. Deshalb müssen in der Folge Wiederholungen und Zyklen auftreten.

Tab. 4-1: Folge der Potenzen, Modul n=5, Elemente $a \in [0, 4]$ aus GF(5)

$a = a^1$	0	1	2	3	4
a^2	0	1	4	4	1
a^3	0	1	3	2	4
a^4	0	1	1	1	1
a^5	0	1	2	3	4

Wir bemerken:

- In der Spalte für a=2 und a=3 treten alle Elemente $b \neq 0$ auf. Das bedeutet, wir können alle Elemente $b \neq 0$ als Potenz von a=2 bzw. a=3 darstellen (es gibt ein i so, dass $b = a^i$). Elemente mit dieser Eigenschaft werden als *Generator-Element* oder *Primitivwurzel* bezeichnet. Generatorelemente werden für das Diffie-Hellman-Verfahren (Kap. 4.3) und das ElGamal-Verfahren (Kap. 4.4) benötigt.

- Für jedes Element $a \neq 0$ ergibt die vierte Potenz den Wert 1, $a^4 \equiv 1$ (mod5). Vermutete Verallgemeinerung: 4=5−1=p−1.

- Für jedes Element (einschließlich a=0) ergibt sich $a^5 \equiv a$ (mod5). Vermutete Verallgemeinerung: 5=p.

Der vermutete allgemeine Zusammenhang lautet:

$$a^{p-1} \equiv 1 \quad (\bmod\, p) \qquad \text{für} \quad a \in [1, p-1] \tag{4.1-1}$$

$$a^p \equiv a \quad (\bmod\, p) \qquad \text{für} \quad a \in [0, p-1] \tag{4.1-2}$$

Die erste Formel (4.1-1) ist bekannt als *Kleiner Satz von Fermat* (Pierre de Fermat, 1601 – 1665, französischer Mathematiker), bzw. verallgemeinert als *Satz von Euler* (Leonhard Euler, 1707 – 1783, schweizer Mathematiker).

4.1.2   Sätze von Fermat und Euler, Eulersche Φ-Funktion

4.1.2.1   Die Eulersche Φ-Funktion

Wir betrachten ganze Zahlen z aus dem Intervall $[1, n-1]$, welche teilerfremd zu dem Modul n sind. d.h. der größte gemeinsame Teiler von z und n ist $ggT(n, z)=1$. Die Menge der zu n teilerfremden Zahlen aus $[1, n-1]$ lautet dann formal:

$$\notin_n^* = \{z \in [1, n-1] \,|\, ggT(n, z) = 1\} \tag{4.1-3}$$

Falls n=p eine Primzahl ist, sind alle Zahlen aus $[1, p-1]$ teilerfremd zu p. Es ist dann

$$\notin_p^* = \{1, 2, ... p-1\} \tag{4.1-4}$$

Die Eulersche Phi-Funktion $\Phi(n)$ bezeichnet die Quantität (die Zahl der Elemente) aus $[1, p-1]$, welche teilerfremd zu n sind.

$$\Phi(n) = |\notin_n^*| \tag{4.1-5}$$

Für eine Primzahl n=p ist die Zahl der Elemente in (4.1-4) gleich p−1. Somit ist

$$\Phi(p) = p-1 \tag{4.1-6}$$

Falls der Modul n sich als Produkt aus zwei verschiedenen Primzahlen zusammensetzt, ergibt sich die Φ-Funktion zu $\Phi=(1-p)\cdot(1-q)$.

$$n = p \cdot q \qquad \text{wobei} \quad p \neq q \tag{4.1-7}$$

$$\Phi(p \cdot q) = p \cdot q - 1 - (q-1) - (p-1) = (p-1) \cdot (q-1) \tag{4.1-8}$$

Zur Ableitung in (4.1-8) müssen wir von den Elementen in $[1, p\cdot q-1]$ noch die Elemente abziehen, die ein Vielfaches von p sind (1p, 2p,...(q-1)p) und die ein Vielfaches von q sind (1q, 2q,...(p-1)q).

Der Modul n=pq spielt bei dem RSA-Algorithmus (Kap. 4.2) eine wichtige Rolle.

4.1.2.2   Satz von Euler und Fermat

Der Satz von **Euler** lautet:

$$a^{\Phi(n)} \equiv 1 \pmod{n} \qquad\qquad \text{für} \quad a > 0 \quad \text{und} \quad ggT(n, a) = 1 \tag{4.1-9}$$

Der Satz gilt für alle positiven und ganzzahligen Werte von a, die teilerfremd zu n sind. Wir wollen den Satz hier nicht beweisen, sondern uns auf anschauliche Beispiele beschränken. Der Kleine Satz von **Fermat** ergibt sich als Sonderfall, dass der Modul prim und damit $\Phi(p)=p-1$ ist.

$$a^{p-1} \equiv 1 \pmod{p} \qquad\qquad \text{für} \quad a > 0 \quad \text{und} \quad ggT(p, a) = 1 \tag{4.1-10}$$

Für den Fall n=p=prim ist jedes a aus $[1, p-1]$ teilerfremd zu p. Die Eigenschaft, dass eine Potenz von a modulo n auf den Wert 1 führt, wird in der Kryptographie oft genutzt.

Modulo-Operation für den Exponenten

Aus dem Kleinen Satz von Fermat ($a^{p-1} \equiv a^0 \equiv 1$) folgt, dass im Exponenten der Wert (p–1) beliebig oft addiert oder subtrahiert werden darf, ohne die Kongruenz zu verändern. Das heißt, wir dürfen auf den Exponenten modulo (p–1) anwenden:

$$a^j \equiv a^{(j) \bmod (p-1)} \quad (\bmod\ p) \qquad \text{für} \quad a > 0 \quad \text{und} \quad ggT(p, a) = 1 \tag{4.1-11}$$

Entsprechend folgt verallgemeinernd aus dem Satz von Euler, dass auf den Exponenten die Operation modulo $\Phi(n)$ angewendet werden darf.

Multiplikativ inverses Element a^{-1} aus a berechnen

Den Satz von Euler kann man nutzen, um für a das multiplikativ inverse Element a^{-1} zu berechnen. Wenn man (4.1-9) mit a^{-1} multipliziert, ergibt sich:

$$a^{-1} \equiv a^{\Phi(n)-1} \quad (\bmod\ n) \qquad \text{für} \quad a > 0 \quad \text{und} \quad ggT(n, a) = 1 \tag{4.1-12}$$

Die Berechnung von a^{-1} durch Potenzierung von a ist eine Alternative zu dem erweiterten Euklidischen Algorithmus (Kap. 2.1.3.1). Das Verfahren ist anwendbar, wenn a und n teilerfremd sind (n selbst braucht nicht prim sein) und die Faktorisierung des Moduls bekannt ist.

4.1.2.3   Sonderfall für RSA

Wenn man (4.1-9) mit i potenziert und dann mit a multipliziert, dann ergibt sich.

$$a^{i \cdot \Phi(n)+1} \equiv a \quad (\bmod\ n) \qquad \text{für} \quad a > 0 \quad \text{und} \quad ggT(n, a) = 1 \tag{4.1-13}$$

Wir wählen als Modul n=p·q das Produkt von zwei unterschiedlichen Primzahlen p≠q. Dann müssen a und n nicht mehr teilerfremd sein. Der Sonderfall für **RSA** lautet:

$$(a^{i \cdot \Phi(n)+1}) \bmod n = a \qquad \text{für} \quad 0 \leq a < n \quad \text{und} \quad n = p \cdot q, \quad p \neq q \tag{4.1-14}$$

Es sind hier für a alle Werte 0≤a<n zugelassen. Letztere Verallgemeinerung ist noch zu beweisen. Die Form (4.1-14) stellt die Basis für den RSA-Algorithmus dar (Kap. 4.2).

Beweis

Noch zu beweisen ist die Gültigkeit von (4.1-14) für die neuen Bereiche: „a=0", „a ist Vielfaches von p" und „a ist Vielfaches von q". Für den Nachweis formen wir (4.1-14) um in:

$$a^{i \cdot \Phi(n)+1} - a \equiv 0 \quad (\bmod\ n) \qquad \text{für} \quad a \in [0, n-1] \quad \text{und} \quad n = p \cdot q, \quad p \neq q \tag{4.1-15}$$

Für a=0 sind a und alle Potenzen von a gleich 0. Beide Seiten sind damit 0 und (4.1-15) ist erfüllt (der Fall a=0 ist übrigens bereits für beliebige n in (4.1-13) erfüllt).

Wenn a ein Vielfaches von p ist, dann sind a und alle Potenzen von a modulo p gleich 0. Die linke Seite von (4.1-15) ist damit durch p teilbar. Der entstehende Rest 0 ist auch durch q teilbar. Entsprechendes gilt in gleicher Weise für q. Wenn die linke Seite von (4.1-15) sowohl durch p als auch durch q teilbar ist, dann ist sie auch durch das Produkt n=p·q teilbar, da p und q keine gemeinsamen Faktoren haben.

Die Kongruenz in (4.1-15) gilt für beliebige a>0. Die Einschränkung von a auf a ∈ [0, n–1] in (4.1-14) ist notwendig, um die Mehrdeutigkeit der Kongruenz in (4.1-14) auszuschließen.

Somit ist (4.1-15) insgesamt und damit auch (4.1-14) erfüllt. Der Beweis lässt sich auch führen, wenn n nur einen oder mehr als zwei Primfaktoren enthalten würde, die paarweise je verschieden sind.

Potenzen mit Periode Φ(n)

Aus (4.1-13) bzw. (4.1-14) ist zu ersehen, dass die Potenzen von a periodisch in Φ(n) sind. Die Eulersche Phi-Funktion kann deshalb auch als **Periode Φ(n):** bezeichnet werden. Die Periode der Potenzen gilt nur für Elemente a, wenn die Kriterien „der Modul enthält nur ungleiche Primfaktoren" oder „a und n sind teilerfremd" erfüllt sind.

4.1.2.4 Beispiele für Euler/RSA

Die Sätze (Theoreme) von Euler und Fermat sollen an weiteren Beispielen illustriert werden.

In Tab. 4-2 ist die Folge der Potenzen aus GF(7) aufgelistet. Der Modul $n=p=7$ ist eine Primzahl. Man beachte: In der Zeile a^6 stehen für $a\neq 0$ nur Einsen, den Sätzen von Euler und Fermat entsprechend. Die Zeilen für a^1 und a^7 sind gleich. Es zeigt sich die Periode $\Phi(p)=p-1=6$ der Potenzen $a^i \equiv a^{(i) \bmod \Phi(n)}$ (mod n) nach (4.1-13).

Die Zeile a^5 gibt für $a\neq 0$ die multiplikativ inversen Elemente a^{-1} an. Entsprechend (4.1-12) ist $a^{\Phi(n)-1}=a^{6-1}\equiv a^{-1}$. In Tab. 4-2 ist zu sehen, dass die Eigenschaft multiplikativ inverser Elemente $a^{-1} \cdot a \equiv 1$ erfüllt ist.

Auf die Jacobi-Funktion in Zeile a^3 wird in Kap. 4.1.5 eingegangen.

Tab. 4-2: Folge der Potenzen, Modul n=7, Elemente a ∈ [0, 6] aus GF(7), Periode Φ(7)=6

$a = a^1$	0	1	2	3	4	5	6		
a^2	0	1	4	2	2	4	1		
a^3	0	1	1	6	1	6	6	←	Jacobi: $a^{(p-1)/2}$
a^4	0	1	2	4	4	2	1		
a^5	0	1	4	5	2	3	6	←	$a^{\Phi-1}\equiv a^{-1}$, multiplikativ invers zu a
a^6	0	1	1	1	1	1	1	←	Euler/Fermat: $a^{\Phi}=a^{p-1}=a^6\equiv 1$
a^7	0	1	2	3	4	5	6	←	$a^7 \equiv a^1$, Periode $\Phi(p)=p-1=6$
a^8	0	1	4	2	2	4	1		

In dem folgenden Beispiel Tab. 4-3 besteht der Modul n=6 aus zwei unterschiedlichen Primfaktoren. Es ist $\Phi(6)=\Phi(3\cdot 2)=(3-1)\cdot(2-1)=2$. Die Bedingung für RSA ist erfüllt. Die Periode $a^3=a^{\Phi(6)+1}\equiv a^1$ gilt offensichtlich für alle Elemente a. Der Eulersche Satz $a^{\Phi}=a^2\equiv 1$ ist nur für die Elemente a=1 und a=5 erfüllt, welche teilerfremd zu n=6 sind.

Tab. 4-3: Folge der Potenzen, Modul n=6, Elemente a ∈ [0, 5], Periode Φ(2·3)=1·2=2

$a = a^1$	0	1	2	3	4	5	
a^2	0	1	4	3	4	1	Euler, nur a teilerfremd zu n
a^3	0	1	2	3	4	5	← RSA, $a^3 \equiv a^1$, Periode Φ(6)=2

In dem Beispiel von Tab. 4-4 enthält der Modul n=4 zwei gleiche Primfaktoren. Die Phi-Funktion ergibt sich aus der Zahl der Elemente, die teilerfremd zu n=4 sind: Φ(4)=|{1, 3}|=2. Hier sind die RSA-Voraussetzungen nicht erfüllt und $a^{\Phi(4)+1} \equiv a^1$ gilt *nicht* für alle Elemente.

Tab. 4-4: Folge der Potenzen, Modul n=4, Elemente a ∈ [0, 3], Φ(4)=|{1, 3}|=2

$a = a1$	0	1	2	3	
$a2$	0	1	0	1	
$a3$	0	1	0	3	← Periode $a^{\Phi(4)+1}=a^3 \equiv a^1$, außer für Element a=2

Mit den Sätzen von Euler und Fermat und der Spezialisierung für RSA sind die theoretischen Grundlagen gelegt, um den RSA-Algorithmus zu verstehen.

4.1.3 Berechnung großer Potenzen

Mehrere Algorithmen erfordern die Berechnung großer Potenten (z.B. RSA, ElGamal). Die Basis und auch die Exponenten sind Zahlen mit 1000 und mehr Binärstellen. Die Potenzen durch fortgesetztes Multiplizieren zu bilden, ist praktisch nicht durchführbar. Man müsste z.B. $2^{1000} \approx 10^{301}$ mal multiplizieren.

Neben dem Multiplizieren, das den Exponenten nur um +1 vergrößert, kann man auch quadrieren, was den Exponenten verdoppelt.

$$a^c \cdot a = a^{c+1} \qquad\qquad a^c \cdot a^c = a^{2 \cdot c} \qquad\qquad (4.1\text{-}16)$$

Damit kann man gezielt und effizient große Potenzen berechnen. Wenn man den Exponenten als Dualzahl darstellt, dann entspricht der Verdopplung des Exponenten, an die Dualzahlendarstellung eine „0" anzuhängen. D.h. durch Quadrieren verlängert sich der Exponent um eine „0". Durch eine Multiplikation mit der Basis a vergrößert sich der Exponent um den Wert 1, d.h. aus der niederwertigsten Stelle „0" wird eine „1".

Bei dem Verfahren wird der erwünschte Exponent schrittweise von links nach rechts aufgebaut. Ein Beispiel soll das Verfahren veranschaulichen.

Das Verfahren ist allgemein anwendbar. In der Kryptographie ist die Basis a und das Ergebnis je ein Element aus den Restklassen modulo n. Die Restbildung kann zu beliebigen Schritten in Tab. 4-5 erfolgen. Bei großen Modulwerten n ist es zweckmäßig, nach jedem Schritt eine Restbildung anzuschließen, damit die Zahlen beim Quadrieren und Multiplizieren nicht unnötig groß werden.

Tab. 4-5: Algorithmus zum Potenzieren, ein Beispiel: $a^{13} = a^{1011}$

	a^{1011}	Zielwert
	a^1	Startwert
Q	a^{10}	es wurde quadriert
Q	a^{100}	es wurde quadriert
M	a^{101}	es wurde multipliziert
Q	a^{1010}	es wurde quadriert
M	a^{1011}	es wurde multipliziert

Wenn der Exponent e eine Länge von l_e Binärstellen hat, dann sind l_e-1 Quadrierungen und im Mittel $(l_e-1)/2$ Multiplikationen erforderlich (für jede Stelle mit dem Wert 1, außer der ersten).

$$\left.\begin{array}{ll} \text{Zahl der Quadrierungen} & = l_e - 1 \\ \text{Zahl der Multiplikationen} \quad = (\text{Zahl der "1" in e}) - 1 & \approx (l_e - 1)/2 \end{array}\right\} \quad (4.1\text{-}17)$$

Bei einem Exponenten mit 1000 Binärstellen sind damit etwa 1000 bis 2000 Quadrierungen oder Multiplikationen erforderlich.

4.1.4   Diskreter Logarithmus

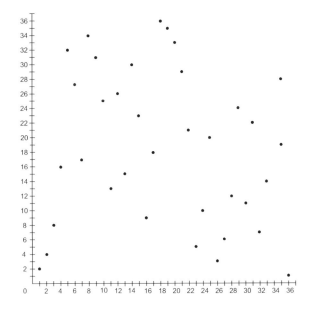

Abb. 4-1: Diskrete Exponential-Funktion.
$y = a^x \bmod p$
$y = 2^x \bmod 37$.

Der diskrete Logarithmus ermittelt für einen gegebenen Wert von y ein gesuchtes x.

Der diskrete Logarithmus ist die Umkehrung der diskreten Exponential-Funktion $y=(a^x)$ mod p. Das Paar bildet eine Einwegfunktion: Die Berechnung auch großer Potenzen ist durchführbar (vgl. Kap. 4.1.3). Die Umkehrung, der diskrete Logarithmus, ist für große Zahlenbereiche praktisch nicht durchführbar. Diskrete Logarithmen werden benutzt beim ElGamal-Verfahren (Kap. 4.3), beim Schlüsselaustausch nach Diffie-Hellman (Kap. 4.3) und in der Kryptographie mit elliptischen Kurven (Kap. 4.5).

Für den diskreten Logarithmus wird vorausgesetzt, dass der Modul n=p eine Primzahl und die Basis a eine Primitivwurzel ist (auch Generator-Element, vgl. Kap. 4.1.1). Nur dann sind alle Werte von y≠0 als Potenz a^x darstellbar. Zur Veranschaulichung wird die Arithmetik modulo p mit p=37 und die Basis a=2 gewählt. In Abb. 4-1 sind die Potenzen a^x für alle Exponenten x aufgetragen.

$$y = (a^x) \bmod p = (2^x) \bmod 37 \tag{4.1-18}$$

Das Bild gleicht den ersten Regentropfen auf einem geteerten Weg, zumindest für den Bereich x>5. Die Werte von y sind aus x leicht berechenbar. Der Aufwand für die Berechnung eines Punktes steigt nur linear mit der Stellenlänge l_p des Moduls p, (vgl. (4.1-17) in Kap. 4.1.3).

Will man dagegen den diskreten Logarithmus berechnen, d.h. für einen gegebenen Wert von y das zugehörige x ausrechnen, dann ist der Aufwand viel größer. Als einfachster Algorithmus wird die Folge a^1, a^2, a^3,... berechnet, bis sich der erwünschte Wert von y einstellt. Beim Durchlaufen der Folge erhält man keinen Hinweis, ob der gesuchte Wert x bald erreicht wird. Wenn man in dem Beispiel von Abb. 4-1 die Aufgabe $14=(2^x) \bmod 37$ lösen will, dann hat man in der Folge trotz der „nahen" y-Werte $13=(2^{11}) \bmod 37$ und $15=(2^{13}) \bmod 37$ keinen Hinweis, dass sich die Lösung erst mit $14=(2^{33}) \bmod 37$ einstellen wird.

Die Laufzeit für den einfachsten Algorithmus steigt mit der Ordnung O(p). Für schnellere Algorithmen („Babystep-Giantstep") steigt die Laufzeit mit der Ordnung O(√p). Die Ordnung sagt aus, dass die Laufzeit linear bzw. mit der Wurzel von p wächst. In beiden Fällen steigt die Laufzeit exponentiell mit der Stellenlänge des Moduls p. Für manche Werte von p gibt es jedoch spezielle Algorithmen, deren Laufzeit nur sub-exponentiell mit der Stellenlänge des Moduls wächst. Diese sind für kryptographische Anwendungen ungeeignet. Weiterführendes findet sich in [Bu04] und [BNS05].

Es wird bei erster Lesung empfohlen, mit Kapitel 4.2 „RSA, Rivest/Shamir/Adleman" fortzufahren. Von den nächsten Abschnitten sind 4.1.5 „Quadratwurzeln in der Rechnung modulo n" und 4.1.6 „Chinesischer Restsatz" erst bei praktischen Berechnungen für ElGamal und RSA erforderlich.

4.1.5 Quadratwurzeln in der Rechnung modulo n

Dieses Kapitel kann bei erster Lesung überschlagen werden. Quadratwurzeln werden für das Authentifizierungsverfahren nach Fiat-Shamir in Kapitel 5 (Authentifikations-Protokolle) benötigt. Quadratwurzeln werden bereits hier angesprochen, weil sie sich mit den Beispielen in Kap. 4.1.2.4 gut veranschaulichen lassen.

Quadratwurzeln in der Rechnung modulo p

Für das Beispiel der Rechnung modulo 7 mit GF(7) können wir die Wurzeln der Elemente a aus Tab. 4-2 entnehmen. Für die Elemente in der Zeile a^2 stehen die Wurzeln darüber in der Zeile a^1. In der Zeile a^2 finden wir außer der 0 nur die Elemente 1, 2 und 4, und diese je zweimal. Das bedeutet, es gibt Elemente, die keine Wurzel besitzen, und andere Elemente, die je zwei Wurzeln besitzen. Die Elemente 1, 2, und 4 werden in der Arithmetik modulo 7 als *Quadratische Reste* oder als *Quadratzahlen* bezeichnet. Die Elemente 3, 5 und 6 sind in modulo 7 *Quadratische Nichtreste*.

In Tab. 4-6 findet sich für die Arithmetik modulo 7 eine Aufstellung der Quadratzahlen und ihrer Wurzeln.

Tab. 4-6: Wurzeln in der Arithmetik modulo 7

a	Wurzel a	
1	1, 6	6=7-1
2	3, 4	4=7-3
4	2, 5	5=7-2

Für n=p=7 ist die Berechnung der Wurzeln sehr einfach. Wir sehen in Tab. 4-2, dass die Zeilen für a^2 und a^8 gleich sind. Die Zeile a^8 ist allgemein die Zeile a^{p+1}.

Aus der Kongruenz $a^2 \equiv a^{p+1} \pmod p$ kann die Wurzel a aus a^2 berechnet werden.

$$a = (\pm a^{(p+1)/2}) \bmod p = (\pm (a^2)^{(p+1)/4}) \bmod p \qquad \text{für} \quad (p) \bmod 4 = 3 \qquad (4.1\text{-}19)$$

Durch die Wurzeloperation kommt das „±" in den Ausdruck. Ein negativer Wert „–x" bedeutet in mod p den additiv inversen Wert n–x. Die Formel (4.1-19) ist nur anwendbar, wenn der Modul p durch 4 dividiert den Rest 3 ergibt. (Das gilt für die Hälfte aller ungeraden Zahlen, denn der Rest kann nur 3 oder 1 sein.)

Das Wurzelelement a erhalten wir damit aus a^2, indem wir a^2 mit (p+1)/4 potenzieren! In unserem Beispiel ist (p+1)/4=(7+1)/4=2, d.h. „Wurzel ziehen mittels Quadrieren". Als Beispiel erhalten wir zu a^2=4 das Wurzelelement $a \equiv \pm 4^2 \equiv \pm 2 \equiv 2$ bzw. $\equiv 5 \pmod 7$.

Prüfung auf quadratischen Rest

Einem Element b sieht man nicht an, ob es ein quadratischer Rest $b=a^2$ ist (eine Quadratzahl) oder ein quadratischer Nichtrest. Man könnte auf b einen Wurzel-Algorithmus anwenden und durch Quadrieren prüfen, ob das Ergebnis eine Wurzel war.

In dem Beispiel von Tab. 4-2 fällt auf, dass die Zeile für a^3 genau an den Positionen eine 1 enthält, für die das Element a (in der Zeile a^1) ein quadratischer Rest ist. Und dass die Zeile für a^3 genau an den Positionen eine 6 enthält (das ist in mod7 eine –1), für die das Element a ein quadratischer Nichtrest ist. Dieses Merkmal für quadratische Reste wird durch die Jacobi-Funktion beschrieben.

$$J(x, p) = (x^{(p-1)/2}) \bmod p = \begin{cases} +1 & \text{falls x ein quadratischer Re st in GF(p)} \\ -1 & \text{falls x ein quadratischer Nicht r est in GF(p)} \end{cases} \qquad (4.1\text{-}20)$$

Formal erhält man die Jacobi-Funktion, indem man auf den Kleinen Satz von Fermat (4.1-10) die Wurzel-Operation anwendet. Ihre Eigenschaft, quadratische Reste zu erkennen, ist damit jedoch noch nicht bewiesen.

Quadratwurzeln in der Rechnung modulo n

Wenn der Modul n keine Primzahl ist, dann ist die Berechnung einer Wurzel eine schwierige Aufgabe. Sie ist ebenso schwierig, wie den Modul n zu faktorisieren (Kap. 4.2.3.1, „Faktorisierungsproblem, äquivalente Schlüssellänge"). Deshalb kann die Wurzel d einer Zahl e=d^2 als privater Schlüssel und e als öffentlicher Schlüssel eines asymmetrischen Schlüsselpaares benutzt werden, (vgl. Kap. 5.4 „Fiat-Shamir-Authentifikation").

Falls die Faktorisierung des Moduls n bekannt ist, kann eine Wurzel x in mod n leicht berechnet werden. Für die Kryptographie ist der Fall interessant, dass der Modul n=p·q aus zwei unterschiedlichen Primzahlen p≠q besteht. Wenn für x in mod n die Quadratwurzel berechnet werden soll, dann kann dies zunächst in mod p und mod q erfolgen. Das Ergebnis in mod n kann dann mit dem Chinesischen Restsatz (Abschnitt 4.1.6) berechnet werden.

$$
\left.
\begin{aligned}
a &= \sqrt{x} \quad \mod p \\
b &= \sqrt{x} \quad \mod q \\
\sqrt{x} &= \mathrm{CRS}(a, b) \qquad \mathrm{CRS : Chinesischer\ Restsatz}
\end{aligned}
\right\} \qquad (4.1\text{-}21)
$$

In mod p und mod q hat x je zwei Wurzeln, die zueinander additiv invers sind. In mod n hat x vier Wurzeln, wobei je zwei Paare in mod n additiv invers sind (ihre Summe ist gleich n).

4.1.6   Chinesischer Restsatz

Dieses Kapitel kann bei erster Lesung überschlagen werden. Der Chinesische Restsatz wird verwendet, um auf Chipkarten den RSA-Algorithmus zu beschleunigen, speziell für die Erzeugung digitaler Signaturen und die Entschlüsselung. Bei der Verschlüsselung bzw. der Überprüfung einer digitalen Signatur kann der Chinesische Restsatz nicht angewendet werden, da er Zugriff auf die geheimen Primzahlen p und q erfordert. Der private Schlüssel muss dabei in einer geschützten Umgebung arbeiten. Eine zweite Anwendung für den Chinesische Restsatz ist die Berechnung von Wurzel bei dem Fiat-Shamir-Verfahren.

Der Chinesische Restsatz wurde von Sun Tzu im 3. Jahrhundert aufgeschrieben und von Qin Jiushao erweitert (ca. 1202-1261, gab in 1247 „Mathematical Treatise in Nine Sections" heraus). Er stützt sich auf den Euklidischen Algorithmus (Kap. 2.1.3.1).

$$
\mathrm{ggT}(p, q) = 1 = \sigma \cdot p + \tau \cdot q = \alpha + \beta \qquad (4.1\text{-}22)
$$

Die Aussage des Chinesischen Restsatzes ist: Wenn von einer ganzen Zahl x ihre Reste bezüglich p und q bekannt sind,

$$
\left.
\begin{aligned}
a &= (x) \mod p \\
b &= (x) \mod q
\end{aligned}
\right\} \qquad (4.1\text{-}23)
$$

dann kann x modulo n berechnet werden.

$$
\left.
\begin{array}{lll}
x = (b \cdot \sigma \cdot p + a \cdot \tau \cdot q) \bmod n & n = p \cdot q & \mathrm{ggT}(p, q) = 1 \\
x = (b \cdot \alpha + a \cdot \beta) \bmod n & \alpha = \sigma \cdot p & \beta = \tau \cdot q
\end{array}
\right\} \qquad (4.1\text{-}24)
$$

Die Faktoren p und q brauchen nicht Primzahlen zu sein. Es genügt, dass sie zu einander teilerfremd sind, also keine gemeinsamen Faktoren enthalten.

Beweis

Wir schreiben (4.1-24) um und wenden mod p an.

$$
((x - b \cdot \sigma \cdot p + a \cdot \tau \cdot q) \bmod n) \bmod p = 0 \qquad (4.1\text{-}25)
$$

In (4.1-25) können wir „mod n" weglassen, denn wenn die linke Seite durch p teilbar ist, (...)mod p=0, dann ist sie auch durch ein Vielfaches von p teilbar, also durch n teilbar. Weiter ersetzen wir entsprechend (4.1-22) Vielfache von p durch 0:

$$
\begin{aligned}
(x - b \cdot \sigma \cdot p + a \cdot (1 - \sigma \cdot p)) \bmod p &= (x - 0 + a \cdot (1 - 0)) \bmod p = 0 \\
(x - a) \bmod p &\equiv 0
\end{aligned} \qquad (4.1\text{-}26)
$$

Das Ergebnis $(x - a) \bmod p \equiv 0$ stimmt mit (4.1-23) überein. $(x - b) \bmod q \equiv 0$ ergibt sich in entsprechender Weise.

Ausgehend von a=(x)mod p und b=(x)mod q in (4.1-23) gilt der zu beweisende Satz (4.1-24) sowohl mod p als auch mod q. Da die Faktoren p und q von n=p·q teilerfremd sind, gilt der zu beweisende Satz (4.1-24) auch modulo n.

Beispiel für den Chinesischen Restsatz

Es sei gegeben:

$$
\begin{aligned}
&p = 3, q = 7, \qquad \text{damit} \quad n = p \cdot q = 21 \\
&a = x \bmod 3 = 2 \\
&b = x \bmod 7 = 4
\end{aligned}
$$

Ohne den Chinesischen Restsatz können wir feststellen, dass das Ergebnis x die Angaben für a und b erfüllen muss, die wir als Bedingungen umschreiben:

$$
\begin{aligned}
x &= a + i \cdot p = 2 + i \cdot 3 \\
x &= b + i \cdot q = 4 + i \cdot 7
\end{aligned}
$$

In dem folgenden Diagramm sind die beiden Bedingungen durch Pfeile dargestellt. Wir sehen, dass für x=11 beide Bedingungen erfüllt sind und damit x=11 die Lösung ist.

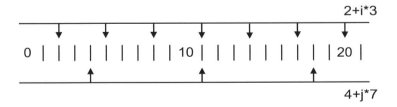

Das Diagramm zeigt auch, dass das Ergebnis in dem Intervall [0, n]=[0, 20] einzig ist. Das Schema der Pfeile wiederholt sich mit der Periode n=p·q=3·7=21. Ein nächstes Ergebnis x'=11+21=32 fällt bereits aus dem Intervall der Restklassen [0, 20] heraus.

Mit dem Chinesischen Restsatz ergibt die Berechnung von x das erwartete Ergebnis:

$$\text{ggT}(p, q) = \text{ggT}(3, 7) = 1 = -2 \cdot 3 + 1 \cdot 7 = \alpha + \beta, \quad \text{mit} \quad \alpha = -6, \quad \beta = 7$$

$$x = (b \cdot \alpha + a \cdot \beta) \bmod n = (4 \cdot (-6) + 2 \cdot 7) \bmod 21 = -10 \bmod 21 = 11$$

Wenn der Chinesische Restsatz mit dem gleichen Modul n=p·q immer wieder angewendet wird, dann braucht α und β nur einmal berechnet und abgespeichert zu werden.

4.1.7   Übungen

Übung 1

Bestimmen Sie in der Arithmetik modulo p (p=65537=2^{16}+1=prim) zu dem Element a=504 das multiplikativ inverse Element a^{-1}. Wenden Sie dazu den Kleinen Satz von Fermat an. Keine Zahlenrechnung.

Lösung

Für eine Primzahl p gilt: 1=(a^{p-1})mod p bzw. a^{-1}=(a^{p-2})mod p.
Somit 504^{-1}=**(504^{65535})mod65537**.

Übung 2

Berechnen Sie 27^{348782} in der Arithmetik modulo n, wobei n=7·11=77 ist. Machen Sie davon Gebrauch, dass die Potenzen periodisch sind.

Lösung

Die Periode im Exponenten ist Φ(7·11)=6·10=60. Der Exponent mod60 ist (348782)mod 60=2. Das Ergebnis ist (27^2)mod 77=**36**.

Übung 3

Berechnen Sie 27^{41} in der Arithmetik modulo 77.

Lösung

Der Exponent lautet als Dualzahl 101001. Das ergibt die Rechenfolge: Q (Q M) Q Q (Q M)

und im speziellen Fall: 27-Q→36-Q→64-M→34-Q→1-Q→1-Q→1-M→**27**.

Übung 4

Berechnen Sie die Wurzel von 71 in der Arithmetik modulo n, wobei n=7·11=77 ist. Wie viele Wurzeln gibt es?
Berechnen Sie diese Wurzeln. Verwenden Sie dazu den Chinesischen Restsatz.

Lösung

Aus ($\sqrt{71}$)mod 77   folgt   ($\sqrt{71}\equiv\sqrt{1}$)mod 7 und ($\sqrt{71}\equiv\sqrt{5}$)mod 11.
Test auf Quadratzahlen mit Jacobi-Funktion (4.1-20) für die Teilmoduln 1mod7 und 5mod11:

J(1, 7)=$(1^{(7-1)/2})$mod7 = +1 und J(5, 11)=$(5^{(11-1)/2})$mod11 = +1. Entsprechend dem Jacobi-Test sind 1mod7 und 5mod11 Quadratzahlen und haben je 2 Wurzeln.
In Kombination ergeben sich **4** Wurzeln.

Berechnung der Wurzeln mittels (4.1-19) und dem Chinesischen Restsatz:

Wurzel in mod 7 durch Potenzieren mit (p+1)/4=2 für ($\sqrt{1}$)mod 7:   a=**1** und a=**6** (=7−1),

Wurzel in mod 11 durch Potenzieren mit (p+1)/4=3 für ($\sqrt{5}$)mod 11:   b=**4** und b=**7** (=11−4).

Mit Chinesischem Restsatz: p=7, q=11, 1= -3·7+2·11, α= -21, β=22
ergeben sich die Wurzeln x aus x ≡ b·α+a·β ≡

für a=1 und b=4:   4·(−21)+1·22 ≡ −62 ≡ **15** (mod 77)
für a=6 und b=7:   7·(−21)+6·22 ≡ −15 ≡ **62** (mod 77)
für a=6 und b=4:   4·(−21)+6·22 ≡ **48** (mod 77)
für a=1 und b=7:   7·(−21)+1·22 ≡ −125 ≡ −48 ≡ **29** (mod 77).

Die Werte der Wurzeln sind **15**, **62** (≡ −15), **48** und **29** (≡ −48).

4.2   RSA, Rivest/Shamir/Adleman

Erfunden wurde der RSA-Algorithmus von R. Rivest, A. Shamir und L. Adleman im Jahr 1978 [RSA78]. Er ist ein asymmetrischer Algorithmus mit einem öffentlichen Schlüssel e (encode) und einem privaten Schlüssel d (decode). Er kann sowohl für die Verschlüsselung als auch für digitale Signaturen benutzt werden. Der öffentliche Schlüssel kann durch ein Zertifikat (Kap. 6.1.1.2) beglaubigt werden.

Aus Kapitel 4.1.2 haben wir für den RSA-Algorithmus bereits die mathematischen Voraussetzungen, den Eulerschen Satz über Potenzen in der Arithmetik modulo n (4.1-13). Der Modul n besteht aus einem Produkt n=p·q von zwei ungleichen Primfaktoren p≠q. Für die Größe des Moduls n sind Zahlen wie 512, 768, 1024, 2048 und 4096 Binärstellen üblich. Mit der Größe des Moduls wächst die Sicherheit, dass der private Schlüssel durch Faktorisierung des Moduls n nicht gebrochen werden kann, aber es wachsen auch die Rechenzeiten für den Algorithmus und die Datenmenge für die Schlüssel und Zertifikate.

In diesem Kapitel befassen wir uns mit der Erzeugung von Schlüsselpaaren und ihrer Anwendung bei Verschlüsselung und digitaler Unterschrift (Signatur). Für die Implementierung von RSA wird besprochen, wie große Zufallszahlen und Primzahlen gefunden werden können. Für die Sicherheit von RSA verschaffen wir uns einen Einblick in die Leistungsfähigkeit von Faktorisierungsangriffen. Schließlich wird gezeigt, wie der RSA-Algorithmus auf Chipkarten um den Faktor 4 beschleunigt werden kann.

4.2.1   RSA, Schlüssel, Verschlüsselung, Signaturen

Der RSA ist ein Block-Algorithmus. Ein Nachrichtenblock m wird als natürliche Zahl interpretiert, die kleiner als der Modul n sein muss. Deshalb kann der Nachrichtenblock m höchstens so lang sein wie der Modul n, gemessen in Binärstellen oder Bits.

RSA, Erzeugen der Schlüssel

Für den Modul n müssen zwei verschiedene Primzahlen p und q zufallsmäßig erzeugt werden. Die Primzahlen müssen so groß sein, dass der Modul n die gewünschte Stellenlänge hat. Wie man so große und zufällig gewählte Primzahlen praktisch finden kann, besprechen wir in Kap. 4.2.2.

$$n = p \cdot q \qquad \text{mit} \quad p \neq q \tag{4.2-1}$$

Das Schlüsselpaar (e, d) wird mit Hilfe der Eulerschen Φ-Funktion ermittelt. Sie ist für n=p·q ((4.1-8) in Kap. 4.1.2.1):

$$\Phi(n = p \cdot q) = (p-1) \cdot (q-1) \tag{4.2-2}$$

Einer der beiden Schlüssel, z.B. e, wird zufallsmäßig gewählt. Er muss kleiner sein als $\Phi(n)$ und teilerfremd zu $\Phi(n)$.

$$1 < e < \Phi(n) \qquad \text{und} \qquad \text{ggT}(e, \Phi(n)) = 1 \tag{4.2-3}$$

Der andere Schlüssel d ergibt sich aus der Bedingung für RSA, dass die beiden Schlüssel e und d eines Paares multiplikativ invers in der Arithmetik modulo $\Phi(n)$ sind.

$$e \cdot d \equiv 1 \quad \text{mod } \Phi(n) \qquad \text{bzw.} \qquad e \cdot d = 1 + i \cdot \Phi(n) \tag{4.2-4}$$

Praktisch kann der Schlüssel d aus e mit Hilfe des erweiterten Euklidischen Algorithmus (Kap. 2.1.3.1) berechnet werden.

Das Schlüsselpaar gehört einem Eigentümer A (z.B. Alice). Der öffentliche Schlüssel e_A wird zusammen mit dem Modul n veröffentlicht. Der private Schlüssel d_A ist geheim und wird möglichst sicher verwahrt, z.B. nicht auslesbar auf einer Chipkarte. Die Faktoren p und q müssen ebenso sicher verwahrt werden. Wenn sie nach der Schlüsselerzeugung vernichtet werden, ist mit diesen Faktoren kein Missbrauch zu befürchten.

$$
\left.
\begin{aligned}
e_A, n \quad & \text{öffentlicher Schlüssel von A} \\
d_A \quad & \text{privater (geheimer) Schlüssel von A}
\end{aligned}
\right\} \tag{4.2-5}
$$

Verschlüsselung und Signatur mit RSA

Für die Verschlüsselung und Entschlüsselung wird der Satz von Euler / Sonderfall von RSA herangezogen (4.1-14): $(a^{i \cdot \Phi(n)+1}) \bmod n = a$ für $a \in [0, n-1]$, $n = p \cdot q$, $p \neq q$. Die wesentliche Gleichung für RSA ergibt sich, indem der Exponent $i \cdot \Phi(n)+1$ in (4.1-14) entsprechend (4.2-4) durch e·d ersetzt wird.

$$(m^{e \cdot d}) \bmod n = m \qquad \text{für} \quad m \in [0, n-1], \quad n = p \cdot q, \quad p \neq q \tag{4.2-6}$$

In (4.2-6) wurde die allgemeine Basis a für die Nachricht m ersetzt. Die Nachricht m wird als Zahl aufgefasst, die im Intervall [0, n−1] liegen muss. Für die Anwendung ist sie eine Dualzahl mit maximal l_n Binärstellen (l_n, Stellenlänge des Moduls n). Die Formel besagt: Wenn m mit e·d modulo n potenziert wird, dann entsteht wieder die ursprüngliche Nachricht m. Statt mit e·d auf einmal zu potenzieren, kann man zunächst mit e und dann mit d potenzieren, oder auch umgekehrt. Damit ergeben sich die zwei wesentlichen Anwendungen für RSA:

$$\left.\begin{array}{lll}
\text{Verschlüsselung:} & c = (m^e) \bmod n \\
\text{Entschlüsselung:} & m = (c^d) \bmod n = (m^e)^d \bmod n \\
\text{Signatur:} & s = (m^d) \bmod n \\
\text{Verifikation:} & (s^e) \bmod n = (m^d)^e \bmod n = m \\
& \text{für} \quad m \in [0, n-1], \quad n = p \cdot q, \quad p \neq q
\end{array}\right\} \qquad (4.2\text{-}7)$$

Man beachte (vgl. Kap. 1.3.3 und 1.3.4): Für die Verschlüsselung wird der öffentlich bekannte Schlüssel e des Adressaten verwendet. Nur der Adressat hat den zugehörigen privaten Schlüssel d für die Entschlüsselung. Für die Signatur wird der eigene private Schlüssel d benutzt, zu dem nur der Eigentümer und Unterzeichner Zugang hat. Die Signatur kann jeder verifizieren. Dazu wird der öffentlich bekannte Schlüssel e des Unterzeichners herangezogen.

Für die Verifikation einer digitalen Signatur muss sichergestellt sein, dass dazu der öffentliche Schlüssel benutzt wird, der wirklich dem Unterzeichner gehört. Für die Sicherheit der Zuordnung zwischen öffentlichem Schlüssel und seinem Besitzer werden Zertifikate verwendet. Zertifikate sind wie ein Ausweis, der von einer vertrauenswürdigen Zertifizierungs-Instanz durch eine eigene digitale Signatur beglaubigt wird (Kap. 6.1.1.2).

Die Anwendung von RSA für die Verschlüsselung / Entschlüsselung sowie die Signatur und deren Verifikation erfordert einen hohen Rechenaufwand. Wenn die Zahlen (n, m, c, s, e, d) z.B. 1024 Bit lang sind, dann ist der Aufwand für obige Formeln: 1023 Quadrierungen, im Mittel 1023/2 Multiplikationen, ebenso viele Modulo-Operationen und alles in Langzahlen-Arithmetik mit 1024 Bit langen Operanden (Abschnitt 4.1.3). Die Geschwindigkeit ist etwa um den Faktor 1000 langsamer als bei symmetrischen Verfahren (DES, AES).

Deshalb wird eine Nachricht m, die sehr lang sein kann, nicht mit RSA direkt verschlüsselt oder signiert. Statt der Signatur einer Nachricht m wird deren Hash-Wert h(m) signiert, der z.B. 160 oder 256 Bit lang ist. In den Formeln für die Signatur und deren Verifikation in (4.2-7) ist dann m durch h(m) zu ersetzen. Selbstverständlich muss sichergestellt sein, dass zu einem signierten Hash-Wert keine andere Nachricht konstruiert und untergeschoben werden kann.

Statt der Verschlüsselung langer Nachrichten direkt mit RSA wird nur ein symmetrischer Sitzungsschlüssel k_{AB} mit RSA verschlüsselt und übertragen. In den Formeln für die Verschlüsselung und Entschlüsselung in (4.2-7) ist dann m durch k_{AB} zu ersetzen. Die lange Nachricht wird dann symmetrisch mit k_{AB} verschlüsselt (Kap. 1.3.3.2 „Hybride Kryptographie"). Bei einer Übertragung von Alice an Bob benutzt sie den öffentlichen Schlüssel e_B von Bob und überträgt $\{k_{AB}\}e_B$ und $\{m\}k_{AB}$ an Bob (Symbolik: $\{z\}k$: „z verschlüsselt mit k").

Die Anwendungen von RSA sind somit

- digitale Signatur auf den Hash-Wert einer Nachricht h(m)
- Übertragung eines Sitzungsschlüssels k_{AB} für die hybride Kryptographie.

4.2.2   Zur Implementierung von RSA

Die Primfaktoren p und q sollen so gewählt werden, dass die Faktoren nicht geraten werden können und das Faktorisieren von n schwer ist. Das heißt, für p und q soll ein möglichst großer Zahlenbereich in Betracht kommen, und darin soll möglichst zufällig ausgewählt werden.

Echt zufällige Zahlen können nur physikalisch erzeugt werden, z.B. mit Rauschgeneratoren. Ein Computer ist für die Erzeugung echter Zufallszahlen ungeeignet. Man behilft sich, indem man die Bewegung mit der Maus oder die Zeiten zwischen Tastatur-Eingaben als Ausgangsmaterial („seed") für den Zufall benutzt. Die Zufallszahlen werden dann mit einem Pseudo-Noise-Generator aus dem Ausgangsmaterial abgeleitet.

Zufallszahlen sind im Allgemeinen keine Primzahlen. Ob eine Zahl eine Primzahl ist, kann bei großen Zahlen nicht durch Faktorisierungs-Versuche praktisch ermittelt werden. Es gibt jedoch Tests, die über die Eigenschaft „prim" eine Ja/Nein-Aussage mit hoher Verlässlichkeit liefern, ohne eine Faktorisierung selbst anzugeben. Falls der Test negativ ausfällt, wird entweder eine neue Zufallszahl erzeugt oder die alte z.B. um 2 erhöht (nächste ungerade Zahl). Im Bereich großer Zahlen mit ca. 512 Binärstellen sind ca. 2^{-8} der ungeraden Zahlen Primzahlen, es sind also im Mittel 256 Versuche erforderlich.

Für ein Schlüsselpaar müssen die Längen des Moduls n und damit der beiden Primfaktoren p und q festgelegt werden. Bei einer Länge des Moduls von l_n Bit gilt für die beiden Primfaktoren $l_p + l_q \approx l_n$, d.h. sie sind je ungefähr halb so lang. Es wird empfohlen, dass die Längen l_p und l_q möglichst groß, aber um etwa 10 bis 20 Bit unterschiedlich gewählt werden sollen. Bei l_n=1024 Bit ergibt sich damit z.B. $l_p \approx 502$ und $l_q \approx 522$ Bit. Diese und weitere Empfehlungen sind durch Faktorisierungsangriffe begründet, die selbstverständlich erschwert werden sollen. Weiterführendes zur Wahl der Primzahlen findet sich z.B. in [BNS05], [CrypTool].

Bei der Erzeugung des Schlüsselpaares kann im Prinzip zuerst der private Schlüssel d oder alternativ der öffentliche Schlüssel e gewählt werden. Falls d zuerst gewählt wird, dann muss diese Wahl zufallsmäßig erfolgen, damit man den privaten Schlüssel d nicht erraten kann. Falls bei der Erzeugung des Schlüsselpaares der öffentliche Schlüssel e zuerst gewählt wird, dann braucht diese Wahl nicht zufallsmäßig zu sein.

Es ist sogar üblich, den öffentlichen Schlüssel e mit e=2^{16}+1 festzusetzen (4te Fermatsche Zahl, e=2^{16}+1 = 65537 dezimal = 10001h, hexadezimal). Der zugehörige private Schlüssel ist dennoch geheim, weil der Modul n für jedes Schlüsselpaar neu gewählt wird und seine Faktoren p und q geheim gehalten werden. Bei unterschiedlichen Moduln ergibt sich zu dem festen öffentlichen Schlüssel e=10001h jeweils ein unterschiedlicher privater Schlüssel. Eine weitere Wahl für den öffentlichen Schlüssel ist sogar e=2, die einzige gerade Primzahl (Rabin-Verfahren, [R79]). *Anm.*: Die Zahlen $f_m = 2^{2^m} + 1$ werden als Fermatsche Zahlen bezeichnet.

Der Grund für diese Wahl von e ist, den Rechenaufwand beim Verschlüsseln besonders gering zu halten. Wenn e die 4te Fermatsche Zahl ist, dann sind zum Beispiel für die Verschlüsselungs-Operation $(m^e) \bmod n$ (4.2-7) nur 16 Quadrierungen und eine Multiplikation erforderlich.

4.2.3 Sicherheit von RSA

Der private RSA-Schlüssel d kann aus dem öffentlichen Schlüssel (e, n) berechnet werden, falls entweder Φ(n) oder die Faktorisierung n = p·q aus n ermittelt werden könnte. Diese beiden Probleme sind äquivalent [BNS05].

Man könnte fälschlich meinen, dass Φ(n)=(p−1)·(q−1) sich „ganz in der Nähe von" n=p·q befindet, also durch Probieren gefunden werden könnte. Dies ist jedoch nicht der Fall, denn der „Abstand" ist n−Φ(n)=p+q−1. Das heißt, für den Fall dass q eine Zahl von z.B. $l_q \approx 522$ Bit ist, dann müssten ca. 2^{522} Zahlen durchprobiert werden, was nicht durchführbar ist (die Zahl p der Größenordnung von 2^{502} in dem Beispiel ist dagegen relativ klein und spielt keine Rolle).

Die Sicherheit des RSA hängt davon ab, dass ein Angreifer aus dem Modul n und dem öffentlichen Schlüssel e den zugehörigen privaten Schlüssel nicht berechnen kann. Deshalb darf es nicht möglich sein, den Modul n in realistischer Zeit zu faktorisieren, d.h. einen der beiden Faktoren p oder q zu finden. (Der andere Faktor ergibt sich leicht durch Division von n durch den gefundenen Faktor).

Ob der Aufwand für das Faktorisieren oberhalb einer gewissen Schranke liegt, konnte bisher nicht bewiesen werden. Es ist also nicht auszuschließen, dass ein Mathematiker einen Algorithmus findet, der die Faktorisierung auch für sehr große Zahlen löst. Dann wäre der RSA-Algorithmus nicht mehr verwendbar. Die Sicherheit des RSA-Algorithmus hängt also von einem offenen mathematischen Problem ab. Deshalb ist es notwendig, für den Bedarfsfall Alternativen zu haben.

Eine andere Art von Angriff, der „Seitenkanalangriff", stützt sich auf eine Kombination von kryptographischen und elektronischen Möglichkeiten. In [CrypTool] ist solch ein Seitenkanalangriff implementiert (Menü Analyse \ Asymmetrische Verfahren \ Seitenkanalangriff auf Textbook-RSA).

4.2.3.1 Faktorisierungsproblem, äquivalente Schlüssellänge

Die Faktorisierungs-Algorithmen bestimmen, wie groß der Modul n für RSA zu wählen ist. Je leistungsfähiger faktorisiert werden kann, umso größer muss die Stellenzahl des Moduls sein. Wir wollen der Frage nachgehen, wie lang der Modul n wirklich sein muss. Eine ausführliche Darstellung über Faktorisierung und Primzahlen findet sich in [CrypTool].

Der simpelste Algorithmus, um n zu faktorisieren, ist, n probeweise durch 3, 5, 7,... zu dividieren und zu prüfen, ob ein Rest von 0 sich ergibt. (Die geraden Zahlen kann man weglassen, weil ein Primfaktor eine ungerade Zahl ist). Es sind maximal $1/2 \cdot \sqrt{n}$ Versuche erforderlich, weil bei zwei Primfaktoren der kleinere Faktor höchstens den Wert $\sqrt{n}$ haben kann. Die Zahl der Versuche ist dabei maximal L_n.

$$L_n = 1/2 \cdot \sqrt{n} = 2^{\mathrm{ld}(1/2 \cdot \sqrt{n})} = 2^{l_n/2 - 1} = 2^{l_{equiv}} \qquad \text{wobei} \quad l_n = \mathrm{ld}\, n \qquad (4.2\text{-}8)$$

Darin bedeuten ld der Logarithmus zur Basis 2 ($\log_2$) und l_n die Zahl der Binärstellen, um den Modul n als Dualzahl darzustellen. Die zunächst unnötig erscheinende Umformung in (4.2-8) führt auf ein anschauliches Maß l_{equiv}.

$$l_{equiv} = l_n / 2 - 1 \qquad (4.2\text{-}9)$$

Es bedeutet l_{equiv} die äquivalente Länge eines symmetrischen Schlüssels. Bei einem guten symmetrischen Verfahren müssen maximal alle $|K|=2^{lequiv}$ von einem Angreifer durchprobiert werden. Mit (4.2-9) können wir also zunächst feststellen: Ein RSA-Schlüssel müsste, wenn es nur dieses einfache Faktorisierungsverfahren gäbe, mindestens doppelt so lang sein wie ein guter symmetrischer Schlüssel, um die gleiche Sicherheit zu bieten.

Zum Leidwesen der Benutzer von RSA sind in den letzten 20 Jahren deutlich schnellere Algorithmen zur Faktorisierung bekannt geworden. Das hat zur Folge, dass die Schlüssel für RSA viel länger gewählt werden müssen, um noch sicher vor Faktorisierung zu sein. Schnelle Methoden für die Faktorisierung sind Gegenstand der Forschung, und sie liegen außerhalb des Rahmens für dieses Buch. Einen Überblick und Hinweis auf weitere Literatur finden sich z.B. in [Bu04] und [BNS05].

Äquivalente Schlüssellänge für RSA

Für einen derzeit schnellsten Faktorisierungs-Algorithmus wird die Laufzeit L_n in [Bu04] angegeben mit:

$$L[u, v] = e^{v \cdot (\log n)^u (\log \log n)^{1-u}} \qquad \text{mit} \quad u = 1/3, \quad v = const \qquad (4.2\text{-}10)$$

Die Konstante u=1/3 gilt für einen bestimmten Algorithmus und sie bestimmt die Laufzeit wesentlich. Der Teilausdruck ($\log n$) entspricht der Stellenlänge l_n des Moduls n bis auf einen Faktor ($\log n = l_n \cdot \log 2$). Der Exponent in (4.2-10) ändert sich bei Umrechnung der Basis von e auf 2 ebenfalls nur um einen Faktor (e, Basis für natürlichen Logarithmus). Damit können wir entsprechend (4.2-8) die Länge eines äquivalenten symmetrischen Schlüssels angeben.

$$l_{equiv} : \quad (\log n)^{1/3} \cdot (\log \log n)^{2/3} \qquad \text{mit} \qquad \log n = l_n \cdot \log 2 \qquad (4.2\text{-}11)$$

Die rechte Seite in (4.2-11) gibt an, bis auf einen unbestimmten Faktor v, wie die Länge l_{equiv} eines äquivalenten, symmetrischen Schlüssels von der Stellenlänge l_n des RSA-Moduls n abhängt. Diese Abhängigkeit ist in Tab. 4-7 dargestellt.

Tab. 4-7: Schlüssel-Längen l_n für RSA
im Vergleich zu symmetrischen Schlüsseln der Länge l_{equiv}.

RSA: l_n=ld n	prop. l_{equiv}	l_{equiv}	vgl. l_k
512	9,0	56	56
1024	12,4	77	80
2048	16,9	105	112
4096	22,7	141	128/160
8192	30,5	190	192/256

In der ersten Spalte finden sich für RSA gängige und zukünftige Längen l_n des Moduls. Sie sind im Allgemeinen gleich der RSA-Schlüssellänge. In der zweiten Spalte stehen die aus (4.2-11) berechneten Werte. Sie werden für die dritte Spalte proportional hochgerechnet zu der Länge l_{equiv} eines äquivalenten, symmetrischen Schlüssels. Der Proportionalitätsfaktor wurde pragmatisch so gewählt, dass der 512-Bit-RSA-Schlüssel einem symmetrischen 56-Bit-Schlüssel äquivalent ist. Der gewählte Faktor kann dadurch begründet werden, dass diese beiden Chiffren zu ähnlicher Zeit gebrochen werden konnten, als die erforderliche Rechenleistung zur Verfügung stand: 512-Bit-RSA in 1999 und 56-Bit-DES in 1998. Die letzte Spalte zeigt zum Vergleich übliche Längen von symmetrischen Schlüsseln. Weiterführende Literatur findet sich z.B. in [BSI06a] und [CrypTool]. In CrypTool kann man RSA-Verfahren in vielen Varianten mit eigenen Parametern durchführen: siehe Menü Einzelverfahren \ RSA-Kryptosystem \ RSA-Demo.

Die für l_{equiv} ermittelten Werte darf man nicht allzu kritisch betrachten, zumal sie auch von verfügbaren Faktorisierungs-Algorithmen abhängen. Die Tabelle zeigt jedoch die Tendenz, dass die Schlüssellänge für RSA drastisch erhöht werden muss, um eine nur geringe Verlängerung des äquivalenten, symmetrischen Schlüssels zu erreichen. Für $l_{symm}=256$, was bei AES schon verfügbar ist, würde der äquivalente RSA-Schlüssel bereits so lang sein, dass er praktisch kaum noch handhabbar ist. Hier zeigt sich, dass Alternativen zu RSA irgendwann notwendig werden könnten.

4.2.4 RSA-Beschleunigung durch Chinesischen Restsatz

Mit dem Chinesischen Restsatz kann der RSA-Algorithmus um den Faktor 4 beschleunigt werden. Dazu müssen jedoch die Primfaktoren p und q des Moduls n verfügbar sein. Aus diesem Grund kann der Chinesische Restsatz nur für den privaten Schlüssel d angewendet werden, also bei der digitalen Signatur und bei der Entschlüsselung.

Der private Schlüssel d und auch die Primfaktoren p und q werden am besten auf einer Chipkarte sicher und nicht auslesbar verwahrt. Im Sinne der Sicherheit ist es empfehlenswert, die digitale Signatur und die Entschlüsselung direkt auf dieser Chipkarte durchzuführen. Der private Schlüssel kann dann auch von einem Trojaner im Rechner nicht gelesen werden.

Die Chipkarte bietet Sicherheit für die private Schlüsselinformation, aber ihre Rechenleistung ist gering. Genau in diesem Fall ist Bedarf nach Beschleunigung, und der Chinesische Restsatz bietet sie dafür. Chipkarten für die digitale Signatur haben oft einen Koprozessor. Die Dauer für eine digitale Signatur kann damit auf weniger als eine Sekunde gedrückt werden.

Wir wollen den Chinesischen Restsatz für den Fall der Entschlüsselung bei RSA anwenden.

$$m = (c^d) \bmod n \qquad \text{für} \quad m \in [0, n-1], \quad n = p \cdot q, \quad p \neq q \qquad (4.2\text{-}12)$$

Wir wenden die Operation modulo p auf (4.2-12) an und erhalten mit (4.2-13) das Teilergebnis m_p. In dem Ausdruck „$(c^d) \bmod n) \bmod p$" kann die Modulo-Operation mod n weggelassen werden, denn wenn ein Ausdruck durch p teilbar ist, dann ist er auch durch ein Vielfaches von p, nämlich n=p·q teilbar (vgl. (4.1-25) in Abschnitt 4.1.6). Weiter kann der Exponent d durch d mod (p−1) ersetzt werden, was aus dem Kleinen Satz von Fermat (4.1-11) folgt.

$$m_p = (m) \bmod p = ((c^d) \bmod n) \bmod p \qquad = (c^{d \bmod (p-1)}) \bmod p \qquad (4.2\text{-}13)$$

Entsprechend ergibt sich m_q:

$$m_q = (m) \bmod q = ((c^d) \bmod n) \bmod q \qquad = (c^{d \bmod (q-1)}) \bmod q \qquad (4.2\text{-}14)$$

Das gewünschte Ergebnis $m=(c^d) \bmod n$ kann schließlich mit dem Chinesischen Restsatz (4.1-24) aus den Teilergebnissen m_p und m_q berechnet werden:

$$m = (m_q \cdot \sigma \cdot p + m_p \cdot \tau \cdot q) \bmod n \qquad = (m_q \cdot \alpha + m_p \cdot \beta) \bmod n \qquad (4.2\text{-}15)$$

Dabei werden die Größen σ und τ bzw. α und β mit dem erweiterten Euklidischen Algorithmus ermittelt.

Gewinn durch den Chinesischen Restsatz

Zunächst erscheint es erst einmal komplizierter, statt der einen Formel (4.2-12) die drei Formeln (4.2-13), (4.2-14) und (4.2-15) auswerten zu müssen. Der Rechenaufwand wird im Wesentlichen durch die Bildung der Potenzen verursacht. Die Stellenlänge der Exponenten ist etwa so groß wie die Stellenlänge des jeweiligen Moduls l_M. „Etwa" heißt, ihre Stellenlänge ist l_M oder $l_M{-}1$ und selten geringer. Die Stellenlänge des Exponenten d in (4.2-12) ist etwa $l_d{\approx}l_n$. Die Stellenlänge der Exponenten $d_p{=}d \bmod (p{-}1)$ und $d_q{=}d \bmod (q{-}1)$ in (4.2-13) bzw. (4.2-14) ist etwa $l_{dp}{\approx}l_p$ bzw. $l_{dq}{\approx}l_q$. Die Stellenlänge der beiden Primfaktoren p und q ist in Summe $l_p{+}l_q{\approx}l_n$. Damit ist auch die Stellenlänge der Exponenten in Summe $l_{dp}{+}l_{dq}{\approx}l_n{\approx}l_d$ etwa gleich der Stellenlänge von d.

Bei der Bildung der Potenzen modulo M sind $(l_M{-}1)$ Quadrierungen und im Mittel halb so viel Multiplikationen erforderlich, siehe (4.1-17). Diese Zahl steigt also etwa proportional mit der Länge der Exponenten. Wegen $l_{dp}{+}l_{dq}{\approx}l_d$ ist die Zahl der Quadrierungen und der Multiplikationen für l_d und $l_{dp}{+}l_{dq}$ zusammen etwa gleich groß. Damit ist durch den Chinesischen Restsatz noch nichts gewonnen.

Jedoch ist die Stellenlänge der Operanden (die Basis c) in der Arithmetik mod p und mod q nur etwa halb so lang, $l_p{\approx}l_q{\approx}l_n/2$. Eine Multiplikation mit 1/2 so langen Operanden benötigt nur 1/4 der Teilmultiplikationen. Denken Sie dabei an das aus der Grundschule bekannte Multiplikationsschema, bei dem jede Stelle des Multiplikators mit jeder Stelle des Multiplikanden multipliziert wird. Bei der Langzahl-Multiplikation im Computer muss diese in ähnlicher Weise aus Teilmultiplikationen zusammengesetzt werden.

Neben der Bildung der Potenzen sind die restlichen Operationen für den Chinesischen Restsatz vernachlässigbar, so dass insgesamt etwa ein Faktor 4 gewonnen wird.

4.2.5   Übungen

Übung 1

Für RSA sind folgende Angaben bekannt: p=7, q=11, e=17.

a) Welche Eigenschaft muss e=17 erfüllen, damit ein privater Schlüssel d existiert?

Lösung

Der Schlüssel **e=17** muss teilerfremd zu $\Phi(7{\cdot}11){=}6{\cdot}10{=}60$ sein. Dies ist hier **erfüllt**.

b) Bestimmen Sie den privaten Schlüssel d.

Lösung

$e{\cdot}d \equiv 1 \pmod{\Phi(n)}$, $17{\cdot}d \equiv 1 \pmod{60}$, mit dem erweiterten Euklidischen Algorithmus:

```
ggT(60, 17)
ggT(17,  9)        9=60-3·17
ggT(9,   8)        8=17-9
```

```
ggT(8, 1)        1=9-8
1=9-8=2·9-17=2·(60-3·17)-17=-7·17≡53·17 (mod 60)
```

Es ergibt sich in mod 60 das multiplikativ inverse Element **d=53**.

c) Welcher Zahlenbereich kann als Nachricht verwendet werden (dezimale Zahlen)?

Lösung

Die Nachricht m muss im Bereich **0≤m<n** = p·q=7·11 = **77** liegen.

d) Wie lautet die Chiffre-Zahl c für die Nachricht m=66?

Lösung

c=(m^c) mod n = (66^{17}) mod 77 = **33**

e) Zeigen Sie, dass die Entschlüsselung von c wieder auf m=66 führt.

Lösung

m=(c^d) mod n = (33^{53}) mod 77 = **66**

Die Potenzen in den Fragen d) und c) können am Rechner oder manuell mittels des in Kap. 4.1.3 angegebenen Algorithmus berechnet werden.

4.3 **Diffie-Hellman-Schlüsselvereinbarung**

Nach dem Verfahren von Diffie-Hellman können zwei Parteien A (Alice) und B (Bob) völlig offen einen geheimen Schlüssel k vereinbaren. Jeder Dritte darf bei der Vereinbarung mithören. Dennoch kennen nach Ablauf des Protokolls nur Alice und Bob den vereinbarten Schlüssel. Dies hört sich paradox an, geht aber trotzdem.

Der Ablauf der Vereinbarung wird auch als Protokoll bezeichnet. Dabei tauschen die beteiligten Parteien nach den Regeln des Protokolls Dateneinheiten aus (siehe dazu auch Kap. 5). Das Protokoll wurde 1976 von W. Diffie und M. Hellman vorgeschlagen [DH76]. Es hat Eigenschaften von asymmetrischen Chiffren und wurde etwa zeitgleich mit diesen erfunden.

Das DH-Protokoll arbeitet auf der Basis diskreter Logarithmen. Öffentlich bereits bekannt oder von Alice und Bob öffentlich vereinbart sind eine Primzahl p und eine Basis g aus dem Galois-Körper GF(p). Die Primzahl ist z.B. 1024 Bit lang. Die Basis g sollte möglichst ein primitives Element bzw. Generator-Element sein (vgl. Kap. 4.1.1).

$$g \in [2, p-2] \in GF(p) \tag{4.3-1}$$

Die Partei A (Alice) wählt eine geheime Zufallszahl a aus [1, p–2] und berechnet α.

$$\alpha = (g^a) \bmod p \qquad a \in [1, p-2] \tag{4.3-2}$$

In entsprechender Weise wählt B (Bob) eine geheime Zufallszahl b und berechnet β.

$$\beta = (g^b) \bmod p \qquad b \in [1, p-2] \tag{4.3-3}$$

Die Größen α und β werden zwischen Alice und Bob öffentlich ausgetauscht. Anschließend können beide Parteien einen geheimen Schlüssel k berechnen.

Alice berechnet den Schlüssel k aus dem empfangenen β und dem eigenen Geheimnis a.

$$k = (\beta^a) \bmod p = (g^b)^a \bmod p = g^{b \cdot a} \bmod p \tag{4.3-4}$$

Bob berechnet den Schlüssel k aus dem empfangenen α und dem eigenen Geheimnis b.

$$k = (\alpha^b) \bmod p = (g^a)^b \bmod p = g^{a \cdot b} \bmod p \tag{4.3-5}$$

Die beiden Parteien A und B haben jetzt ein gemeinsames Geheimnis k. Ein Beobachter kann den Schlüssel k nicht berechnen, er müsste dazu das Geheimnis a aus α oder das Geheimnis b aus β berechnen. Dies ist jedoch nicht durchführbar, denn er müsste dazu den diskreten Logarithmus in (4.3-2) oder (4.3-3) lösen.

Anmerkung zu (4.3-2): In der Arithmetik mod p in (4.3-2) ist mod (p−1) auf den Exponenten a anzuwenden (Kleiner Satz von Fermat, Kap. 4.1.2). Mit der Wahl a∈[1, p−2] ist der Wert a=(p−1)mod(p−1)=0 ausgeschlossen. Aus Gründen der Sicherheit wird es sinnvoll sein, auch die Werte a=1 und a=(p−2)mod(p−1)=−1 auszuschließen. Bei einem Modul p von z.B. 1024 Bit und zufälliger Wahl von a treten die ausgeschlossenen Werte praktisch nicht auf. Entsprechendes gilt für b.

Nach Ablauf des Protokolls haben die Parteien A und B zwar ein gemeinsames Geheimnis k. Sie haben jedoch keine Sicherheit darüber, wer der Kommunikationspartner war. Keiner der Partner weist seine Identität nach. Das DH-Protokoll liefert nur den Dienst „geheimer Schlüsselaustausch". Der Dienst der Authentifizierung müsste auf andere Weise erbracht werden.

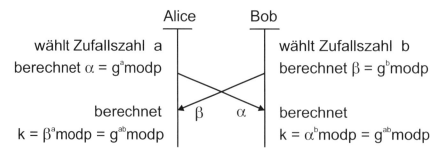

Abb. 4-2: Diffie-Hellman, geheimer Schlüsselaustausch.
Vorab bekannt sind der Modul p und ein Generator-Element g∈[2, p−1]∈GF(p).

Aus heutiger Sicht kann a als der private Schlüssel und α als der öffentliche Schlüssel von Alice betrachtet werden, entsprechend b der private Schlüssel und β als der öffentliche Schlüssel von Bob. Die Zugehörigkeit von α zu Alice und β zu Bob wird jedoch nicht vorher durch ein Zertifikat beglaubigt. Bei einem zu DHP ähnlichen Protokoll, dem Schlüsselaustausch nach ElGamal (Kap. 4.4.1), werden die Parteien auch authentifiziert.

Das DH-Verfahren kann man mit eigenen Parametern für a, b und g in CrypTool durchführen: siehe Menü Einzelverfahren \ Protokolle \ Diffie-Hellman-Demo.

4.4 ElGamal-Verfahren

Der Algorithmus wurde von Taber ElGamal 1984 vorgeschlagen [ElG84]. In der Folge wurden unterschiedliche Varianten entwickelt. Eine der Varianten, der DSA (Digital Signature Algorithm) wurde 1991 unter dem Namen DSS (Digital Signature Standard) als Standard akzeptiert [FIPSPUB186]. Davon wird hier eine vereinfachte Version dargestellt.

ElGamal ist ein asymmetrisches Verfahren. Es ermöglicht einerseits digitale Signaturen und andererseits die vertrauliche Übertragung eines Sitzungsschlüssels (session key). Mathematisch gründet sich das ElGamal-Verfahren auf den diskreten Logarithmus. Allgemein und öffentlich bekannt sind eine große Primzahl p und eine Basis g aus dem Galois-Körper GF(p). Die Elemente p und g können für die Schlüssel verschiedener Teilnehmer benutzt werden. Die Basis g muss Generatorelement[*)] sein.

$$g \in GF(p) \qquad g = \text{Generatorelement in GF(p)}$$
$$p, g \quad \text{sind allgemein und öffentlich} \tag{4.4-1}$$

Jeder Teilnehmer wählt individuell einen privaten Schlüssel d und berechnet sich durch Potenzierung den zugehörigen öffentlichen Schlüssel e.

$$e = g^d \bmod p \qquad e = \text{öffentlich}, \quad d = \text{privat} \tag{4.4-2}$$

Der Schlüssel (e, g, p) wird veröffentlicht und erforderlichenfalls durch ein Zertifikat beglaubigt (Kap. 6.1.1.2). Die Ermittlung des privaten Schlüssels aus dem öffentlichen Schlüssel ist bei genügend großem Modul p nicht durchführbar. Die inverse Funktion von (4.4-2) ist als diskreter Logarithmus eine Einwegfunktion.

Die Sicherheit des ElGamal-Verfahrens hängt von der Schwierigkeit ab, den diskreten Logarithmus (DL) zu ermitteln (vgl. Kap. 4.1.4). Die besten Algorithmen für die Berechnung des diskreten Logarithmus sind für manche Werte des Moduls p ähnlich effektiv wie die Faktorisierung großer Zahlen. Deshalb werden für den Modul p bei ElGamal ähnlich große Stellenzahlen vorgeschlagen wie bei RSA: (512), 768, 1024, 2096 und 4096 Bit.

*) Anmerkung zu „Generator Element g": Ein Generator Element hat die Eigenschaft, dass jedes Element aus [1, p−1] als Potenz von g mod p darstellbar ist (vgl. Tab. 4-1 in Kap. 4.1.1). Bei großen Moduln p ist fast jedes zweite Element ein Generatorelement. Ob ein als Zufallszahl gewähltes Element Generatorelement ist, kann durch Tests entschieden werden. Für den Sonderfall, dass die Primzahl p sich aus p=2·q+1 zusammensetzt (q=prim), lautet der Test: Es ist g genau dann ein Generatorelement, falls beide Bedingungen erfüllt sind: $g^2 \bmod p \neq 1$ und $g^q \bmod p \neq 1$. Die Testaussage kann an dem Beispiel von Tab. 4-2 in Abschn. 4.1.2.4 nachvollzogen werden. Weiterführendes findet sich in [Bu04] und [BNS05].

4.4.1 Schlüsselvereinbarung nach ElGamal

Bei ElGamal werden die beiden Schlüssel eines Paares mit e und d bezeichnet, obwohl sie nicht direkt zum Verschlüsseln (encode) oder Entschlüsseln (decode) benutzt werden. Falls Alice an Bob einen Sitzungsschlüssel übermitteln möchte, dann benutzt sie den öffentlichen Schlüssel e_B von Bob. Nur Bob hat Zugriff auf den zugehörigen privaten Schlüssel d_B. Der Übersichtlichkeit halber wird der Index B im Folgenden weggelassen: $e=e_B$, $d=d_B$.

Sender Alice

Alice verschafft sich den öffentlichen Schlüssel e von Bob und vergewissert sich, dass dieser Schlüssel wirklich zu Bob gehört. Sie wählt eine Zufallszahl a und berechnet den Sitzungsschlüssel k und einen Schlüsselwert α. Alice kann den Sitzungsschlüssel k nicht direkt wählen, sondern nur indirekt über die Wahl von a.

$$k = e^a \bmod p \qquad \text{(Schlüssel)} \qquad\qquad (4.4\text{-}3)$$

$$\alpha = g^a \bmod p \qquad \text{(Schlüsselwert)} \qquad\qquad (4.4\text{-}4)$$

Den Schlüsselwert α sendet Alice an Bob.

Empfänger Bob

Bob berechnet aus dem empfangenen Schlüsselwert α und mit Hilfe seines privaten Schlüssels d den Sitzungsschlüssel k.

$$(\alpha^d) \bmod p = k \qquad\qquad (4.4\text{-}5)$$

Dass Bob mit seiner Rechnung den gleichen Sitzungsschlüssel k ermittelt hat, den auch Alice kennt, zeigt folgende Kontrollrechnung:

$$(\alpha^d) \equiv (g^a)^d \equiv (g^d)^a \equiv e^a \equiv k \pmod p \qquad\qquad (4.4\text{-}6)$$

Nacheinander werden dabei folgende Formeln herangezogen: (4.4-4), (4.4-2) und (4.4-3).

Hybride Kryptographie

Wenn Alice den Sitzungsschlüssel k überträgt, kann sie ihn gleichzeitig benutzen, um eine lange Nachricht m symmetrisch zu verschlüsseln. Sie sendet dann an Bob den Schlüsselwert α zusammen mit der verschlüsselten Nachricht m:

$$[\alpha, c = f(k, m)] \qquad\qquad (4.4\text{-}7)$$

Der Empfänger Bob ermittelt zunächst aus dem Schlüsselwert α den Sitzungsschlüssel k und entschlüsselt mit diesem dann die Nachricht m.

Sicherheitsdienst beim Schlüsselaustausch

Die Übermittlung des Sitzungsschlüssels k ist vertraulich, denn nur der Besitzer des privaten Schlüssels d kann den Schlüsselwert α entschlüsseln. Ein Angreifer müsste den diskreten Logarithmus lösen, um aus dem Schlüsselwert α den Sitzungsschlüssel k oder aus dem öffentlichen Schlüssel e von Bob seinen privaten Schlüssel d zu ermitteln.

Alice ist sich sicher, dass nur Bob den Sitzungsschlüssel k entschlüsseln kann, vorausgesetzt, sie hat sich vergewissert, dass der öffentliche Schlüssel e wirklich zu Bob gehört.

Der Empfänger Bob hat keine Sicherheit über die Herkunft des Sitzungsschlüssels k, denn seinen öffentlichen Schlüssel e kann jeder benutzen. Der Schlüsselwert α enthält kein Merkmal des Senders Alice. Damit Bob den Sitzungsschlüssel k authentifizieren kann (Sicherheit über die Identität des Senders), müsste Alice den Schlüsselwert α digital signieren.

4.4.2   Digitale Signatur und Verifikation nach ElGamal

Falls Alice eine Nachricht m (oder den Schlüsselwert α) digital signieren möchte, dann benutzt sie dazu ihren eigenen privaten Schlüssel d_A. Für die Verifikation der digitalen Signatur, z.B. durch Bob, muss er den öffentlichen Schlüssel e_A von Alice benutzen. Dabei muss er sicher sein, dass der öffentliche Schlüssel e_A wirklich zu Alice gehört. Der Übersichtlichkeit halber wird der Index A im Folgenden weggelassen: $d=d_A$, $e=e_A$.

Digitales Signieren einer Nachricht

Das Verfahren erscheint auf den ersten Blick etwas kompliziert. Die Unterzeichnerin wählt für jede Nachricht neu eine zu $(p-1)$ teilerfremde Zufallszahl r.

$$r \in [1, p-1] \qquad \text{wobei} \quad \text{ggT}(r, p-1) = 1 \tag{4.4-8}$$

Sie berechnet bezüglich des Moduls $(p-1)$ das multiplikativ inverse Element r^{-1}, das wegen ggT(r, p−1)=1 auch existiert. Dazu eignet sich der erweiterte Euklidische Algorithmus (Kap. 2.1.3.1). Weiter berechnet sie aus der gewählten Zufallszahl r einen „Nachrichtenbezeichner" ρ.

$$r^{-1} \cdot r \equiv 1 \pmod{p-1} \qquad \text{(Zufallszahl)} \tag{4.4-9}$$

$$\rho = g^r \bmod p \qquad \text{(Nachrichtenbezeichner)} \tag{4.4-10}$$

Aus der folgenden Kongruenz mod $(p-1)$ berechnet sie ein „Signaturelement" s. Die Kongruenz kann nach s aufgelöst werden.

$$d \cdot \rho + r \cdot s \equiv m \pmod{p-1} \tag{4.4-11}$$

$$s = ((m - d \cdot \rho) \cdot r^{-1}) \bmod p-1 \qquad \text{(Signaturelement)} \tag{4.4-12}$$

In das Signaturelement s sind eingeflossen: die Nachricht m, der private Schlüssel d und die Zufallszahl r als Inverse r^{-1} und als Nachrichtenbezeichner ρ.

Die digital signierte Nachricht besteht aus dem Klartext der Nachricht, dem Nachrichtenbezeichner ρ und dem Signaturelement s.

$$\text{signierte Nachricht}: \qquad (m, \rho, s) \tag{4.4-13}$$

Verifizieren einer signierten Nachricht

Für die Prüfung einer signierten Nachricht benötigt der Empfänger, z.B. Bob, den öffentlichen Schlüssel e der Unterzeichnerin. Er muss sich sicher sein, dass der öffentliche Schlüssel e wirklich z.B. zu Alice gehört. Diese Sicherheit kann er durch ein Zertifikat von einer PKI erhalten (PKI, Public Key Infrastructure, Kap. 6.1.1 und 6.1.1.2).

Der Prüfer verifiziert die folgende Kongruenz:

$$g^m \equiv e^\rho \cdot \rho^s \pmod{p} \tag{4.4-14}$$

Darin ist g das öffentlich bekannte Generatorelement nach (4.4-1). Die Elemente m, ρ und s entnimmt der Prüfer der empfangenen, signierten Nachricht (4.4-13). Den öffentlichen Schlüssel e der Unterzeichnerin muss sich der Prüfer auf getrenntem Wege, z.B. von einer PKI beschaffen.

Die Erfüllung der Kongruenz in (4.4-14) zeigt die folgende Kontrollrechnung. Dabei wird $m = d \cdot \rho + r \cdot s + i \cdot (p-1)$, $i \in \mathbb{Z}$, aus (4.4-11) gewonnen und in (4.4-14) eingesetzt:

$$g^m \equiv g^{d \cdot \rho + r \cdot s + i \cdot (p-1)} \equiv g^{d \cdot \rho + r \cdot s} \equiv (g^d)^\rho \cdot (g^r)^s \equiv e^\rho \cdot \rho^s \pmod{p} \qquad (4.4\text{-}15)$$

Bei der zweiten Kongruenz wird davon Gebrauch gemacht, dass in der Arithmetik mod p auf die Exponenten die Arithmetik mod (p−1) angewendet werden kann (Kleiner Satz von Fermat, (4.1-11) in Abschn. 4.1.2.2). Bei der letzten Kongruenz werden (4.4-2) und (4.4-10) verwendet. Damit ist gezeigt, dass (4.4-14) für eine gültige, signierte Nachricht erfüllt sein muss.

Anmerkungen

1.) Die Nachricht m muss kleiner als p−1 sein: $m < p-1$. D.h. die Länge l_m der Nachricht darf die Länge l_p des Moduls nicht übersteigen. Andernfalls würde eine konstruierte Nachricht

$$m^* = m + i \cdot (p-1) \qquad \text{mit} \quad i \in \mathbb{Z} \qquad (4.4\text{-}16)$$

die Bedingung (4.4-15) ebenfalls erfüllen, wenn die Signatur von m verwendet wird. In einer Anwendung wird üblicherweise nicht die Nachricht m direkt, sondern ihr Hash-Wert h(m) signiert. Für den Hash-Wert kann $h(m) < p-1$ ohne Einschränkung erfüllt werden. In den Formeln dieses Abschnitts ist dann m durch h(m) zu ersetzen, ausgenommen in (4.4-13): Die Nachricht m muss selbstverständlich übertragen werden, den Hash-Wert h(m) kann sich der Empfänger aus m selbst ermitteln.

2.) Es ist wichtig, die Zufallszahl r mit r^{-1} und dem Nachrichtenbezeichner ρ nur für eine Nachricht m_1 keinesfalls für eine neue Nachricht m_2 zu verwenden. Wenn eine Zufallszahl wieder verwendet wird, kann das Signaturelement s und –schlimmer noch– der private Schlüssel d aus (4.4-11) berechnet werden. *Übung*: Stellen Sie das entsprechende Gleichungssystem auf.

3.) Die digitale Signatur nach ElGamal liefert die Dienste der Verbindlichkeit (Nicht-Abstreitbarkeit) und damit der Authentizität des Unterzeichners sowie der Integrität der Nachricht. Falls Vertraulichkeit gewünscht wird, muss die Nachricht m in (4.4-13) gesondert verschlüsselt werden. Dazu kann der Schlüsselaustausch nach ElGamal verwendet werden (Abschn. 4.4.1).

4.4.3   Effizienz des ElGamal-Verfahrens

Für den Schlüsselaustausch muss der Sender zwei Potenzierungen modulo p durchführen. Im Vergleich zu RSA wird für den Modul p eine ähnliche Länge l_p vorgeschlagen wie für die Länge l_n des Moduls n bei RSA. Bei RSA wird für die Verschlüsselung eines Sitzungsschlüssels k nur eine Potenzierung benötigt. Für diesen Fall benötigt ElGamal den doppelten Aufwand.

Für die Entschlüsselung des Sitzungsschlüssels ist für ElGamal und RSA jeweils eine Potenzierung erforderlich. Für diesen Fall ist der Aufwand gleich.

Für die digitale Signatur benötigt ElGamal eine Zufallszahl r, die Berechnung der Inversen r^{-1} mit dem erweiterten Euklidischen Algorithmus, eine Potenzierung zur Berechnung von ρ und schließlich zwei Multiplikationen zur Berechnung von s. Verglichen mit einer Potenzierung bei RSA ist bei ElGamal der Aufwand höher. Jedoch können außer einer einzigen, von der Nachricht abhängigen Multiplikation mit r^{-1} alle Werte (r^{-1}, ρ, $d \cdot \rho$) auf Vorrat berechnet und in einem sicheren Speicher (Chipkarte) abgelegt werden (jedoch je nur für eine einzige Nachricht benutzt werden). Es ist dann aktuell bei ElGamal nur eine einzige Multiplikation durchzuführen. In dieser Hinsicht ist ElGamal effizienter.

Für die Verifikation der Signatur müssen bei ElGamal drei Potenzierungen durchgeführt werden, bei RSA dagegen nur eine. Für diesen Fall benötigt ElGamal den dreifachen Aufwand. Bei ElGamal und RSA werden Signaturen ähnlicher Art erstellt. Die Wahl wird dabei auch von implementierungstechnischen Fragen beeinflusst.

4.5 Elliptische Kurven, ECC-Kryptographie

4.5.1 Einführung

Elliptische Kurven sind ein relativ neues Werkzeug für die Kryptographie, obwohl sie als algebraische Konstrukte lang bekannt sind und sehr intensiv studiert wurden. Ihre Verwendung für kryptographische Zwecke wurde Mitte der 80er Jahre von Neal Koblitz [NK87] (Universität Washington) und Victor Miller [VM85] (IBM) vorgeschlagen. Die darauf basierte Kryptographie bezeichnet man auch als ECC (Elliptic Curve Cryptography). Mit Hilfe elliptischer Kurven können effiziente asymmetrische Kryptosysteme entworfen werden, die bei kleinen Schlüssellängen eine hohe Sicherheitsstufe bieten. In einem groben Vergleich kann ein auf elliptischen Kurven basiertes System mit 160 Bit langem Schlüssel eine vergleichbare Sicherheitsstufe wie RSA mit 1024 Bit langem Schlüssel bieten. Die Verwendung elliptischer Kurven für kryptographische Zwecke ist also sehr interessant, auch weil die Implementierung der entsprechenden Systeme effizient ist.

In diesem Kapitel wird ein kurzer Überblick der Anwendung der elliptischen Kurven in der Kryptographie gegeben. Die erforderliche Mathematik, um die Funktionsweise der elliptischen Kurven zu verstehen, ist sehr komplex und sprengt den Rahmen dieses Buches. Wir werden daher hier versuchen, allein mit der in diesem Buch besprochenen mathematischen Basis auszukommen. Dazu werden wir einige Vereinfachungen treffen. Tiefer gehende Darstellungen finden sich in entsprechender Literatur über Zahlentheorie und elliptische Kurven, [We02], [CrypTool], [Si86], [NK87], [Ko96], [R99], [VM85]

Unsere Übersicht beginnt mit einer vereinfachten mathematischen Diskussion der elliptischen Kurven und der Definition von Begriffen, die für das Verständnis der Anwendung in Kryptosystemen notwendig sind. Danach wird die Anwendung der Kurven am Beispiel der Diffie-Hellman- und DSA-Algorithmen besprochen (DSA, Digital Signature Algorithm).

Ehe wir mit der mathematischen Diskussion anfangen, muss betont werden, dass elliptische Kurven in sich kein Kryptosystem sind. Sie stellen nur ein Werkzeug bereit, um Kryptosysteme zu entwerfen. Elliptische Kurven, wie wir später sehen werden, bieten eine Einwegfunktion, die ähnliche Eigenschaften hat wie das Problem der Berechnung des diskreten Logarithmus. Daher werden sie oft auf Systemen verwendet, die auf dem diskreten Logarithmus basieren.

4.5.2   Mathematische Grundlagen

Eine elliptische Kurve ist eine ebene Kurve, die durch eine Gleichung der folgenden Form definiert ist:

$$y^2 = x^3 + ax + b \qquad\qquad\qquad (4.5\text{-}1)$$

Wir betrachten diese Gleichung im Bereich **R** der reellen Zahlen. Die Parameter a und b sind dann ebenfalls reelle Zahlen. Einige Beispiele, wie elliptische Kurven für verschiedene Parameterwerte a und b aussehen, sind in Abb. 4-3 angegeben:

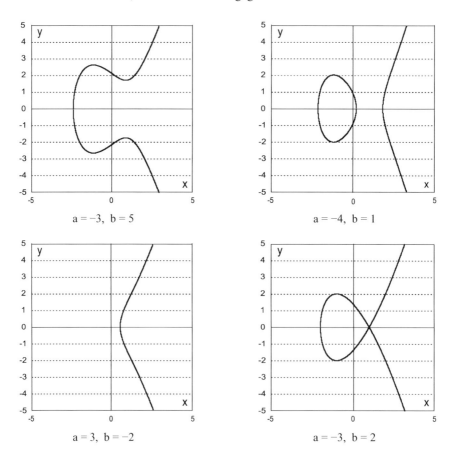

a = −3, b = 5

a = −4, b = 1

a = 3, b = −2

a = −3, b = 2

Abb. 4-3: Elliptische Kurven für verschiedene Parameterwerte von a und b

Damit man mit Hilfe der Kurve rechnen kann, wird auf der Kurve eine Additionsoperation für Punkte definiert. Man erstellt eine Vorschrift, wie die „Summe" zweier beliebiger Punkte der Kurve berechnet werden kann. Mit dieser Additionsoperation und den Punkten der Kurve wird eine *additive Gruppe* erzeugt. Die Eigenschaften einer Gruppe sind uns schon bekannt (siehe

Kapitel 2.1.2). Damit die Additionsoperation, die wir definieren werden, für beliebige Punkte der Kurve durchführbar ist, darf die Kurve sich nicht selbst schneiden (wie in dem Fall a= −3, b=2 in Abb. 4-3). Bei so einer Kurve würde man die Addition nicht durchführen können, falls der Schnittpunkt involviert wäre. Der Grund dafür wird bei der geometrischen Definition der Addition klar werden. Mathematisch bedeutet die Abwesenheit eines solchen Schnittpunkts, dass das Polynom $x^3 + ax + b$ keine mehrfachen Nullstellen haben darf. Äquivalent darf die Diskriminante $4a^3 + 27b^2$ dieses Polynoms nicht gleich Null sein. Die Kurve der Abb. 4-3 mit a= −3, b=2 kann man also für kryptographische Zwecke nicht verwenden.

Anm. zu „Polynom": Die allgemeine Form der Diskriminante einer kubischen Gleichung $\alpha x^3 + \beta x^2 + \gamma x + \delta = 0$ ist $\Delta = 4\beta^3\delta - \beta^2\gamma^2 + 4\alpha\gamma^3 - 18\alpha\beta\gamma\delta + 27\alpha^2\delta^2$. Falls $\Delta = 0$, dann hat die Gleichung mehrfache Nullstellen. Durch Einsetzen von $\alpha=1$, $\beta=0$, $\gamma=a$, $\delta=b$ bekommt man die oben angegebene Form.

4.5.3 Geometrische Definition der Additionsoperation auf der Kurve

Wir definieren nun die Additionsoperation geometrisch. Man kann beweisen, dass eine Gerade in der xy-Ebene, die durch zwei beliebig gewählte Punkte der elliptischen Kurve verläuft, die Kurve in einem dritten Punkt schneidet. Nur wenn beide Punkte die gleiche x-Koordinate haben, dann gibt es keinen dritten Schnittpunkt, die Gerade verläuft vertikal. Im Fall einer Tangente schneidet diese die Kurve in einem zweiten Punkt, es sei denn die Tangente selbst verläuft vertikal, dann gibt es keinen weiteren Schnittpunkt. Diese Tatsachen verwendet man, um die Additionsoperation für Punkte der Kurve zu definieren.

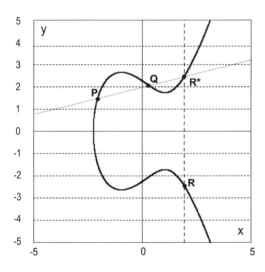

Abb. 4-4: Addition von P und Q

Die Summe „P+Q = −R* = R" wird definiert als der dritte Schnittpunkt der Geraden „P/Q" mit der Kurve, wobei der Schnittpunkt anschließend an der x−Achse gespiegelt wird.

Um 2 beliebige Punkte zu addieren, geht man folgendermaßen vor:

- Man wählt zwei Punkte P und Q, die auf der Kurve liegen.
- Die Gerade durch P und Q schneidet die Kurve in einem dritten Punkt R*

- Die vertikale Gerade durch R* schneidet die Kurve in dem Punkt R. R ist die Spiegelung von R* bezüglich der x-Achse.

- Der Punkt R ist die „Summe" von P und Q.

Ein Beispiel zeigt Abb. 4-4.

Die Punkte R* und R werden als additiv invers zueinander definiert, man schreibt dann R=−R*.

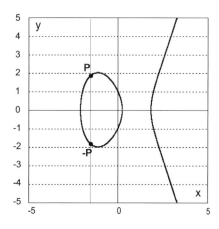

Abb. 4-5: Addition von P und −P.

Der dritte Schnittpunkt der Geraden „P/−P" mit der Kurve liegt im Unendlichen und wird als „0" (Null) definiert.

Abb. 4-5 zeigt was passiert, wenn man P und −P addiert. Die Gerade durch P und −P verläuft vertikal und schneidet daher die Kurve in keinem dritten Punkt. Um die Gruppe zu schließen, definiert man als Ergebnis dieser Addition den Punkt im Unendlichen, den man 0 (Null) nennt. Der Punkt im Unendlichen ist das Nullelement der Additionsoperation auf der elliptischen Kurve. Es gilt P+(-P)=0 für jeden Punkt P der Kurve. Man definiert auch P+0=P für alle P.

Abb. 4-6 zeigt die Addition eines Punktes P zu sich selbst, also wenn man P „verdoppelt". Die Gerade durch P ist eine Tangente der elliptischen Kurve. Es wird wiederum der Punkt R* als weiterer Schnittpunkt der Geraden durch P mit der Kurve bestimmt und −R*=R als Ergebnis von P+P=2P definiert. Wir können mit Hilfe dieser Operation das Ergebnis jeder Skalar-Multiplikation eines Punkts P mit einer ganzen Zahl berechnen. Es gilt z.B. 3P=2P+P, 7P=2P+2P+2P+P usw.

Auch hier gibt es den Fall der vertikalen Tangente, die die Kurve in keinem weiteren Punkt schneidet. In diesem Fall wird wieder als Ergebnis der Addition P+P, bzw. der Multiplikation 2P, der Punkt 0 definiert.

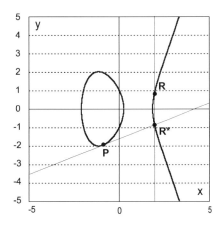

Abb. 4-6: Berechnung von 2P

Durch diese Definitionen formen wir mit den Punkten der elliptischen Kurve und dem Punkt im Unendlichen eine Gruppe. Wir können nun sehen, dass alle Eigenschaften der Gruppe gelten:

- Die Addition ist für beliebige Elemente der Gruppe definiert

- Die Addition ist assoziativ: (P+Q)+R=P+(Q+R)

- Es existiert ein Null-Element, so dass P+0=0+P=P für alle P gilt

- Für alle P existiert das additiv inverse Element –P, so dass P+(–P)=0

Neben der Addition von nP+P kann man durch Addition zu sich selbst von nP+nP eine skalare Multiplikation begründen. Addition und Multiplikation erlauben es, auch für sehr große Werte von n das skalare Produkt nP zu berechnen (vergleiche das Verfahren zur Berechnung sehr großer Potenzen in 4.1.3).

$$\text{Addition}: \quad n \cdot P + P = (n+1) \cdot P \qquad \text{Multiplikation}: \quad n \cdot P + n \cdot P = 2 \cdot n \cdot P \qquad (4.5\text{-}2)$$

4.5.4 Bestimmung algebraischer Formeln für die Addition

Wir werden nun Formeln bestimmen, die es uns erlauben, die Ergebnisse von Addition und Multiplikation rechnerisch zu bestimmen. Wir werden dazu die Schnittpunkte der Geraden

$$y = \lambda x + \nu \qquad (4.5\text{-}3)$$

mit der elliptischen Kurve, die durch Formel (4.5-1) definiert ist, bestimmen. Wenn wir zwei unterschiedliche Punkte addieren wollen, dann nehmen wir an, dass die Gerade (4.5-3) die elliptische Kurve in den Punkten $P(x_1, y_1)$ und $Q(x_2, y_2)$ schneidet. Wenn wir einen Punkt zu sich selbst addieren, dann verläuft die Gerade tangential zur Kurve am Punkt $P(x_1, y_1)$.

Wenn zwei Schnittpunkte existieren, dann ist die Steigung λ der Geraden durch P und Q

$$\lambda = \frac{y_2 - y_1}{x_2 - x_1} \tag{4.5-4}$$

Im Falle der Tangente ist die Steigung

$$\lambda = -\frac{\frac{\partial}{\partial x}g}{\frac{\partial}{\partial y}g} = -\frac{-3x_1^2 - a}{2y_1} = \frac{3x_1^2 + a}{2y_1} \tag{4.5-5}$$

(g bezeichnet darin die Gleichung der Kurve in der Form $y^2 - x^3 - ax - b = 0$)

Wir setzen nun (4.5-3) in (4.5-1) ein und erhalten die folgende Gleichung:

$$(\lambda x + v)^2 - x^3 - ax - b = 0 \tag{4.5-6}$$

Ausmultipliziert ergibt das:

$$-x^3 + \lambda^2 x^2 + (2\lambda v - a)x + (v^2 - b) = 0 \tag{4.5-7}$$

Nullstellen von (4.5-7) gelten für Punkte (x,y), die sowohl auf der Geraden als auch auf der Kurve liegen, also für Schnittpunkte. Von dieser Gleichung kennen wir schon entweder 2 Nullstellen (also die Punkte P und Q im Fall der Addition) oder die eine doppelte Nullstelle (den Punkt P im Falle der Addition von P zu sich selbst). Wir betrachten der Einfachheit halber den ersten Fall und nehmen an, dass der dritte Schnittpunkt die Koordinaten (x_3, y_3) hat. Wir kennen dann alle 3 Nullstellen von (4.5-7) und können schreiben:

$$c(x - x_1)(x - x_2)(x - x_3) = 0 \tag{4.5-8}$$

Wenn wir (4.5-8) ausmultiplizieren und die Koeffizienten von x^3 und x^2 mit (4.5-7) vergleichen, dann ergibt sich:

$$c = -1 \quad \text{und} \quad \lambda^2 = x_1 + x_2 + x_3 \quad \Rightarrow \quad x_3 = \lambda^2 - x_1 - x_2 \tag{4.5-9}$$

Damit ist die x-Koordinate des dritten Schnittpunktes bekannt. Wir setzen in (4.5-3) die Punkte 1 und 3 ein, $y_1 = \lambda x_1 + v \Rightarrow v = y_1 - \lambda x_1$ und $y_3 = \lambda x_3 + v$, und erhalten schließlich

$$y_3 = \lambda x_3 + y_1 - \lambda x_1 \tag{4.5-10}$$

Das ist die y-Koordinate des dritten Schnittpunkts. Der dritte Schnittpunkt ist noch nicht das Ergebnis der Addition. Das endgültige Ergebnis erhalten wir, indem wir diesen Punkt an der x−Achse spiegeln. Es gilt also $x_R = x_3$ und $y_R = -y_3$. Letztendlich ergeben sich die analytischen Formeln für die Addition aus (4.5-9) und (4.5-10):

$$x_R = \lambda^2 - x_1 - x_2 \tag{4.5-11}$$

$$y_R = (x_1 - x_3)\lambda - y_1 \tag{4.5-12}$$

Falls wir den Punkt P zu sich selbst addieren (Verdopplung von P), dann ändert sich nur die Formel für die x-Koordinate, wobei in (4.5-11) x_2 auf x_1 fällt:

$$x_R = \lambda^2 - 2x_1 \qquad\qquad (4.5\text{-}13)$$

Somit haben wir nun Formeln für Addition und Multiplikation beliebiger Punkte auf der elliptischen Kurve. Die Multiplikation n·P kann auch für sehr große Werte von n durch Verdoppelungen und Additionen mit P zusammengesetzt werden (vgl. Kap. 4.1.3).

4.5.5 Elliptische Kurven im diskreten Fall

Bis jetzt haben wir die Definition der Addition auf der elliptischen Kurve geometrisch und analytisch im Bereich der reellen Zahlen **R** betrachtet. Für kryptographische Zwecke sind jedoch reelle Zahlen **R** ungeeignet, denn die zu verschlüsselnden Zeichen entstammen diskreten Wertemengen. Wie sonst auch, werden finite Körper genutzt.

Bei den elliptischen Kurven hat man 2 Möglichkeiten. Man arbeitet entweder modulo einer Primzahl, also im finiten Körper F_p (Galois-Feld GF(p)) oder in einem binärem Körper vom Grad m, man schreibt dann F_{2^m}. Im zweiten Fall sind die Zusammenhänge etwas komplizierter. Wir werden uns auf den einfacheren Fall F_p beschränken, da wir die nötige Mathematik dazu schon kennen. In diesem Fall sind die Elemente des Körpers ganze Zahlen und alle Operationen werden modulo p durchgeführt.

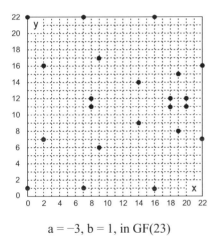
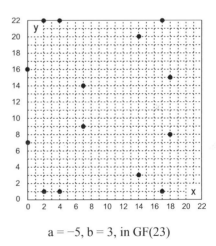

a = −3, b = 1, in GF(23)   a = −5, b = 3, in GF(23)

Abb. 4-7: Elliptische Kurven im diskreten Fall

Im diskreten Fall gelten alle Formeln, die wir bisher verwendet haben, modulo p. Wir können leicht nachvollziehen, dass wir bei den Formeln (4.5-11), (4.5-12) und (4.5-13) ohne Schwierigkeiten modulo p rechnen können. Die Formeln (4.5-4) und (4.5-5) können wir folgendermaßen umschreiben:

$$\lambda = (y_2 - y_1)(x_2 - x_1)^{-1} \bmod p \qquad\qquad (4.5\text{-}14)$$

$$\lambda = \left(3x_1^{\,2} + a\right)\left(2y_1\right)^{-1} \bmod p \qquad\qquad\qquad\qquad (4.5\text{-}15)$$

Die multiplikativ inversen Elemente $\left(x_2 - x_1\right)^{-1}$ und $\left(2y_1\right)^{-1}$ existieren, da wir modulo einer Primzahl arbeiten. Daher existiert ein multiplikativ inverses Element für alle Elemente ($\neq 0$) der Menge.

Im diskreten Fall verschwindet die Form der Kurve, die wir von der geometrischen Betrachtung kennen. Vielmehr haben wir eine Menge von Punkten. In Abb. 4-7 sind für den Fall GF(23), d.h. modulo 23, zwei Beispiele von elliptischen „Kurven" für unterschiedliche Parameter a und b dargestellt.

Da wir hier mit einem kleinen Modul von 23 arbeiten, kann man die Punkte der Kurve mit einer „Brute-Force-Suche" leicht finden. Man prüft, ob für x=0 Lösungen der Gleichung (4.5-1) gefunden werden können, dann macht man mit x=1, 2, ... usw. weiter. In der Praxis jedoch ist die Bestimmung der Punkte auf einer Kurve, wie auch die Bestimmung geeigneter Kurvenparameter nicht trivial. Die Gründe dafür darzustellen, sprengt den Rahmen dieser Einführung.

Man erkennt, dass für jede x-Koordinate entweder keine oder zwei Punkte vorhanden sind. Auch im diskreten Fall ist die „Kurve" symmetrisch. Im reellen Fall ist die Kurve symmetrisch bezüglich der x-Achse. Für jeden Punkt P der Kurve gibt es den Punkt −P, der die Spiegelung von P bezüglich der x-Achse ist, d.h. das Vorzeichen der y-Koordinate wird invertiert. Im diskreten Fall wird das Vorzeichen der y–Koordinate ebenfalls invertiert, allerdings modulo p. Zu dem Punkt $P = (x_P, y_P)$ gehört der gespiegelte Punkt $-P = (x_P, -y_P \bmod p)$. Die diskrete Kurve ist also bezüglich der Geraden $y = p/2$ symmetrisch. In den Beispielen der Abb. 4-7 sind die Kurven symmetrisch bezüglich der Geraden $y = 11,5$ (auch wenn die Zahl 11.5 in der mod-23-Rechnung nicht existiert).

Die Addition zweier Punkte der diskreten elliptischen Kurve ergibt wieder einen Punkt der Kurve, genau wie die Addition eines Punktes zu sich selbst. Ein Beispiel zeigt Abb. 4-8.

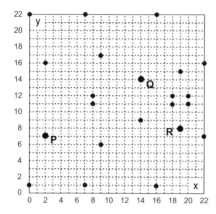

Abb. 4-8: Addition der Punkte P+Q=R
auf der diskreten Kurve

Um die Rechenweise zu verdeutlichen, berechnen wir die Koordinaten von R in Abb. 4-8 analytisch. Die Punkte, die wir als Beispiel addieren wollen, sind $P(2,7)$ und $Q(14,14)$.

Entsprechend (4.5-14) ist

$$\lambda = \left(y_2 - y_1\right)\left(x_2 - x_1\right)^{-1} \bmod p = (14-7)(14-2)^{-1} \bmod 23 = 7 \cdot 12^{-1} \bmod 23$$

Die multiplikativ inverse Zahl zu $(12) \bmod 23$ ist 2, also ist $\lambda = 14$. Damit ergibt sich mit (4.5-11) $x_R = (\lambda^2 - x_1 - x_2) \bmod p = (14^2 - 2 - 14) \bmod 23 = 180 \bmod 23 = 19$ und mit (4.5-12) $y_R = (x_1 - x_3)\lambda - y_1 \bmod p = (2-19) \cdot 14 - 7 \bmod 23 = -245 \bmod 23 = 8$. Das ist das Ergebnis, das in Abb. 4-8 als Punkt R markiert ist.

Man kann sich fragen, ob die Summe R=P+Q von zwei Punkten wieder einen Punkt der diskreten elliptischen Kurve ergibt. Dies ist einfach einzusehen: Für den Fall der reellen Zahlen wurden die Formeln (4.5-11) und (4.5-12) so abgeleitet, dass der Summenpunkt R auf der elliptischen Kurve liegt. Ein „Punkt R liegt auf der elliptischen Kurve" ist gleichbedeutend, dass für diesen Punkt R(x,y) die Beziehung (4.5-1) erfüllt ist. Da (4.5-1) allgemein gilt, gilt sie auch modulo p. Somit ist auch im diskreten Fall der Summenpunkt ein Punkt der diskreten elliptischen Kurve.

Beispiele mit selbst gewählten kleinen Parametern -- sowohl für den diskreten wie den reellen Fall -- können in CrypTool visualisiert werden: siehe Menü Einzelverfahren \ Zahlentheorie interaktiv \ Punktaddition auf Elliptischen Kurven.

4.5.6 Standardisierte Kurven

Ein wichtiges Merkmal der Kurven (Punktmengen) in Abb. 4-7 ist die Tatsache, dass je nach Wert von a und b die Anzahl der Punkte auf der Kurve unterschiedlich ist. Wenn man Kryptosysteme auf der Basis von elliptischen Kurven verwendet, dann müssen alle beteiligten Parteien sich auf eine gemeinsame Kurve einigen. In der Praxis möchte man eine Kurve mit möglichst vielen Punkten haben, u.a. um Brute-Force-Angriffe zu erschweren. Die Bestimmung der Anzahl der Punkte auf einer elliptischen Kurve ist für große Körper nicht trivial und lässt sich schwer implementieren.

Große Standardisierungsbehörden, wie z.B. das amerikanische NIST (National Institute of Standards and Technology), haben daher bestimmte elliptische Kurven standardisiert und für die Verwendung in Kryptosystemen empfohlen [NIST99]. In der Empfehlung sind verschiedene Kurven aufgelistet, je nach Schlüssellänge und Art des zugrunde liegenden Körpers, so dass man für jede Anwendung und Implementierung eine passende Kurve finden kann.

4.5.6.1   Patentsituation bei ECC

Die Patentsituation bei ECC ist das größte Hindernis für die breite Verwendung von elliptischen Kurven. Firmen wie z.B. Certicom haben weit über 100 Patente, die auf bestimmte Implementierungstechniken beschränkt sind. Man stößt daher auf patentierte Verfahren, wenn man besonders effiziente Implementierungen sucht. Allerdings gibt es immer Möglichkeiten, eine patentfreie Implementierung zu erstellen, da die Verfahren selbst nicht geschützt sind.

4.5.7   Anwendung der elliptischen Kurven in Algorithmen

Wie anfangs erwähnt, ermöglichen elliptische Kurven die Konstruktion von Kryptosystemen, indem sie Einwegfunktionen bieten, die dem diskreten Logarithmus ähnlich sind. Die Tatsache, dass die diskrete Exponentiation eine Einwegfunktion ist, ist aus Kap. 4.1.4 bekannt. Man kann im diskreten Fall eine Exponentiation leicht berechnen, die Berechnung des diskreten Logarithmus ist jedoch praktisch unmöglich. Dieses Problem nennt man DLP (Discrete Logarithm Problem).

Das DLP auf elliptischen Kurven (man nennt es ECDLP, Elliptic Curve Discrete Logarithm Problem) ist der Berechnung eines diskreten Logarithmus nur ähnlich und vergleichbar. Wählt man einen Punkt P der Kurve und eine ganze Zahl n, dann lässt sich der Punkt $Q = nP$ durch Addition $(nP+P=(n+1)P)$ und Multiplikation $(nP+nP=2nP)$ leicht bestimmen, (4.5-2). Wenn man aber P und Q kennt, dann ist es praktisch unmöglich, den Wert von n in sehr großen Körpern zu bestimmen. Man kann nur alle möglichen Werte von n ausprobieren, also einen Brute-Force-Angriff durchführen. Das ist für große Körper praktisch nicht durchführbar. Diese Eigenschaft nutzt man in Kryptosystemen. Elliptische Kurven kann man daher direkt auf Algorithmen anwenden, die sonst auf dem diskreten Logarithmus basieren.

4.5.7.1   Geschwindigkeit von ECC

Sehr oft werden die aus Kapitel 4.3 und 4.4 bekannten Diffie-Hellman- und DSA-Algorithmen mit elliptischen Kurven verwendet. Einzelheiten werden in den nächsten zwei Abschnitten dargestellt. Die Operationen auf der elliptischen Kurve sind zwar relativ kompliziert, wenn man sie mit den Operationen z.B. bei Diffie-Hellman vergleicht, man kann aber im Fall von ECC wesentlich kürzere Schlüssel benutzten. Diese Tatsache macht ECC-Systeme relativ schnell. So sind ECC-Systeme eine attraktive Alternative für die Verwendung in Kryptosystemen, die sonst DH und/oder DSA verwenden, wie z.B. SSL (s. Kapitel 6.5.1).

Um die Beziehungen beim Geschwindigkeitsvergleich zu verdeutlichen, kann man die von NIST empfohlenen Schlüssellängen für EC und Diffie-Hellman betrachten. Es werden die nötigen Schlüssellängen für vergleichbare Sicherheit angegeben:

Tab. 4-8: Vergleich der Schlüssellängen bei DH und EC

EC-Schlüssellänge (Bit)	Diffie-Hellman-Schlüssellänge (Bit)
160	1024
224	2048
256	3072
384	7680

Die Schlüssellängen unterscheiden sich wesentlich. Daher sind EC-basierte Systeme schneller als DH und RSA, obwohl die Berechnungen pro Bit bei den elliptischen Kurven komplizierter sind.

4.5.7.2 ECDH: Diffie-Hellman mit elliptischen Kurven

Ein einfaches Beispiel der Anwendung von elliptischen Kurven ist der Diffie-Hellman-Algorithmus, der uns schon bekannt ist (siehe Kap. 4.3). Der Algorithmus hat die interessante Eigenschaft, dass zwei Parteien einen geheimen Schlüssel über einen offenen Kanal vereinbaren können. Der Ablauf des Algorithmus in Kürze ist wie folgt, eine ausführliche Besprechung findet sich in Kapitel 4.3. Zwei Parteien A und B möchten einen geheimen Schlüssel vereinbaren:

- A und B vereinbaren eine Primzahl p und eine Basis g über den offenen Kanal.

- A legt eine geheime Zuffallszahl a fest und überträgt $g^a \bmod p$

- B legt eine geheime Zuffallszahl b fest und überträgt $g^b \bmod p$

- A berechnet $k_{AB} = (g^b \bmod p)^a = g^{ab} \bmod p$

- B berechnet $k_{AB} = (g^a \bmod p)^b = g^{ab} \bmod p$, die gleiche Zahl

Angreifer können die geheimen Zahlen a und b wegen der Einwegfunktion des diskreten Logarithmus nicht bestimmen und können so den Schlüssel k_{AB} nicht erzeugen. Die Zahl k_{AB} kann dann z.B. als symmetrischer Schlüssel für einen beliebigen Verschlüsselungsalgorithmus verwendet werden.

Der Algorithmus lässt sich folgendermaßen modifizieren, um mit elliptischen Kurven zu arbeiten:

- A und B vereinbaren eine gemeinsame Kurve, auf der gearbeitet wird. In der Praxis bedeutet das, dass die Domänenparameter der Kurve festgelegt werden. Unter anderem ist auch ein Punkt G der Kurve als Basis festgelegt. „Domänenparameter" einer Kurve sind die Parameter, die die Kurve bestimmen. Unter anderem sind das die Zahlen a und b in der Formel (4.5-1), der Modul p für alle Berechnungen sowie der Basispunkt G.

- A legt eine geheime Zahl k_A fest und überträgt $Q_A = k_A G$, wobei Q_A ein Punkt der Kurve ist.

- B legt eine geheime Zahl k_B fest und überträgt $Q_B = k_B G$

- A berechnet den Punkt $R = k_A Q_B$

- B berechnet $R = k_B Q_A$. Beide Parteien finden den selben Punkt, was sich durch Einsetzen von Q_B und Q_A ergibt. $R = k_A Q_B = k_B Q_A = k_A k_B G$

Angreifer können wegen dem ECDLP aus Q_A und Q_B die Zahlen k_A und k_B nicht berechnen, können also R nicht bestimmen. Man erkennt leicht, wie ähnlich die beiden Varianten des Diffie-Hellman-Algorithmus sind. Für die weitere Kommunikation zwischen A und B kann z.B. die x-Koordinate von R als symmetrischer Schlüssel für einen anderen Verschlüsselungsalgorithmus verwendet werden.

4.5.7.3   EC-DSA: Digital Signature Algorithm mit elliptischen Kurven

In Kapitel 4.4 wurden die ElGamal Verfahren besprochen. Eine Variante der digitalen Signatur nach ElGamal (DSA) kann mit elliptischen Kurven verwendet werden. Da das Verfahren in Kapitel 4.4 schon ausführlich besprochen wurde, wird hier nur eine Liste der notwendigen Schritte für Signatur und Verifikation angegeben, damit man vergleichen und den relativ kleinen Unterschied bei der Verwendung von elliptischen Kurven nachvollziehen kann.

Wir nehmen an, dass A eine signierte Nachricht an B übertragen möchte. Wie sonst auch, muss zu Beginn eine gemeinsame elliptische Kurve vereinbart werden. Ein Punkt G der Kurve wird als Basis festgelegt. A muss ein geeignetes Schlüsselpaar besitzen. Der private Schlüssel d_A ist eine geheime positive Ganzzahl aus [1, p-1], der öffentliche Schlüssel e_A ist ein Punkt der elliptischen Kurve und wird berechnet aus $e_A = d_A G$.

$$e_A = d_A \cdot G \qquad\qquad\qquad (4.5\text{-}16)$$

Signatur einer Nachricht

Um eine Nachricht zu signieren, geht man nun folgendermaßen vor:

- Man wählt eine Zufallszahl r aus [1,p-1]. (Man arbeitet modulo p)

- Der *Nachrichtenbezeichner* ρ wird aus $\rho = \text{xKomp}(r \cdot G) \pmod{p}$ berechnet. Falls ρ gleich Null ist, wird ein neues r ausgewählt. Mit „xKomp" wird die x-Komponente des Punktes $(x_1, y_1)=(r \cdot G)$ auf der elliptischen Kurve bezeichnet.

- Es wird ein Hashwert h(m) aus der Nachricht m berechnet, die signiert werden soll. Dabei wird eine vereinbarte Hashfunktion verwendet (z.B. SHA-1).

- Das *Signaturelement* s wird aus $s = r^{-1}(h(m)+\rho d_A) \pmod{p}$ berechnet. Falls s gleich Null ist, wird wiederum ein neues r ausgewählt.

- Die signierte Nachricht ist (m, ρ, s).

Zusammenfassend ist somit für eine Nachricht (m, ρ, s) mit gültiger Signatur (4.5-17) erfüllt.

$$s = r^{-1}(h(m) + \rho \cdot d_A) \qquad \text{mit} \qquad \rho = \text{xKomp}(r \cdot G) \quad (\text{mod } p) \tag{4.5-17}$$

Man beachte, dass A für die digitale Signatur ihren privaten Schlüssel d_A benutzt. Mit „xKomp" in (4.5-17) wird, wie bereits genannt, die x-Komponente eines Punktes auf der elliptischen Kurve bezeichnet.

Verifikation einer Nachricht

Die Verifikation funktioniert wie folgt:

- Der Verifizierer berechnet den Hashwert h(m) der Nachricht aus m.
- Er berechnet den Punkt $(x_1, y_1) = h(m) \cdot s^{-1} \cdot G + \rho \cdot s^{-1} \cdot e_A$. Alle Komponenten darin sind Teil der empfangenen Nachricht (m, s, ρ) oder vorher bereits bekannt (h( ), G, e_A).
- Falls $x_1 = \rho$ (mod p), dann wird die Signatur als gültig akzeptiert.

Zusammenfassend prüft der Verifizierer, ob die folgende Kongruenz erfüll ist:

$$\rho = \text{xKomp}[s^{-1} \cdot (h(m) \cdot G + \rho \cdot e_A)] \quad (\text{mod } p) \tag{4.5-18}$$

Nachweis der Verifikationsbedingung

Wenn man (4.5-16) in (4.5-18) einsetzt, erhält man

$$\rho = \text{xKomp}[s^{-1} \cdot (h(m) \cdot G + \rho \cdot d_A \cdot G)] \qquad (\text{mod } p) \tag{4.5-19}$$

Wir verlangen also, dass der Verifizierer den gleichen Punkt der Kurve berechnen kann wie der Signierer. Dies ist dann erfüllt, wenn (r·G) in (4.5-17), rechter Teil, und $(s^{-1} \cdot G \cdot (h(m) + \rho \cdot d_A))$ in (4.5-19) gleich sind. Die Gleichheit $r = s^{-1} \cdot (h(m) + \rho \cdot d_A)$ nach Kürzen von G lässt sich umformen in $s = r^{-1} \cdot (h(m) + \rho \cdot d_A)$. Genau diese Bedingung wurde in (4.5-17) von dem Signierer bereits sicher gestellt.

Eine vereinfachte Erklärung, wieso ein Angreifer ohne d_A keine gültige Signatur erstellen kann, ist die folgende. Er ist erstens nicht in der Lage, d_A aus e_A und G zu berechnen wegen des EC-DLP. Versucht er den Punkt $(x_1, y_1) = u_1 G + u_2 e_A$ zu wählen und passende ρ und s zu berechnen, dann findet er sich vor dem Problem, einen Punkt auf der elliptischen Kurve bestimmen zu müssen, der ρ als x-Koordinate hat. Wiederum bedeutet das eine brute-force-Suche der Kurvenpunkte.

Man erkennt leicht, dass sich sehr wenig in der Methodik der Berechnung ändert, im Vergleich zum DSA ohne elliptische Kurven. Der Algorithmus wird nur auf die Eigenschaften der elliptischen Kurven und das EC-DLP-Problem angepasst.

4.5.8 Ausblick

Wie auch bei anderen Kryptosystemen, geht die Forschung bei elliptischen Kurven weiter. Man sucht immer bessere Angriffsverfahren, aber auch neue Möglichkeiten, die Effizienz und Sicherheit der bestehenden Systeme zu verbessern.

Drei Jahre nach EC wurde, ebenfalls von Neal Koblitz, die Verwendung von hyperelliptischen Kurven vorgeschlagen. Solche Kurven werden von Formeln der Form $y^2 = f(x)$ beschrieben, wobei $f(x)$ ein Polynom von Grad 5 oder 7 ist. Die Arithmetik auf solchen Kurven ist komplexer als die bei elliptischen Kurven. Daher bieten hyperelliptische Systeme bessere Sicherheit als elliptische bei der gleichen Schlüssellänge. Bis heute sind aber hyperelliptische Implementierungen nicht verbreitet, auch weil die Implementierung komplexer ist.

Noch komplexer sind Systeme, die als *Torus-based-Cryptography* bekannt sind. Hier werden Tori verwendet, um Gruppen zu bilden. Dieser Vorschlag ist neuer als der Vorschlag der hyperelliptischen Kurven, daher sind Torus-basierte Systeme noch nicht verbreitet.

5 Authentifikations-Protokolle

Ein Protokoll wird hier verstanden als ein Satz von Regeln für den Austausch von Dateneinheiten zwischen Kommunikationspartnern. An einem Protokoll sind zwei oder mehrere Partner beteiligt. Die Partner werden auch als *Parteien* bezeichnet. Nach Ablauf des Protokolls muss ein *Protokollziel* erreicht worden sein. Übliche Ziele sind die Authentifikation und eventuell ein Schlüsselaustausch. Authentifikation heißt, dass eine Partei A gegenüber einer Partei B ihre Identität nachweist.

Protokolle müssen zwei Anforderungen erfüllen:

- Wenn die Parteien die Regeln des Protokolls einhalten, dann muss das Protokollziel erreicht werden.

- Wenn eine Partei betrügt (sich nicht an die Regeln hält), dann muss der Betrug für die anderen Parteien offensichtlich sein.

Authentifikation und Schlüsselaustausch sind wichtig für eine gesicherte Kommunikation: Bei Online-Banking will der Kunde sicher sein, dass der Kommunikationspartner wirklich seine Bank ist und nicht ein Angreifer, der z.B. übermittelte PINs und TANs abfragt und diese dann missbraucht (PIN, personal identification number; TAN, transaction number). Bei Zugriff eines Außendienstmitarbeiters auf Netz und Daten seiner Firma muss diese sicher sein über die Identität des Zugreifenden. Bei Online-Kauf sollen Kreditkartennummern nicht ausgespäht werden. Nach einer Authentifikation des Online-Shops gegenüber dem Kunden wird ein symmetrischer Schlüssel vertraulich vereinbart und mit diesem dann die Kreditkarteninformation verschlüsselt übertragen.

Bei der Authentifikation gibt es zwei Rollen: Die eine Partei, die ihre Identität nachweisen will (Beweisende, „prover") und die andere Partei, die den Beweis nachprüft (Verifizierende, „verifier"). Das Wort *authentisieren* bezeichnet die beweisende Rolle und das Wort *authentifizieren* bezeichnet die verifizierende Rolle. Mit dem Wort *Authentifikation* werden beide Rollen zusammengefasst. Der Sprachgebrauch ist jedoch nicht ganz einheitlich.

Man unterscheidet zwischen einseitiger und gegenseitiger Authentifikation. Bei der **einseitigen** Authentifikation authentisiert sich nur eine Partei gegenüber der anderen Partei, z.B. wenn sich Alice gegenüber Bob authentisiert. Nach einer **gegenseitigen** Authentifikation haben beide Parteien Sicherheit über die Identität der anderen Partei, d.h. Alice hat sich gegenüber Bob und Bob hat sich gegenüber Alice authentisiert.

Ferner unterscheidet man entsprechend der Zahl der Übertragungen in dem Protokollablauf zwischen 1-, 2- und 3-Wege-Verfahren.

In diesem Kapitel werden zunächst das einfache Passwort-Verfahren, das Challenge-Response-Verfahren und die Authentifikation mit digitalen Signaturen beschrieben. Die Authentifikation nach Fiat-Shamir gewinnt zunehmende Sicherheit erst mit zunehmender Zahl von Protokollspielen. Das Kerberos-Protokoll arbeitet mit einfachen symmetrischen Schlüsseln und wurde schon frühzeitig genutzt. Schließlich wird beschrieben, wie Protokolle durch Täuschung der Kommunikationspartner angegriffen werden können.

Dieses Kapitel beschränkt sich auf elementare und klassische kryptographische Protokolle. Weitere kryptographische Protokolle finden sich in den Kapiteln 4.3 „Diffie-Hellman-Schlüsselvereinbarung", 4.4.1 „Schlüsselaustausch nach ElGamal" und 6.2 „Sicherheitsprotokolle im Internet".

5.1   Authentifikation mit Passwort

Die Passwort-Authentifikation ist aus Protokollsicht ein triviales Einweg-Protokoll, das im Wesentlichen aus einer einzigen Mitteilung besteht. Es gibt nur eine unidirektionale Übertragung des Passwortes zur verifizierenden Partei. Man unterscheidet Verfahren mit einem Dauer-Passwort, das immer wieder verwendet wird, und andere mit Einmal-Passwörtern, die nach jeder Benutzung gewechselt werden.

5.1.1   Verfahren mit Dauer-Passwort

Ein Passwort ist ein Geheimnis, mit dem sich eine Partei A (Alice) gegenüber einer Partei B (Bob) identifiziert. Um sich auszuweisen, übermittelt Alice ihren Namen (Identitätskennzeichen) zusammen mit einem Passwort an Bob.

$$A \rightarrow \quad (ID_A, PW_A) \quad \rightarrow B \tag{5.1-1}$$

Beispiele für diese Passwort-Authentifikation sind:

- Eingabe der PIN (personal identification number) bei einem Mobiltelefon („Handy")

- Einloggen an einem durch Passwort geschützten PC.

Für die PIN-Eingabe am Handy ist kein Identitätskennzeichen erforderlich, weil das Gerät nur einem Benutzer zugeordnet ist. Bei einem PC ist bei mehreren Benutzern ein Benutzer auszuwählen. Bei einem Unix/Linux-System muss beim Einloggen neben dem Passwort auch der Benutzername angegeben werden.

Aus Protokollsicht ist das Passwort-Verfahren ein unidirektionales Protokoll:

$$A \xrightarrow{\quad Passwort \quad} B$$

Das Passwort wird im einfachsten Fall als Klartext übertragen. Ein Angreifer kann das Passwort PW_A abhören und sich damit als Alice fälschlich ausgeben. Bei Sicherheitsprotokollen für das Internet wird das Passwort verschlüsselt oder als Einmal-Passwort nur ein einziges Mal benutzt.

5.1.2   Verfahren mit Einmal-Passwort

Wenn jedes Passwort nur einmal benutzt werden soll, dann muss vorher eine Liste von Passwörtern ausgetauscht werden. Ein Beispiel sind die Transaktionsnummern (TANs), die bei Online-Banking benutzt werden. Der Kunde erhält eine Liste von TANs, entweder am Bankschalter oder als Briefpost zugesandt. Die TANs sind in einer vorgegebenen Reihenfolge zu verwenden und nach Gebrauch von der Liste zu streichen. Die Reihenfolge war anfangs „von Anfang bis Ende" und wird inzwischen zur verbesserten Sicherheit indiziert (iTANs).

Passwort-Liste mittels Einwegfunktion

Eine Liste von Passwörtern kann elegant durch eine Einwegfunktion bzw. Hash-Funktion h implementiert werden. Ein Kunde wählt eine Zufallszahl r_0 und berechnet

$$r_i = h(r_{i-1}) \qquad i = 1, \dots n \qquad (5.1\text{-}2)$$

Er geht zum Bankschalter, weist sich durch eine ID-Karte aus und übergibt der Bank die letzte Zahl r_n (z.B. r_{1000}). Jetzt kann er die Zahlen r_{999}, r_{998}, r_{997}, ... in umgekehrter Reihenfolge als Einmal-Passwort benutzen. Die Bank kann r_{999} aus r_{1000} zwar nicht berechnen, aber mittels $r_{1000} = f(r_{999})$ verifizieren. Bei Benutzung der Zahlenfolge r_{999}, r_{998}, r_{997}, ... als Einmal-Passwort merkt sich die Bank jeweils das letzte Passwort r_i und kann damit das nächste Passwort r_{i-1} verifizieren. $r_i = h(r_{i-1})$, $i = n, n-1, \dots 2, 1$

Das nächste Passwort in der Reihenfolge „$i=n, n-1, \dots 1$" kann nur der Kunde ermitteln, der das Geheimnis r_0 kennt. Ein Angreifer müsste die Einwegfunktion von (5.1-2) in der schwierigen Richtung (r_{i-1} aus r_i) lösen, was praktisch nicht durchführbar ist.

Verschlüsseltes Passwort mit Sequenznummer oder Zeitstempel

Variable Passwörter können auch erzeugt werden, indem ein festes Passwort zusammen mit einer Sequenznummer i verschlüsselt wird. Eine Liste von Passwörtern braucht dann nicht vorher übertragen zu werden.

$$PW_{A,i}{}^* = f_k(i, PW_A), \qquad i = 1, 2, \dots \qquad (5.1\text{-}3)$$

Das verschlüsselte Passwort $PW_{A,i}{}^*$ stammt von Alice, das sie z.B. an Bob sendet. Zwischen Alice und Bob muss ein geheimer (symmetrischer) Schlüssel k vereinbart worden sein. Jede Sequenznummer i und damit jedes verschlüsselte Passwort wird nur einmal verwendet.

Alice und Bob müssen die zuletzt benutzte Sequenznummer i speichern. Sie können sich dies ersparen, wenn statt der Sequenznummer ein Zeitstempel t_i verwendet wird.

$$PW_{A,i}{}^* = f_k(t_i, PW_A), \qquad i = 1, 2, \dots \qquad (5.1\text{-}4)$$

Sender und Empfänger benötigen dazu hinreichend genaue Uhren. Wenn ein Angreifer ein Passwort mit Zeitstempel verzögert, dann kann dies der Empfänger bemerken.

Ein Angreifer hat keinen Nutzen aus abgehörten Einmal-Passwörtern, weil sie bei der nächsten Kommunikation nicht mehr gültig sind. Wenn er jedoch als „Man-in-the-Middle" die Kommunikation unterbrechen kann, ehe das Einmal-Passwort die verifizierende Partei erreicht, dann kann der Angreifer sich unter falscher Identität authentisieren.

Aus Protokollsicht sind Passwortverfahren unidirektionale und triviale Protokolle. Dagegen garantieren Zweiwege-Protokolle mit einem Anforderungs-Antwort-Spiel die Aktualität einer Aktion viel wirksamer, wie dies bei der Challenge-Response-Authentifikation geschieht.

5.2   Challenge-Response-Authentifikation

Ziel dieses Protokolls ist, dass eine Partei, z.B. A (Alice) gegenüber einer anderen Partei, z.B. B (Bob) ihre Identität nachweist. Die Initiative geht von Bob aus, der hier die Rolle der verifizierenden Partei einnimmt. Bei dem Challenge-Response-Verfahren sendet Bob eine Anforderung (challenge) und die andere Partei Alice antwortet darauf (response). Die Anforderung ist eine Aufgabe, die nur Alice mit einem Geheimnis lösen kann.

In der Variante von Abb. 5-1 sendet Bob eine Zufallszahl r, die in der Antwort von Alice verschlüsselt werden soll. Zwischen Alice und Bob ist vorher ein geheimer (symmetrischer) Schlüssel k vereinbart worden.

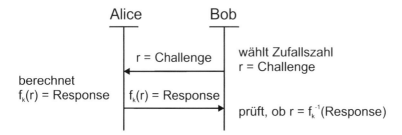

Abb. 5-1: Challenge-Response-Verfahren mit symmetrischem Schlüssel.
Bob prüft die Authentizität von Alice.
Anforderung mit Zufallszahl r, Antwort mit verschlüsselter Zufallszahl.

$$
\left.
\begin{aligned}
\text{Anforderung:} \qquad & \text{Chall} = r \\
\text{Antwort:} \qquad & \text{Resp} = f_k(r) \\
\text{Verifikation:} \qquad & r = f_k^{-1}(\text{Resp}) \qquad \text{oder} \qquad \text{Resp} = f_k(r)
\end{aligned}
\right\} \qquad (5.2\text{-}1)
$$

Bob als verifizierende Partei ist sich sicher, dass Alice geantwortet hat, da der geheime Schlüssel k nur diesen beiden Parteien bekannt ist. Es ist jedoch nötig, dass die Zufallszahl r nur einmal benutzt wird (Einmal-Zufallszahl, „nonce"). Andernfalls könnte ein Angreifer die Antwort $f_k(r)$ speichern und bei Wiederholung eine korrekte Antwort liefern. Ferner ist sich der verifizierende Bob sicher, dass die Antwort von Alice frisch und zeitnah ist, denn Bob kann die Zeit zwischen Anforderung und Antwort leicht überprüfen.

Als Sicherheitsdienst liefert das Challenge-Response-Verfahren eine *einseitige Authentifikation*: In unserem Beispiel von Abb. 5-1 bekommt nur Bob Sicherheit über die Identität von Alice. Alice dagegen erhält durch das Protokoll keine Sicherheit.

Das Challenge-Response-Verfahren kann auch mit einer Einweg- oder Hash-Funktion arbeiten, wenn in der Antwort neben der Zufallszahl r auch der Schlüssel k einbezogen wird (keyed hashing, siehe Kap. 3.4). Dabei werden k und r z.B. verkettet und dann gemeinsam „gehasht".

$$
\text{Resp} = h(k, r) \qquad\qquad\qquad\qquad (5.2\text{-}2)
$$

Bei „keyed hashing" kann die Antwort nur mit der zweiten Version der Verifikation in (5.2-1) geprüft werden.

Schließlich kann das Challenge-Response-Verfahren auch mit asymmetrischen Schlüsseln betrieben werden. In dem Beispiel von Abb. 5-2 setzt Alice für ihre Antwort $d_A(r)$ ihren privaten Schlüssel d_A ein. Bob kann dann mit dem öffentlichen Schlüssel e_A von Alice die Antwort verifizieren: $e_A(d_A(r))=r$. Bob muss sich vergewissern, dass er wirklich den öffentlichen Schlüssel von Alice benutzt. Dann kann er sicher sein, dass die Antwort von Alice stammt, weil nur sie Zugriff auf ihren privaten Schlüssel d_A hat.

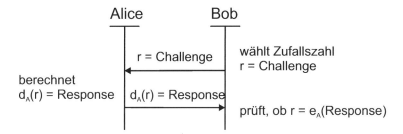

Abb. 5-2: Challenge-Response-Verfahren mit asymmetrischem Schlüssel.

5.3   Authentifikation mit digitalen Signaturen

Digitale Signaturen basieren auf asymmetrischen Schlüsseln. Zu dem privaten Schlüssel hat nur sein Besitzer Zugang, und damit liegt es nahe, digitale Signaturen für die Authentifikation zu verwenden. Mit einem Zertifikat über den öffentlichen Schlüssel der signierenden Partei kann jede Partei die Signatur verifizieren (Kap. 6.1.1.2 „Zertifikate").

Von Authentifizierungen wird gefordert, dass sie aktuell und spezifisch für die Parteien A und B sind. Verfahren der Authentifizierung mit digitalen Signaturen wurden von der ISO ab 1990 standardisiert [ISO9798-1/2].

Die folgenden Bilder zeigen Beispiele einer Authentifikation mit digitalen Signaturen. In Abb. 5-3 authentisiert sich Alice einseitig gegenüber Bob durch ein Einweg-Protokoll. Die von Alice digital signierte Nachricht enthält die Identitätskennzeichen ID_A und ID_B der beiden Parteien sowie einen Zeitstempel t_A. Die Schreibweise für die signierte Nachricht $(t_A, ID_A, ID_B)sig_A$ ist eine Kurzschrift für $[(t_A, ID_A, ID_B), sig_A(t_A, ID_A, ID_B)]$. Die signierte Nachricht enthält die Nachricht (t_A, ID_A, ID_B) als Klartext sowie die Signatur über diese Nachricht, vgl. Kap. 1.3.4.

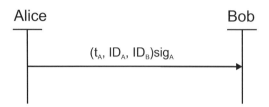

Abb. 5-3: Einseitige Einweg-Authentifikation von Alice gegenüber Bob.
Die Aktualität der digitalen Signatur sig_A wird durch den Zeitstempel t_A sichergestellt.

t_A	Zeitstempel
ID_A	Identitätsbezeichner für A
ID_B	Identitätsbezeichner für B
$(t_A, ID_A, ID_B)sig_A$	digital signierte Nachricht (t_A, ID_A, ID_B),
	für den Fall einer digitalen Signatur mit Hashwert-Anhang (Kap. 1.3.4) ist
	$(t_A, ID_A, ID_B)sig_A = [(t_A, ID_A, ID_B), sig_A(h(t_A, ID_A, ID_B))]$.

In Abb. 5-4 authentifizieren sich Alice und Bob gegenseitig mit einem Dreiwege-Protokoll. Durch die Einmal-Zufallszahl r_B von Bob wird die Aktualität der Antwort von Alice sichergestellt. Durch die Einmal-Zufallszahl r_A von Alice wird die Aktualität der Antwort von Bob sichergestellt.

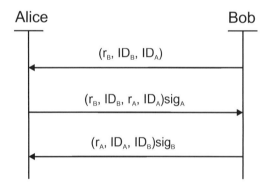

Abb. 5-4: Gegenseitige Dreiwege-Authentifikation
von Alice gegenüber Bob und Bob gegenüber Alice.
Die Aktualität der Antworten wird durch die Einmal-Zufallszahlen r_B und r_A sichergestellt.

Die Authentifikation mit digitalen Signaturen ist einfach zu verstehen. Die digitalen Signaturen erfordern einen hohen Rechenaufwand, der jedoch von leistungsfähigen Chipkarten mit Koprozessoren heutzutage erbracht werden kann. Verfahren der Authentifikation mit symmetrischen Schlüsseln (Kap. 5.5) oder das im Folgenden behandelte Verfahren von Fiat-Shamir kommen mit weniger Rechenaufwand aus.

5.4 Fiat-Shamir-Authentifikation

Ziel dieses Protokolls ist, dass eine Partei, z.B. A (Alice) gegenüber einer anderen Partei, z.B. B (Bob) ihre Identität nachweist. Die Initiative geht hier von Alice aus. Bob nimmt die Rolle eines Verifizierenden ein. Das Verfahren arbeitet mit *Protokoll-Runden*. In jeder Runde wird die Authentizität von Alice nur mit Wahrscheinlichkeit geprüft. Mit zunehmender Zahl von Runden gewinnt der verifizierende Bob zunehmende Sicherheit über die Authentizität von Alice.

Das Protokoll wurde 1986 von A. Fiat und A. Shamir vorgeschlagen [FS86]. Auf den ersten Blick erscheint das Protokoll kompliziert und durch Mangel an Sicherheit behaftet. Bei einer Anzahl von 20 bis 30 Runden ist die Wahrscheinlichkeit, dass der Verifizierende sich täuscht, jedoch vernachlässigbar klein. Der Vorteil des Fiat-Shamir-Protokolls liegt in dem geringen Rechenaufwand je Runde. Deshalb wird es praktisch eingesetzt, wenn einfache Chipkarten an dem Protokoll beteiligt sind.

Mathematisch basiert das Fiat-Shamir-Protokoll auf der Schwierigkeit, Quadratwurzeln mod n zu lösen, wenn der Modul $n = p \cdot q$ aus zwei Primfaktoren besteht, die einem Angreifer nicht bekannt sind (Kap. 4.1.5).

5.4.1 Vertrauenswürdige Schlüsselbank

Die Schlüsselbank wählt zufallsmäßig zwei verschiedene Primzahlen p und q und berechnet den Modul n. Für die Stellenlänge von n gelten die gleichen Gesichtspunkte wie für RSA.

$$n = p \cdot q \qquad p \neq q \tag{5.4-1}$$

Der Modul n gilt für viele Teilnehmer und ist öffentlich. Die Primfaktoren sind Geheimnis der Bank. Sie können so festgelegt werden, dass die Berechnung von Quadratwurzeln für die Bank besonders einfach ist.

Für jeden Teilnehmer (z.B. A) und seine Identitätsbeschreibung ID_A wählt die Bank eine Zufallszahl z_A und berechnet einen Hash-Wert.

$$v_A = h(ID_A, z_A) \tag{5.4-2}$$

Aus dem Hash-Wert v_A berechnet die Bank den geheimen und privaten Schlüssel s_A mittels

$$s_A^2 \cdot v_A \equiv 1 \pmod{n} \qquad \text{bzw.} \quad s_A = (\sqrt{v_A^{-1}}) \bmod n \tag{5.4-3}$$

Nicht zu jedem Wert von v_A gibt es ein multiplikativ inverses Element und insbesondere existieren nicht zu jedem Wert von v_A^{-1} Quadratwurzeln. Durch die Wahl der Zufallszahl z_A können die Bedingungen jedoch erfüllt werden. Die Berechnung der Quadratwurzel kann die Bank leicht durchführen, weil sie die Primfaktoren von n kennt (Kap. 4.1.5).

Der private und der zugehörige öffentliche Schlüssel sind dann:

$$\left. \begin{array}{ll} \text{privater (geheimer) Schlüssel:} & s_A \\ \text{öffentlicher Schlüssel:} & n, ID_A, z_A, v_A = h(ID_A, z_A) \end{array} \right\} \tag{5.4-4}$$

Der private (geheime) Schlüssel s_A wird nur seinem Besitzer A bekannt gemacht. Der öffentliche Schlüssel umfasst mehrere Elemente. Der Teil v_A dient der Verifikation. Der Verifizierende kann sich mittels ID_A, z_A und der öffentlich bekannten Hash-Funktion h davon überzeugen, dass der Verifikator v_A tatsächlich zu ID_A gehört. Der öffentliche Schlüssel hat die Eigenschaft eines nachprüfbaren Zertifikats.

Das Vertrauen der Teilnehmer in die Schlüsselbank kann sich darauf beschränken, dass

- die Bank den privaten Schlüssel ausschließlich nur dem Besitzer bekannt macht,

- mit dem privaten Schlüssel selbst keinen Missbrauch treibt und

- die Primfaktoren p und q geheim hält (sonst könnte man s_A aus v_A berechnen).

Anmerkung: Die Schlüsselbank ist durch ihren Modul n wesentlich gekennzeichnet. Ein Angreifer könnte den gleichen öffentlichen Schlüssel erzeugen, jedoch mit einem Modul n*, dessen Primfaktoren er selbst festlegen kann. Er könnte sogar einen zugehörigen privaten Schlüssel s_A* erzeugen und mit diesem Missbrauch betreiben. Es ist deshalb wichtig, zu einem öffentlichen Schlüssel auch den korrekten Modul n einer als vertrauenswürdig bekannten Schlüsselbank zu verwenden.

5.4.2   Authentifikations-Runde

Wir unterstellen, dass Alice (Partei A) sich gegenüber Bob (Partei B, Rolle als Verifizierender) authentisieren möchte. Dazu beweist sie in dem Protokollablauf, dass sie das Geheimnis ihres privaten Schlüssels s_A kennt, ohne das Geheimnis s_A selbst preiszugeben. Ein solches Protokoll wird als *Zero-Knowledge-Protokoll* bezeichnet.

Im Folgenden ist der Index von s_A und v_A der Übersichtlichkeit halber weggelassen. Eine Protokollrunde besteht aus den Schritten Commitment, Challenge, Response und Verifikation.

Commitment: Für jede Protokollrunde wählt Alice eine Zufallszahl r und schickt deren Quadrat x an Bob:

$$x = (r^2) \bmod n \qquad \text{mit} \quad r = \text{Zufallszahl} \qquad (5.4\text{-}5)$$

Challenge: Der verifizierende Bob wählt ein Zufalls-Bit b mit der gleichen Wahrscheinlichkeit von 1/2 für den Wert 0 und 1 und schickt b zurück an Alice.

Response: Der verifizierende B erwartet von Alice:

$$\left. \begin{array}{ll} \text{im Fall } b = 1: & y = (r \cdot s) \bmod n \\ \text{im Fall } b = 0: & y = (r) \bmod n \end{array} \right\} \qquad (5.4\text{-}6)$$

Verifikation: Bob verifiziert die Kongruenzen:

$$\left. \begin{array}{ll} \text{im Fall } b = 1: & y^2 \equiv x/v \quad (\bmod n) \\ \text{im Fall } b = 0: & y^2 \equiv x \quad (\bmod n) \end{array} \right\} \qquad (5.4\text{-}7)$$

Wenn die Kongruenzen in (5.4-7) erfolgreich verifiziert werden können, dann gilt die Runde für Alice als gewonnen. Die echte Alice, welche das Geheimnis s kennt, kann die erwarteten Antworten in jedem Fall liefern und gewinnt immer. Eine falsche Alice A*, die das Geheimnis s nicht kennt, kann raten und versuchen, die erwarteten Antworten zu liefern. Dies wird unten in Kap. 5.4.3 besprochen.

Zunächst wird bewiesen, dass die Kongruenzen von (5.4-7) erfüllt sein müssen, indem (5.4-5) und (5.4-3) in (5.4-6) eingesetzt werden:

$$
\begin{aligned}
\text{für den Fall } b = 1: \quad & y^2 \equiv (r \cdot s)^2 \equiv x \cdot s^2 \equiv x/v \quad (\text{mod } n) \\
\text{für den Fall } b = 0: \quad & y^2 \equiv r^2 \equiv x \qquad\qquad\quad (\text{mod } n)
\end{aligned}
\right\} \tag{5.4-8}
$$

Das Ergebnis in (5.4-8) zeigt Übereinstimmung mit den Kongruenzen in (5.4-7).

In Abb. 5-5 ist der Ablauf für das Fiat-Shamir-Protokoll dargestellt. Oben im Bild steht der Beitrag der Schlüsselbank und darunter der Kenntnisstand von Alice und Bob. Mit ihrem Geheimnis s_A kann Alice sich gegenüber Bob authentisieren, der ihren öffentlichen Schlüssel v_A kennt. Der Protokollablauf zeigt eine Authentifikationsrunde.

Die Fiat-Shamir-Authentifikation wirkt tatsächlich etwas kompliziert. Der Zusammenstellung in Abb. 5-5 ist jedoch zu entnehmen, dass in jeder Runde nur wenige Multiplikationen durchgeführt werden müssen. Auch bei 20 oder 30 Runden ist der Rechenaufwand deutlich geringer als eine Potenzierung mit Operanden, die z.B. 1024 Bit lang sind.

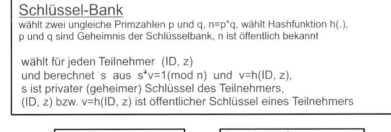

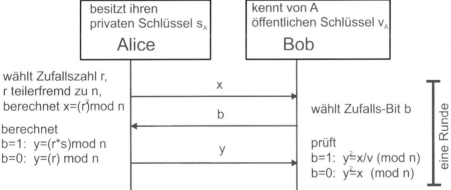

Abb. 5-5: Fiat-Shamir-Protokoll. Alice authentisiert sich gegenüber dem verifizierenden Bob. Das Bild zeigt eine Authentifikations-Runde.

5.4.3 Sicherheit für die Authentifikation

Eine falsche Alice A*, die das Geheimnis s_A der echten Alice A nicht kennt, kann versuchen zu raten und die Prüfung in der Verifikation zu bestehen. Sie betreibt ein Pokerspiel und setzt z.B. darauf, dass Bob mit b=1 antworten wird. In diesem Fall würde Bob prüfen, ob das Commitment x und das Response y die Kongruenz $y^2 \equiv x/v \pmod{n}$ erfüllt. Darauf kann sich A* präparieren, sie wählt ein y und berechnet mit dem öffentlich bekannten Verifikator v das dazu passende x und sendet dieses. Auf die erwartete Entscheidung b=1 hat A* das Response y zur Verfügung, das die Kongruenz erfüllt.

Der geschilderte Ablauf des Angriffs ist in Tab. 5-1 dargestellt. In den unteren drei Zeilen ist der Fall dargestellt, dass sich der verifizierende Bob wider Erwarten für b=0 entscheidet. Dann müsste das Response y zusammen mit dem Commitment x entsprechend (5.4-7) die Kongruenz $y^2 \equiv x \pmod{n}$ erfüllen. Zu dem Commitment x kann die falsche Alice A* das passende $y = (\sqrt{x}) \pmod{n}$ nicht berechnen. Sie müsste dazu eine Quadratwurzel lösen, was sie nicht kann, und hat damit die Runde verloren.

Für den Fall, dass die falsche Alice A* in ihrem Pokerspiel auf b=0 setzt, könnte eine zu Tab. 5-1 entsprechende Tabelle aufgestellt werden. Darin zeigt sich, dass auch in diesem Fall A* die Runde gewinnt, wenn die Erwartung mit b=0 eintrifft und dass A* die Runde verliert, falls die Entscheidung wider Erwarten b=1 lautet.

Tab. 5-1: Versuch einer falschen Alice A*, die das Geheimnis v_A der echten Alice A nicht kennt, sich gegenüber Bob als echte Alice zu authentisieren.

A* Angreiferin	sendet	B Verifizierender
setzt auf b=1 erwartet Prüfung auf $y^2 \equiv x/v$		
wählt y, berechnet x	$x = y^2 \cdot v$ ▶	entscheidet sich für b=1
hat y gewählt, y ist verfügbar	◀ b=1	
Runde GEWONNEN	y ▶	x und y erfüllen $y^2 \equiv x/v$
wählt y, berechnet x	$x = y^2 \cdot v$ ▶	entscheidet sich für b=0
müsste $y = \sqrt{x}$ liefern	◀ b=0	
Runde VERLOREN	KEIN $\sqrt{x}$ verfügbar ▶	x und y sollten erfüllen $y^2 \equiv x$

Die echte Alice A, die das Geheimnis s_A kennt, gewinnt jede Runde. Die erste verlorene Runde genügt dem Verifizierenden zu erkennen, dass es sich um einen Angriff handelt. Er bricht dann die Authentifizierung als gescheitert ab.

Nachdem die Entscheidung des Verifizierenden für b=1 und b=0 zufallsmäßig mit gleicher Wahrscheinlichkeit getroffen wird, gewinnt oder verliert eine Angreiferin jede Runde mit der Wahrscheinlichkeit 1/2. Eine Angreiferin gewinnt n Runden mit einer Fehlerwahrscheinlichkeit von

$$p_f = 2^{-r} \qquad r : \text{Zahl der Runden} \qquad\qquad (5.4-9)$$

Bei r=20 Runden ist die Fehlerwahrscheinlichkeit $p_f < 10^{-6}$. Mit der Fehlerwahrscheinlichkeit p_f wird eine Angreiferin, die den geheimen Schlüssel nicht kennt, fälschlicher Weise akzeptiert.

5.4.4 Zero-Knowledge-Protokoll

Das Fiat-Shamir-Authentifikation ist ein so genanntes *Zero-Knowledge-Protokoll*. Das Protokoll hat die Eigenschaft, dass der Verifizierende überzeugt werden kann, dass die andere Partei ein Geheimnis kennt (Alice kennt die Wurzel $s_A = \sqrt{(v_A^{-1})}$), ohne dass der Verifizierende durch den Protokollablauf irgend einen Gewinn an Wissen über das Geheimnis selbst erhält. Diese Eigenschaft kann bewiesen werden [BNS05], was jedoch hier nicht besprochen wird.

Eine Authentifikation z.B. mit digitalen Signaturen (Abschnitt 5.3) ist kein Zero-Knowledge-Protokoll, denn der Verifizierende erhält Paare von Nachrichten und ihren Signaturen, die das Wissen über den privaten Schlüssel im Prinzip erhöhen.

5.5 Authentifikation mit symmetrischen Schlüsseln

Eine Authentifikation mit symmetrischen Schlüsseln haben wir als Variante des Challenge-Response-Protokolls in Kap. 5.2 bereits kennengelernt. Eine der Parteien A oder B authentisiert sich gegenüber der Partnerpartei, indem sie die angeforderte Antwort mit dem gemeinsamen symmetrischen Schlüssel k_{AB} verschlüsselt.

Das eigentliche Problem besteht bei einer großen Benutzergemeinde von N Parteien, dass $N \cdot (N-1)/2$ Schlüssel vereinbart werden müssen, d.h. jede Partei muss je einen Schlüssel für jede der $(N-1)$ anderen Parteien haben und verwalten (vgl. Kap. 1.3.2.4). Dieses Problem wird im Folgenden dadurch gelöst, dass eine vertrauenswürdige zentrale Partei symmetrische Schlüssel erst im Bedarfsfall vergibt. Der Vorteil einer Authentifikation mit symmetrischen Schlüsseln ist, dass alle Operationen wenig Rechenaufwand erfordern und sehr schnell sind.

5.5.1 Protokollziel

Das System umfasst N Teilnehmer (A, B, C, ... X, ...) und eine zentrale Sicherheits-Instanz S. Für jeden Teilnehmer X wird ein symmetrischer Schlüssel k_{XS} zwischen dem Teilnehmer X und der zentralen Instanz S vorausgesetzt. Bei N Teilnehmern sind das insgesamt N Schlüssel. Abb. 5-6 zeigt die Ausgangssituation. Die zentrale Instanz ist vertrauenswürdig (TTP, trusted third party). Alle Teilnehmer vertrauen darauf, dass die zentrale Instanz keinen Schlüssel missbraucht und neue Schlüssel an die Teilnehmer korrekt weitergibt.

Ziel ist es, für eine Kommunikation z.B. zwischen den Teilnehmern A und B auf Initiative z.B. von A einen Sitzungsschlüssel k_{AB} zu erhalten. Die Kommunikation soll Vertraulichkeit und Authentizität bieten, d.h. die Teilnehmer A und B sollen Sicherheit darüber haben,

- wer der andere Teilnehmer ist (Authentizität)

- und dass (außer S) nur sie den Sitzungsschlüssel k_{AB} kennen (Vertraulichkeit).

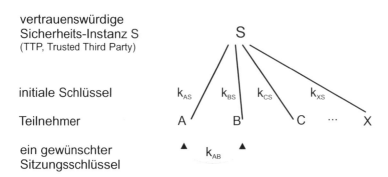

Abb. 5-6: Schlüsselverwaltung der zentralen Instanz S für die Teilnehmern A, B, ... X.
Als Ausgangssituation besitzt jeder Teilnehmer mit der zentralen Instanz S einen gemeinsamen, symmetrischen Schlüssel k_{AS}, k_{BS}, ... k_{XS}.

Ein erstes Protokoll, das die genannten Anforderungen erfüllt, wurde 1987 von Needham und Schroeder am Xerox Palo Alto Research Center entwickelt [NS78]. Das ursprüngliche Protokoll wurde in den 80er Jahren im Rahmen des Athena-Projekts am MIT (Massachusets Institute of Technology) verbessert und ist unter dem Namen *Kerberos* bekannt. Ziel von Kerberos war die gesicherte Kommunikation zwischen den Teilnehmern einer verteilten Computer-Infrastruktur (DCE, distributed computing environment).

5.5.2   Kerberos-Protokoll

Mit dem Protokollablauf von Abb. 5-7 will Alice (A) eine gesicherte Kommunikation zu Bob (B) aufbauen. Sie schickt dazu die beiden Identitätsmerkmale ID_A und ID_B offen an die zentrale und vertrauenswürdige Instanz S, Protokollschritt (1).

In Schritt (2) schickt S zwei verschlüsselte Nachrichten zurück an Alice. Die erste Nachricht ist mit k_{AS} verschlüsselt und kann deshalb nur von Alice entschlüsselt werden. Sie enthält einen Sitzungsschlüssel k_{AB} und das Identitätsmerkmal ID_B des gewünschten Kommunikationspartners Bob. Der Zeitstempel t_S zeigt an, dass die Nachricht, und damit der Sitzungsschlüssel frisch ist. Die zweite Nachricht in Schritt (2) ist mit k_{BS} verschlüsselt und kann nur von Bob entschlüsselt werden, an den Alice diese Nachricht in Schritt (3) weiterleitet.

In Schritt (3) schickt Alice an Bob ebenfalls zwei Nachrichten. Aus der weitergeleiteten Nachricht entnimmt Bob den Sitzungsschlüssel k_{AB}, das Identitätsmerkmal ID_A für die Kommunikation mit Alice und den Zeitstempel t_S, der die Frische ausweist. Die zweite Nachricht in Schritt (3) ist bereits mit dem Sitzungsschlüssel k_{AB} verschlüsselt, den Alice in Schritt (2) und Bob in Schritt (3) erhalten haben. Die zweite Nachricht in Schritt (3) ist eine Challenge von Alice an Bob, die er mit einer Response-Nachricht in Schritt (4) beantwortet. Statt des Zeitstempels t_A könnte auch eine Einmal-Zufallszahl r_A gewählt werden.

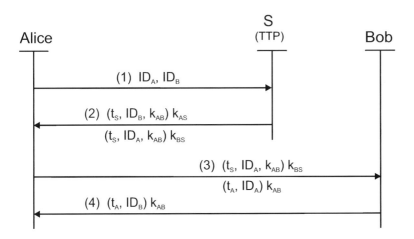

Abb. 5-7: Kerberos-Protokoll. Alice (A) will mit Bob (B) gesichert kommunizieren. Die Kurzschreibweise $(t_S, ID_B, k_{AB})k_{AS}$ bedeutet, dass der Inhalt der Klammer mit k_{AS} verschlüsselt wird.

Die anschließende Kommunikation zwischen Alice und Bob bietet Authentizität und Vertraulichkeit:

Durch die erste Nachricht in Schritt (2) erhält Alice von der zentralen Instanz S den Schlüssel für die Sitzung mit Bob. Sie kann darauf vertrauen, dass dieser Schlüssel k_{AB} ausschließlich an sie selbst und an Bob mit der ID_B geht. Entsprechend erhält Bob durch die erste Nachricht in Schritt (3) von der Instanz S den Schlüssel für die Sitzung mit Alice. Er kann darauf vertrauen, dass dieser Schlüssel k_{AB} ausschließlich an ihn selbst und an Alice mit der ID_A ging. Die Kommunikation ist vertraulich, weil nur Alice und Bob den Sitzungsschlüssel kennen; sie vertrauen darauf, dass die zentrale Instanz den Sitzungsschlüssel nicht selbst benutzt und mithört.

Ein Angreifer kann den Sitzungsschlüssel k_{AB} nicht herausfinden, er müsste dazu den Schlüssel k_{AS} oder k_{BS} brechen. Er kann auch keine der verschlüsselten Nachrichten abfangen und später wieder verwenden. Durch die Zeitstempel würde die Verzögerung bemerkt werden.

Die zweite Nachricht von Schritt (2) könnte von der zentralen Instanz S auch direkt an den Teilnehmer B geschickt werden. Die würde jedoch eine weitere Übertragung erfordern. Das Kerberos-Protokoll gibt es in mehreren Versionen. Die Version V wird in [RFC4120] beschrieben.

5.6   Angriffe auf Authentifikations-Protokolle

Ein Protokollangriff bedeutet nicht einen Schlüssel zu brechen, sondern das Protokollziel durch Abfangen und Einfügen von Protokoll-Dateneinheiten zu stören. Bei diesem *Man-in-the-Middle-Angriff* greift der Angreifer aktiv in das Protokollgeschehen ein. Er kann sein Ziel jedoch nur erreichen, wenn er von den Parteien des Protokolls nicht bemerkt wird.

Needham-Schroeder-Public-Key-Protokoll

Ein Man-in-the-Middle-Angriff wird am Beispiel eines vereinfachten Needham-Schroeder-Protokolls demonstriert, das mit asymmetrischen Schlüsseln arbeitet. Ziel des Protokolls ist die gegenseitige Authentifikation mit Austausch eines symmetrischen Sitzungsschlüssels.

In dem Protokollablauf von Abb. 5-8 schickt Alice (A) eine Zufallszahl r_A und ihr Identitätsmerkmal ID_A an Bob (B), wobei diese Nachricht mit dem öffentlichen Schlüssel e_B von Bob verschlüsselt ist (1). Nur Bob kann diese Nachricht mit seinem privaten Schlüssel d_B entschlüsseln. Er schickt die Zufallszahl r_A von Alice und eine eigene Zufallszahl r_B zurück, wobei diese Nachricht mit dem öffentlichen Schlüssel e_A von Alice verschlüsselt ist (2). Nur Alice kann diese Nachricht mit ihrem privaten Schlüssel d_A entschlüsseln. Alice hat jetzt Sicherheit, dass Bob geantwortet hat, denn nur er konnte r_A entschlüsseln.

Alice schickt r_B zurück, wobei diese Nachricht wieder mit dem öffentlichen Schlüssel e_B von Bob verschlüsselt ist (3). Jetzt hat Bob Sicherheit darüber, dass Alice geantwortet hat, denn nur sie konnte r_B in der Nachricht (2) entschlüsseln.

Beide Parteien haben jetzt gegenseitig Sicherheit über ihre Identität (gegenseitige Authentifikation) und sie kennen ein gemeinsames Geheimnis (r_A, r_B), um davon einen (symmetrischen) Sitzungsschlüssel abzuleiten. Außer Bob und Alice konnte kein Beobachter die ausgetauschten Nachrichten entschlüsseln.

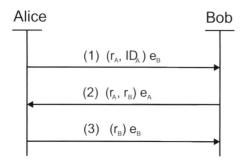

Abb. 5-8: Needham-Schroeder-Public-Key-Protokoll.

Angriff auf das Needham-Schroeder-Public-Key-Protokoll

Das als sicher erscheinende Protokoll kann angegriffen werden, wenn Alice unbeabsichtigt sich an einen betrügerischen Bob B* mit dem öffentlichen Schlüssel e_{B*} wendet. Abb. 5-9 zeigt den Protokollablauf mit dem betrügerischen B* als Man-in-the-Middle. Der böse Bob B* kann die Nachricht (1) entschlüsseln und sie mit dem öffentlichen Schlüssel e_B des guten Bob weiterleiten. Dieser erhält mit der Nachricht (1a) die gleiche Nachricht wie in Abb. 5-8 und antwortet darauf in gleicher Weise. Die Nachricht (2) leitet der böse Bob B* unverändert an Alice weiter. Ihre Antwort (3) kann B* wieder entschlüsseln, die er mit e_B neu verschlüsselt und an den guten Bob B weiterleitet.

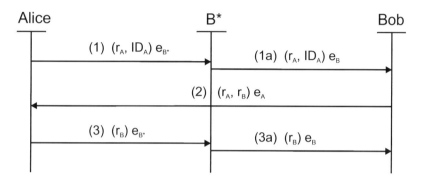

Abb. 5-9: Man-in-the-Middle-Angriff auf das Needham-Schroeder-Public-Key-Protokoll.

Die von Alice und Bob gesendeten und empfangenen Nachrichten sind in dem korrekten Ablauf von Abb. 5-8 und in dem korrumpierten Ablauf von Abb. 5-9 identisch. Das heiß, weder Alice noch Bob bemerken etwas von dem Man-in-the-Middle-Angriff in Abb. 5-9. Als Ergebnis seines Angriffs hat jedoch der böse B* beide Zufallszahlen r_A und r_B entschlüsseln können und kann damit den Sitzungsschlüssel ableiten.

Der Angriff ließe sich von Alice bemerken, wenn Bob in die Nachricht (2) sein Identitätsmerkmal ID_B einfügen würde und Alice den öffentlichen Schlüssel e_B von Bob mit dem vorher benutzten Schlüssel e_{B*} vergleicht.

Die dargestellte Schwäche des Needham-Schroeder-Public-Key-Protokolls wurde erst 17 Jahre nach seinem Vorschlag aufgedeckt [Lo95]. Die Analyse von Protokollen auf ihre Resistenz gegen Angriffe ist keine triviale Aufgabe. Mit Hilfe der so genannten BAN-Logik [BAN89] lässt sich die Analyse jedoch formalisieren. Die BAN-Logik macht Aussagen über das Wissen und Vertrauen der Parteien über Protokollelemente und Schlüssel. Details zur BAN-Logik liegen außerhalb des Rahmens für dieses Buch.

6 Sicherheitsprotokolle und Schlüsselverwaltung

Sicherheit spielt in Infrastrukturen eine wichtige Rolle, um die Verfügbarkeit und Zuverlässigkeit des Gesamtsystems zu gewährleisten. Gerade in einer immer stärker vernetzten Welt ist die Sicherheit von Kommunikationsverbindung essentiell, um einen reibungslosen Ablauf von Geschäftsprozessen zu gewährleisten (siehe [Schn00]).

In diesem Kapitel werden deshalb Übertragungsprotokolle beschrieben, deren Sicherheit auf den in den bisher beschriebenen kryptographischen Algorithmen und Verfahren beruht. Bei den vorgestellten Sicherheitsprotokollen spielen die Verwaltung und Verteilung von kryptographischen Schlüsseln eine wichtige Rolle. Deshalb werden zuerst die dafür häufig eingesetzten „Public Key Infrastrukturen" vorgestellt.

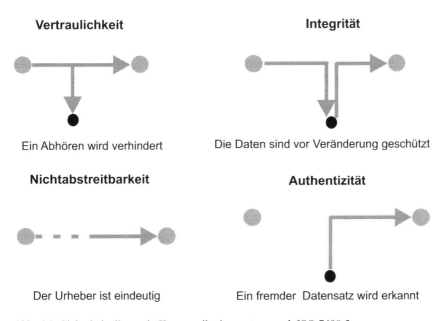

Vertraulichkeit

Ein Abhören wird verhindert

Integrität

Die Daten sind vor Veränderung geschützt

Nichtabstreitbarkeit

Der Urheber ist eindeutig

Authentizität

Ein fremder Datensatz wird erkannt

Abb. 6-1: Sicherheitsdienste in Kommunikationsnetzen nach ISO 7498-2

Die in Abb. 6-1 angesprochenen Sicherheitsdienste wurden bereits in Kap. 1.2 allgemein eingeführt. Hier werden diese Begriffe unter dem Aspekt der Kommunikationsnetze nochmals in Erinnerung gebracht.

Bei der Übertragung von sensiblen Daten in einer offenen Infrastruktur, wie dem Internet, ist eine häufig genutzte Sicherheits-Funktion die Verschlüsselung. Zum Beispiel wird zwischen einzelnen Systemen durch Ende-zu-Ende-Verschlüsselung **Vertraulichkeit** unabhängig von dem zugrunde liegenden Transportkanal ermöglicht. Eine andere Instanz kann zwar dieselbe Kommunikations-Infrastruktur nutzen, hat aufgrund der Verschlüsselung aber keinen Zugriff auf Daten anderer Instanzen. In diesem Zusammenhang spielt auch der Schutz der Daten vor Veränderung auf dem Weg zum Empfänger eine wichtige Rolle. Verhindert wird sowohl die Modifikation eines einzelnen Datensatzes (**Integrität**), als auch die Fälschung des Ursprungs der Daten (**Authentizität**). Ein weiterer Sicherheits-Dienst ist die **Nichtabstreitbarkeit** d.h. die Verbindlichkeit einer Transaktion in einer Infrastruktur. Ein Teilnehmer kann eindeutig nachvollziehen, von welcher anderen Instanz in einer Infrastruktur ein Datensatz stammt.

6.1   Public Key Infrastrukturen

Die zuvor vorgestellten Sicherheits-Dienste in IT-Infrastrukturen lassen sich mit Hilfe von Public-Key-Infrastrukturen (PKIs, siehe auch [AdaLloy99]) realisieren. Dabei ist eine PKI eine besondere Art von IT-Infrastruktur, die auf den bereits erläuterten Public-Key-Algorithmen (Kap. 4) basiert. Die Dienste einer PKI sind ein gutes Beispiel für die Umsetzung von kryptographischen Algorithmen in einer IT-Infrastruktur. In diesem Kapitel werden die einzelnen PKI-Komponenten und ihre Rolle vorgestellt. Erst durch das Zusammenspiel aller PKI-Komponenten können Vertraulichkeit, Integrität, Authentizität und Nachvollziehbarkeit bei der Übertragung oder Verarbeitung von Daten in einer IT-Infrastruktur gewährleistet werden.

6.1.1   Komponenten und Prozesse in einer PKI

Wie jede Infrastruktur besteht auch eine PKI aus vielen einzelnen Komponenten, die in ihrer Gesamtheit erst ein funktionsfähiges Gebilde ergeben. Dabei werden alle Vorgänge, die den Aufbau oder eine Strukturänderung in einer PKI betreffen, von einer zentralen Administration, die höchsten Sicherheitsanforderungen unterliegt, gesteuert. Ein Beispiel für einen administrativen Prozess in einer PKI ist die Aufnahme eines neuen Teilnehmers, die mit einer Zertifizierung verbunden ist. Im Folgenden wird als ein PKI-Teilnehmer eine Person oder auch technisches System verstanden, die oder das mit Hilfe eines Zertifikats und privaten Schlüssels ihre/seine Identität nachweist.

Die zentrale Administration ist übrigens nicht nur für die technischen Abläufe, sondern auch für die organisatorischen und rechtlichen Aspekte beim Zusammenspiel der einzelnen PKI-Teilnehmer und Dienste verantwortlich. Dabei werden die „Spielregeln" der PKI in Form einer so genannten CP (*Certificate Policy*) und eines CPS (*Certificate Practice Statement*) festgehalten [RFC2527], (RFC, Request for Comments). In diesen standardisierten Dokumenten werden die internen Abläufe in einer PKI geregelt. Dazu gehören zum Beispiel die Bedingungen für eine Teilnahme oder die Gültigkeitsdauer und der Verwendungszweck von Zertifikaten. CP und CPS stellen eine gemeinsame Grundlage für das Vertrauen der PKI-Teilnehmer in die zentrale Verwaltung und die Prozesse der PKI dar.

6.1.1.1   Erstellung von digitalen Signaturen

Es gibt vielfältige Anwendungen, die mit Hilfe einer digitalen Signatur die Integrität und Authentizität von Daten sowie die Nachvollziehbarkeit von Transaktionen sicherstellen. Dazu gehören:

- die Absicherung von Sicherheitsprotokollen, wie ausführlich in Kap. 6.2 dargestellt,

- die elektronische Signatur als Alternative zur manuellen Unterschrift,

- eine Sicherung statischer Daten vor Veränderungen,

- die Beglaubigung von Transaktionen im elektronischen Zahlungsverkehr.

Das dabei eingesetzte Verfahren zur Signaturerstellung besteht in den meisten Fällen aus den beiden Schritten (vgl. Kap. 13.4):

1. Berechnung eines Hash-Werts aus den zu signierenden Daten, wie zum Beispiel dem Inhalt eines Dokuments, einem Protokoll-Header oder einer Protokollsequenz.

2. Der erzeugte Hash-Wert wird anschließend mit dem privaten Schlüssel des Signierers verschlüsselt. Der zur Signaturerzeugung benutzte private Schlüssel ist oft in einer geschützten Umgebung, dem so genannten PSE (Personal Secure Environment) abgelegt. Das kann zum Beispiel eine Chipkarte sein. Im Fall einer elektronischen Unterschrift hat sich die signierende Person vor einer Signaturerzeugung an ihrem PSE entsprechend zu authentisieren, um den Zugriff auf den privaten Schlüssel frei zu schalten.

Wichtig ist, dass nach dem Signaturerstellungs-Prozess Signatur-Bytes und signierte Daten in einer bekannten Struktur vorliegen, damit eine spätere Verifikation möglich wird. Bei Authentisierungs-Protokollen ist das Format durch die PDU (Protokoll Data Unit) und den Protokollablauf vorgegeben. Für Applikations-Daten, wie E-Mails oder elektronisch signierte Dokumente, eignet sich zum Beispiel das im PKCS#7-Standard definierte Format. Im PKCS#7-Format sind neben der Signatur und den signierten Daten auch das Zertifikat des Signierenden und Informationen über den verwendeten Hash- und Signaturalgorithmus enthalten.

Ein Flussablaufplan zur Erzeugung einer digitalen Signatur aus den verschiedenen kryptographischen Basiskomponenten ist in CrypTool visualisiert: siehe Menü Digitale Signaturen/PKI \ Signaturdemo (Signaturerzeugung) und Menü Digitale Signaturen/PKI \ Dokument signieren.

6.1.1.2 Zertifikat und Sperrinformation

In einer PKI beglaubigen Zertifikate die Identität von Personen oder Systemen und deren Zugehörigkeit zu einer bestimmten Infrastruktur. Zertifikate dienen ähnlich wie Ausweise dem Nachweis einer Identität in einer Gruppe. Das Zertifikat ist ein von einer zentralen Stelle, der so genannten CA (Certification Authority), erstellter Datensatz, der Informationen über den Zertifikatsinhaber, dessen Rechte in der PKI, den öffentlichen Schlüssel des Inhabers und eine Gültigkeitsdauer enthält. In den meisten Fällen sind diese Bestandteile in einem von der X509-Spezifikation [RFC3280] vorgeschriebenen Format angeordnet.

Der CA kommt innerhalb einer PKI eine besondere Rolle als „vertrauenswürdige Instanz" (Trusted Third Party) zu, da Prüfer und Nutzer eines Zertifikats darauf vertrauen können, dass in den Zertifikaten nur korrekte Angaben stehen. Technisch ist die Beglaubigung des Zertifikats durch die CA mit Hilfe einer digitalen Signatur realisiert.

Das Zertifikat Cert(CA, A), das die Zertifizierungsinstanz CA für einen Benutzer A (Alice) ausgibt, enthält mindestens die folgenden Daten:

$$\left. \begin{array}{l} \text{Cert(CA, A)} \quad = \{ID_{CA}, ID_A, e_A, T, \text{Ext}, \text{sig}_{CA}\} \\ \text{wobei} \quad \text{sig}_{CA} = d_{CA}[h(ID_{CA}, ID_A, e_A, T, \text{Ext})] \end{array} \right\} \quad (6.1\text{-}1)$$

ID_{CA}	eindeutiger Name der Zertifizierungsinstanz CA
ID_A	eindeutiger Name des Teilnehmers A
e_A	öffentlicher Schlüssel des Teilnehmers A
T	gültig bis Zeitangabe T
Ext	Optionale Erweiterungen nach dem X.509-Standard
sig_{CA}	digitale Signatur von CA

Die Angaben in dem Zertifikat entsprechen denen eines Ausweises: ausstellende Behörde, Name, Geburtstag und Adressen der Person, eigenhändige Unterschrift der Person, Gültigkeitsdauer, fälschungsresistente Sicherheitsmerkmale des Ausweises.

Die Zertifizierungsinstanz CA wendet bei der digitalen Signatur sig_{CA} ihren privaten Schlüssel d_{CA} auf den Hash-Wert $h(...)$ aller Angaben des Zertifikats an. Die Schreibweise „$d_{CA}[...]$" bedeutet, dass der Inhalt der eckigen Klammer mit dem privaten Schlüssel d_{CA} verschlüsselt wird. Bei der Veränderung einer Angabe des Zertifikats würde die Signatur nicht mehr mit dem Inhalt des Zertifikats zusammenpassen und Prüfer und Nutzer des Zertifikats würden die Änderung bemerken.

Der private Schlüssel d_{CA} der Zertifizierungsinstanz CA muss in besonderem Maße geschützt werden. Denn wenn er ausgespäht oder gebrochen würde, wären alle ausgestellten Zertifikate nicht mehr verlässlich und damit ungültig. Organisatorisch wird der Schlüssel d_{CA} geschützt, indem er nicht auslesbar z.B. nur innerhalb einer Chipkarte benutzt wird, und die Benutzungsumgebung sowohl physisch als auch in der Kommunikation abgesichert wird. Kryptographisch wird der Schlüssel d_{CA} geschützt, indem z.B. seine Länge entsprechend groß gewählt wird.

Abhängig vom Verwendungszweck kann ein Zertifikat unterschiedliche Erweiterungen „Ext" aufweisen. Zum Beispiel autorisiert eine Erweiterung die Erstellung von digitalen Signaturen, die eine manuelle Unterschrift ersetzen können. Diese und andere Zertifikatserweiterungen sind im X.509-Standard Version3 [RFC3280] festgelegt. Andere X.509v3-Erweiterungsbits im Zertifikat erlauben die Verschlüsselung von statischen Daten oder die Absicherung einer Übertragungsstrecke. Ein Internet-Server kann zum Beispiel ein Server-Zertifikat mit den entsprechenden Zertifikatserweiterungen besitzen, um sich über eine gesicherte Verbindung über das SSL-Protokoll zu authentisieren. Das Vertrauensnetzwerk in einer PKI (Abb. 6-2) wird technisch durch die Signatur von Zertifikaten realisiert. Auch die CA ist durch ein Zertifikat legitimiert, selbst weitere Zertifikate auszustellen. In den meisten Fällen ist das Zertifikat von einer Zertifizierungsstelle unterschrieben. Erst die Wurzel-CA unterschreibt ihr Zertifikat mit ihrem eigenen privaten Schlüssel. Das Wurzel-Zertifikat kann von jedem Teilnehmer mit dem öffentlichen Schlüssel der Wurzel-CA nachgeprüft werden. Das Vertrauensmodell einer PKI kann beliebig viele Stufen umfassen. Unten stehendes Beispiel beschreibt das meist eingesetzte zweistufige Vertrauensmodell.

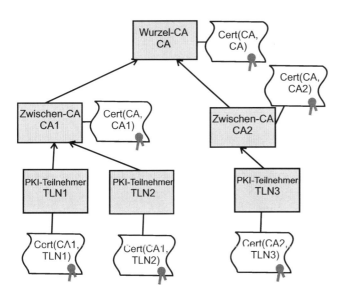

Abb. 6-2: Vertrauensmodell in einer zweistufigen PKI (Wurzel-CA und Zwischen-CA)

Zertifikate können von der herausgebenden Zertifizierungsinstanz CA auch widerrufen werden. Gründe für den Widerruf können der Verlust eines Sicherheits-Tokens (Personal Security Environment, PSE) oder die Kompromittierung eines Schlüssels sein. In diesem Fall wird das Zertifikat in eine Sperrliste aufgenommen, die in regelmäßigen Abständen von der CA aktualisiert wird. Eine Sperrliste „RevocationList" (CA) enthält folgende Daten:

$$\left. \begin{array}{l} \mathrm{Re\,vocationList(CA)} = (\mathrm{Cert}_{\mathrm{IDx}}, ..., \mathrm{Cert}_{\mathrm{IDy}}, \mathrm{T}, \mathrm{sig}_{\mathrm{CA}}) \\ \mathrm{wobei} \quad \mathrm{sig}_{\mathrm{CA}} = \mathrm{d}_{\mathrm{CA}}[\mathrm{h}(\mathrm{Cert}_{\mathrm{IDx}}, ..., \mathrm{Cert}_{\mathrm{IDy}}, \mathrm{T})] \end{array} \right\} \qquad (6.1\text{-}2)$$

$\mathrm{Cert}_{\mathrm{IDx}}, ...,$ $\mathrm{Cert}_{\mathrm{IDy}}$	Eindeutige ID für jedes widerrufene Zertifikat
T	Gültigkeitszeitraum d.h. Abstand, in dem die Speerliste erneuert wird
$\mathrm{sig}_{\mathrm{CA}}$	digitale Signatur von CA

6.1.1.3 Verifikation von digitalen Signaturen

Für die Verifikation einer digitalen Signatur ist in einer PKI immer das zugehörige Zertifikat notwendig. Im Zertifikat steht der öffentliche Schlüssel, der mit dem bei der Signaturerzeugung genutzten privaten Schlüssel korrespondiert. Mit diesem öffentlichen Schlüssel kann aus der Signatur der ursprüngliche Hash-Wert H_{Sig} wieder berechnet werden (vgl. Kap. 1.3.4). Zusätzlich wird der Hash-Wert H_{Ver} ein zweites Mal mit derselben Hash-Funktion wie bei der Signaturerzeugung aus den signierten Daten generiert. Stimmen beide Hash-Werte H_{Sig} und H_{Ver} überein, ist der erste Schritt der Signaturprüfung erfolgreich abgeschlossen.

Im zweiten Schritt wird die Korrektheit des Zertifikats des Signierenden geprüft. Zertifikate selbst brauchen nicht gesichert werden. Sie können z.B. zusammen mit einer signierten E-Mail wie eine elektronische Visitenkarte offen übertragen werden. Der Empfänger kann ja die Korrektheit des Zertifikats mit dem Schlüssel der Zertifizierungsinstanz e_{CA} verifizieren. Allerdings benötigt er dazu den öffentliche Schlüssel e_{CA} von der Zertifizierungsinstanz CA aus einer verlässlichen Quelle. Deshalb ist die CA selbst wieder bei einer übergeordneten CA legitimiert oder, falls sie der Endpunkt in der Vertrauenshierarchie ist, muss das Wurzel-Zertifikat auf sicherem Wege bekannt gemacht werden. Möglichkeiten dazu sind die Veröffentlichung in Massenmedien, wo ein Täuschungsversuch sofort offenbar würde, das Verteilen über installierte Betriebssysteme, das Verteilen über Chipkarten von Banken oder Behörden, durch gesicherte Downloads sowie die manuelle Kontrolle mit bildlich übertragenen „Fingerprints".

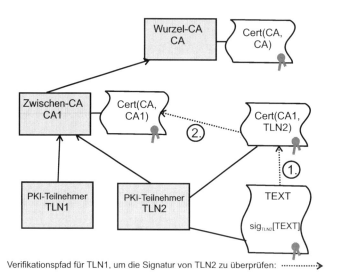

Verifikationspfad für TLN1, um die Signatur von TLN2 zu überprüfen: ·············▸

Abb. 6-3: Verifikation: TLN1 prüft eine Unterschrift von TLN2.
Fall: 2stufige Hierarchie mit einer Zwischen-CA „CA1".
(1) TLN1 prüft die Signatur von TEXT mit dem Zertifikat Cert(CA1, TLN2) und prüft anschließend
(2) das Teilnehmer-Zertifikat von CA1 über TLN2.

Grundsätzlich kann eine Zertifizierungsstelle eine eigenständige neue Wurzel angelegen oder in die Hierarchie von bereits vorhandenen CAs eingebunden werden. Im zweiten Fall wird die Zertifizierungsstelle von einer bereits existierenden CA als besonderer Teilnehmer, der autorisiert ist, weitere Benutzer oder Dienste zu etablieren, registriert. Wird hingegen eine eigenständige Wurzel-CA angelegt, stellt diese Instanz den Endpunkt in der Zertifizierungshierarchie dar. Diese unterschiedlichen Anordnungen sind von besonderer Bedeutung bei der Verifikation von Signaturen. Bei der Überprüfung einer digitalen Signatur ist, wie in Abb. 6-3 dargestellt, der gesamte Zertifizierungspfad zu betrachten. Beginnend vom Signaturzertifikat bis hin zu einer für den Signierenden und Überprüfenden gemeinsamen Zertifizierungsstelle CA1 müssen sämtliche Zertifikate verifiziert werden.

Sind beide PKI-Teilnehmer über unterschiedliche Zwischen-CAs in die PKI integriert, ist, wie in Abb. 6-4 skizziert, der komplette Pfad bis zur Wurzel-CA zu beachten.

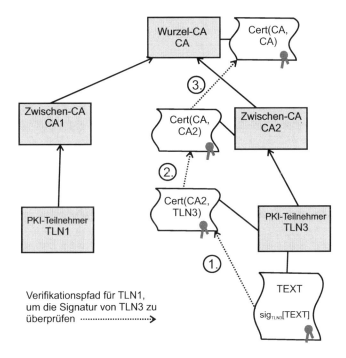

Abb. 6-4: Verifikation einer von PKI-Teilnehmer TLN3 geleisteten Unterschrift durch PKI-Teilnehmer TLN1 über die gemeinsame Wurzel-CA, 2stufige Hierarchie,
Fall: TLN1 und TLN3 sind an unterschiedliche Zwischen-CAs „CA1" und „CA2" angeschlossen.

Zusätzlich muss auch die Sperrung eines Zertifikates bei der Verifikation überprüft werden. Aus diesem Grund werden neben Zertifikaten (Positivliste) auch signierte Sperrinformationen von der CA zum Beispiel über einen Verzeichnisdienst publiziert. Eine Möglichkeit dazu ist die Herausgabe von Sperrlisten (CRL, Certificate Revocation List) nach dem X509-Standard [RFC3280]. In vielen Fällen, wie dem deutschen Signaturgesetz, darf aus Sicherheitsgründen die Sperrung eines Zertifikates nicht mehr rückgängig gemacht werden.

6.1.2   PKI-Standards und Gesetzgebung

Die im Folgenden vorgestellten Standards und Gesetze spielen für die Verbreitung von PKIs eine wichtige Rolle. Sie gewährleisten die Interoperabilität von Applikationen unterschiedlicher Hersteller, den plattformunabhängigen Datenaustausch und die kontinuierliche Weiterentwicklung der Technologie. Die Standardisierung im PKI-Umfeld ist auf allen Ebenen bereits sehr weit fortgeschritten. Neben Standards zum Aufbau und zur Administration einer PKI, existieren auch viele Spezifikationen, die eine Anwendung der einzelnen PKI-Dienste in Applikationen definieren.

Im Gegensatz zur Standardisierung wurden PKIs in der Gesetzgebung erst später berücksichtigt. Staatliche Vorgaben spielen für die Verbreitung von digitalen Signaturen eine wichtige Rolle, da nur der Staat die Regeln für eine juristisch abgesicherte Anwendung schaffen kann. Das weltweit erste Gesetz über digitale Signaturen wurde in den USA Mitte der 90er Jahre als „Utah Digital Signature Act" veröffentlicht. Zu dieser Zeit wurde in Deutschland gerade mit der Arbeit an einem Signaturgesetz begonnen, das von dem amerikanischen Vorbild im Bundesstaat Utah beeinflusst war. Das deutsche Signaturgesetz existiert derzeit in einer überarbeiteten zweiten Fassung, die an die europäischen Richtlinien zu digitalen Unterschriften angepasst wurde. Das erste deutsche Signaturgesetz (SigG) trat als Bestandteil des „Gesetzes zur Regelung der Rahmenbedingungen für Informations- und Kommunikationsdienste (IuKDG)" am 1. August 1997 in Kraft. Ergänzend zum SigG wurde die Signaturverordnung (SigV) mit den Ausführungsbestimmungen zum Einsatz von rechtlich abgesicherten digitalen Unterschriften am 1. November 1997 verabschiedet. Am 22. März 2001 löste das noch immer aktuelle „Gesetz über Rahmenbedingungen für elektronische Signaturen" [SIGG01] das Signaturgesetz von 1997 ab. Dabei ist zu beachten, dass die SigV von 1997 bis zum 16. November 2001 Gültigkeit besaß und erst ungefähr ein halbes Jahr nach dem neuen SigG in einer aktualisierten Fassung erschien. Ein Hauptgrund für das neue SigG waren die Anpassungen an die Forderungen der EU-Signaturrichtlinie vom Dezember 1999. Durch das neue Gesetz soll ein Austausch von digitalen Signaturen und den Leistungen von Zertifizierungs-Diensteanbietern (Trustcentern) innerhalb der EU gefördert werden.

Die im alten Gesetz vorgeschriebene, sehr aufwändige Akkreditierung von Trustcentern besitzt aus diesem Grund in der neuen Fassung nur freiwilligen Charakter. Deshalb werden auch die Signaturverfahren nach "einfach", "fortgeschritten", „qualifizierte" und „akkreditierte" unterschieden. Die drei letzteren Varianten werden in Deutschland durch den Maßnahmenkatalog von der Regulierungsbehörde für Telekommunikation und der Post (RegTP) [neu Bundesnetzagentur] vorgegeben. Real sind Millionen PKI-basierter Zertifikate für Beschäftigte, Dienste, Server oder Pfandflaschenautomaten im Einsatz. Diese verwenden zu 99,9 % die fortgeschrittenen Signaturen. Die qualifizierten Signaturen (und noch weniger die akkreditierten qualifizierten Signaturen) setzten sich kaum durch, da die in der SigV festgeschriebenen Maßnahmen nicht pragmatisch sind und für die Zertifikatsanbieter kein Geschäftsmodell besteht, sondern sich ihr Design auf den Spezialfall der Verwendung im Prozessfall fokussierte.

Bei der Standardisierung des Internets wurden von der IETF (Internet Engineering Task Force) ebenfalls PKI-Technologien und digitale Signaturen berücksichtigt. In der IETF erstellte die PKIX-Arbeitsgruppe (Public Key Infrastructure X.509 Standard) den grundlegenden PKI-Standard X.509. Die bekannteste X.509-Spezifikation „Internet X.509 Public Key Infrastructure Certificate and CRL Profile" [RFC3280] beinhaltet die Beschreibung eines Formates für Zertifikate und Widerrufslisten in ASN.1-Syntax (Abstract Syntax Notation). ASN.1 ist eine Beschreibungssprache für Datenformate [LAR00]. Auch die Bestandteile von „Certificate Policies" (CP) und „Certificate Practice Statements" (CPS) richten sich nach einem X.509-

Dokument [RFC2527]. Neben diesen für eine PKI elementaren Datenstrukturen, definiert die PKIX-Arbeitsgruppe auch die Protokolle zur Administration und den Betrieb einer PKI. Zum Beispiel wurde für die einfachere Verifikation von digitalen Signaturen von der IETF das OCSP-Protokoll (Online Certificate Status Protocol) standardisiert. Andere aktuelle Arbeitsgebiete der PKIX-Gruppe sind Zeitstempeldienste und Attributszertifikate. Durch die Bemühungen der IETF werden nicht nur die Möglichkeiten zur Absicherung des Internets, sondern auch die Grundlage für die weitere Verbreitung von PKIs geschaffen. Um die Basisdienste einer PKI sinnvoll nutzen zu können, ist die Spezifikation von Datenformaten und Protokollen notwendig. Sämtliche Arbeiten der IETF finden sich in Form von RFCs (Request for Comments) im Internet auf der Seite http://www.ietf.org/rfc.html.

Die Firma RSA Laboratories Inc. rief bereits 1993 die Standardisierung der Public-Key-Kryptographie ins Leben, um die Verbreitung von PKIs und die Realisierung von interoperablen Anwendungen zu fördern. Ein Grund dafür ist sicherlich das Patent dieser Firma auf den RSA-Algorithmus, das im Jahr 2000 auslief. In Zusammenarbeit mit anderen Firmen wurden von RSA Lab. die so genannten PKCS-Standards (Public Key Cryptographic Standards, siehe [PKCS]) verabschiedet. Die wichtigsten davon sind:

- PKCS#1 Der Standard zum RSA-Algorithmus, in dem alle für die Signaturerzeugung und Verschlüsselung notwendigen Prozesse definiert sind.
- PKCS#3 Hier wird das Diffie-Hellmann-Protokoll für den sicheren Schlüsselaustausch beschrieben.
- PKCS#7 Die bereits vorgestellte „Cryptographic Message Syntax".
- PKCS#10 Ein mögliches Format für einen Zertifikatsantrag an eine CA.
- PKCS#11 Hier wird die CRYPTOKI API für den Zugriff auf kryptographische „Token" spezifiziert. Ein „Token" ist zum Beispiel eine Chipkarte.
- PKCS#12 „Personal Information Exchange Syntax" spezifiziert ein Format, um Zertifikate und zugehörige private Schlüssel in einer passwortgeschützten Datei abzulegen.
- PKCS#15 Ein in Zusammenhang mit Chipkarten genutztes Format, um Schlüssel und Zertifikate auf einem „Token" abzuspeichern.

Hohe Bedeutung kommt in den PKCS-Standards dem Datenaustausch zwischen Applikationen zu. Deshalb sind zwei häufig in Realisierungen umgesetzte PKCS-Standards die „Cryptographic Message Syntax" (PKCS#7) und die „Personal Information Exchange Syntax" (PKCS#12). Der PKCS#7-Standard wird von allen S/MIME-fähigen „E-Mail-Clients" genutzt, da S/MIME auf Basis von PKCS#7 ein Format zur Absicherung von elektronischen Nachrichten definiert. Der PKCS#12-Standard dient dagegen zum Transport von vertraulichen Daten, wie privaten Schlüsseln. In vielen Fällen werden deshalb PKCS#12-Dateien als ein im Vergleich zur Chipkarte kostengünstigeres, aber wesentlich unsichereres PSE (Personal Secure Environment), verwendet. Neben diesen und anderen Formaten (Message Syntax), beschreiben die PKCS-Standards auch die Anwendung bestimmter Krypto-Algorithmen (Specific Algorithms). Ebenfalls von Bedeutung ist im europäischen Raum die von TeleTrusT ins Leben gerufene ISIS-MTT-Spezifikation, die bei Ausschreibungen im Behördenumfeld benutzt wird. Mit ihr wird sogar ein freies Testbett zur Interoperabilitätsprüfung zur Verfügung gestellt.

6.2 Sicherheitsprotokolle im Internet

Ausgehend vom Internet beschreibt dieses Kapitel im Folgenden den Einsatz von kryptographischen Verfahren zur Sicherung der Kommunikation. Gerade bei dem offenen Internet spielen Sicherheitsmechanismen eine wichtige Rolle, um Authentizität, Integrität und Vertraulichkeit der ausgetauschten Daten sowie eine hohe Verfügbarkeit der Netz-Dienste sicherzustellen. Dabei werden hier Sicherheits-Mechanismen und -Protokolle ausschließlich auf Basis von Kryptographie behandelt. Beispielsweise wird hier nicht auf Firewalls eingegangen, deren Sicherheit auf der Überwachung von Protokollabläufen ohne Einsatz von Kryptographie beruht.

6.2.1 Das Internet und die Internet-Protokollsuite

Im Internet sind verschiedenste öffentliche, private und kommerzielle Rechner zu einem globalen und öffentlichen Netzwerk über das Internet-Protokoll (IP) zusammengeschlossen. Neben dem IP sind weitere, auch sicherheitsrelevante Protokolle und Dienste durch die Standards der IETF (Internet Engineering Taskforce) spezifiziert, wie zum Beispiel SSL/TLS (Secure Socket Layer/Transport Layer Security) oder das neuere SRTP (Secure Real Time Transport Protocol) für die sichere Übertragung von „echtzeitkritischen" Daten bei VoIP (Voice over IP) Sprachverbindungen über das Internet-Protokoll.

Die Geschichte des Internets reicht weit zurück bis 1969, als unter dem Namen ARPANET ein erster Verbund von Rechnern mit einem Paket-orientiertem, englisch. „packet switched" Datenprotokoll in Betrieb ging. 1983 startete dann das erste IP-Netz NSFNet, betrieben von der United States National Science Foundation (NSF) für den Informationsaustausch zwischen Forschungseinrichtungen. 1995 wurde das NSFNet für kommerzielle Firmen geöffnet und wuchs durch die Integration weiterer Netzwerke, wie z.B. Compuserve oder JANET, rasch zu einem weltweiten, mächtigen Inter(nationalen) Netz an.

Einen deutlichen Schub für das Internet gab das 1991 von CERN (frz.: Organisation Européenne pour la Recherche Nucléaire, Europäische Organisation für Kernforschung) in der Schweiz gestartete Projekt „World Wide Web" zum Austausch von Forschungsdokumenten. In diesem Projekt wurde das heute weltweit bekannte Applikationsprotokoll HTTP (Hypertext Transfer Protocol) und der erste HTML-Standard (Hypertext Markup Language) spezifiziert. Nachdem von CERN 1993 der erste Web-Browser „Mosaic" öffentlich zur Verfügung gestellt wurde, nahmen viele Technologie-Interessierte zum ersten mal Notiz vom Internet.

Das rasche Wachstum des Internets hält noch immer an, wenn man bedenkt, dass mittlerweile schon an der Vernetzung von Haushaltsgeräten und Chipkarten über das Internet-Protokoll gearbeitet wird. Gerade das für alle Systeme einheitliche IP und der dezentralisierte Ansatz zur Vernetzung der Rechner erwies sich als starker Wachstumsmotor, der es dem Internet ermöglichte, immer mehr Systeme zu integrieren. Mittlerweile übertrifft die Anzahl der Rechner bei weitem den Bereich der Adressen, der vom IP-Protokoll der Version 4 zur Verfügung gestellt wird. Mit diesem Wachstum geht ein steigender Bedarf an Sicherheit einher.

Sicherheit spielte in den Anfangszeiten des Internets kaum eine Rolle, da von einem korrekten Verhalten aller Beteiligten ausgegangen wurde. Erst die Verfügbarkeit des Internets für ein breites Publikum erforderte die nachträgliche Bereitstellung von Sicherheitstechnologien. Es ist also nicht verwunderlich, dass im Zusammenhang mit dem Anwendungsprotokoll HTTP und dem HTML-Browser (Browser, Darstellungsprigramm für HTML-Seiten) das erste Authentisierungs- und Verschlüsselungsprotokoll SSL (Secure Socket Layer) Einzug ins Internet fand. Ein erster Vorschlag zu SSL wurde bereits 1993, nur neun Monate nachdem das erste Release von Mosaic zur Verfügung stand, von dem Browser-Hersteller Netscape veröffentlicht. Nochmals fünf Monate später brachte SSL 2.0 deutliche Verbesserungen hinsichtlich erkannter Sicherheitslücken und war im HTML-Browser „Netscape Navigator" implementiert. Mittlerweile ist SSL oder das zu SSL-kompatible TLS (Transport Layer Security) fester Bestandteil aller Internet-Browser und vieler Server. Internet-basierende Informationssysteme nutzen neben SSL/TLS oft weitere Sicherheitsprotokolle, wie das IPSec-Protokoll, und zusätzliche Sicherheitsmaßnahmen wie Firewalls oder Intrusion-Dedektion-Systeme.

6.2.2   Sicherheitsprotokolle in der Internet-Protokollsuite

In dem Protokollstack in Abb. 6-5 sind einige Authentisierungs- und Verschlüsselungs-Protokolle eingezeichnet, die für die Sicherheit im Internet auf verschiedenen Protokollschichten zur Verfügung stehen. Für den „Java"-kundigen Leser sei an dieser Stelle das Buch „Sicherheit und Kryptographie" empfohlen, das einen guten Einblick in die praktische Sicherung der Datenübertragung auf der Anwendungsschicht im Internet anhand von Code-Beispielen gibt [LiFaBr00].

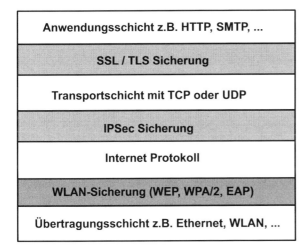

Abb. 6-5: Aufbau der Internet-Protokollsuite mit Sicherheitsprotokollen

Abhängig von der Ebene im Protokollstack können so die Applikations-, Transport oder IP-Schicht abgesichert werden. Durch ein Sicherungsprotokoll mit Verschlüsselung werden die Daten der darüber liegenden Schichten verschlüsselt, die Header der darunter liegenden Schichten bleiben dagegen unverändert. Zum Beispiel wird mit SSL/TLS der Applikationsschicht ein gesicherter Transportdienst bereitgestellt. Die Informationen im TCP- oder IP-Header bleiben unverschlüsselt und können von Routern ohne Probleme weitergeleitet werden.

Eine Absicherung der WLAN-Funkübertragung durch WPA oder WPA-2 verschlüsselt dagegen die Daten bereits auf der Übertragungsschicht und somit auch die TCP und IP Header. Die Verschlüsselung schützt nur die Luftschnittstelle des WLAN gegen unberechtigtes Mitlesen und wird im WLAN-Router bereits wieder aufgelöst. Dem WLAN-Router stehen die Adressen in TCP- und IP-Header wieder unverschlüsselt zur Verfügung, so dass er seine Routing-Aufgabe erfüllen kann.

Alle in Abb. 6-5 erwähnten Protokolle beruhen auf kryptographischen Verfahren, bei denen auch unterschiedliche Schlüssel verwaltet werden müssen. Dabei wird oft zwischen mehreren Arten von Schlüsseln unterschieden:

- Authentisierungsschlüssel für den Nachweis der Authentizität beim Kommunikationspartner während des Verbindungsaufbaus,

- Initialisierungsschlüssel zum Aufbau einer gesicherten Verbindung; häufig eingesetzt, um Authentisierungsparameter und temporäre Transportschlüssel sicher zu übertragen,

- Transportschlüssel zur Sicherstellung der Integrität und Vertraulichkeit der übermittelten Daten.

Schlüssel, die bei der Authentisierung und der Initialisierung von gesicherten Verbindung eingesetzt werden, unterliegen höheren Sicherheitsanforderungen und sind deshalb oft in Chipkarten oder anderen Hardware-Sicherheitsmodulen abgelegt. Dagegen werden Transport-Schlüssel meistens nur temporär für die Verschlüsselung der Nutzdaten ausgehandelt und sind nach dem Abbau der Verbindung nicht mehr gültig.

Abb. 6-6: Verschlüsselung der Nutzdaten beim Einsatz einer Sicherungsschicht

Der in Abb. 6-6 skizzierte Aufbau macht deutlich, dass Daten, die die Nutzlast des Sicherheitsprotokolls darstellen, oft verschlüsselt übermittelt werden. Der Protokoll-Header der Sicherungsschicht selbst muss zumindest teilweise unverschlüsselt vorliegen, da hier Informationen zur Adressierung des Datenpakets und zur Entschlüsselung der Nutzlast enthalten sind. Die Authentizität und die Integrität eines Datenpakets wird in vielen Fällen über eine digitale Signatur oder eine kryptographische Checksumme auf Basis der bereits vorgestellten Hash-Funktionen SHA-1 oder MD5 (siehe Kap. 3) im Protokoll-Header gewährleistet.

6.3   Das SSL/TLS-Protokoll

Das von Netscape entwickelte SSL-Protokoll (Secure Socket Layer) fand Einzug ins Internet mit dem World Wide Web und dem HTTP-Protokoll zur Übertragung von HTML-Seiten. Das SSL-Protokoll stellt einen gesicherten TCP-Dienst zu Verfügung. Mit SSL wurden die Grundlagen geschaffen, um das Internet nicht nur zum „Surfen" nach Informationen zu nutzen, sondern auch vertrauliche Geschäftstransaktionen, wie z.B. Homebanking, abzuwickeln. SSL bietet dafür folgende Sicherheitsfunktionalitäten an:

- Authentisierung des HTTPS Secure-Servers im SSL-Handshake

- Optionale Authentisierung des Clients (Web Browsers) im SSL-Handshake

- Verschlüsselung der Datenübertragung über SSL-Records

- Sicherstellung der Integrität der übertragenen Daten über SSL-Records.

SSL wurde bis zur aktuellen Version 3.1, die fast identisch mit dem Protokoll TLS V1.0 ist (Transport Layer Security der Version V1.0, [RFC2246]), kontinuierlich verbessert und erweitert. Insbesondere wurden neue Kryptoalgorithmen wie der AES (Advanced Encryption Standard) oder Elliptische Kurven (ECC, Kap. 4.5) in die unterstützten SSL Cipher Suites aufgenommen. Als „SSL Cipher Suite" wird eine Kombination aus einem asymmetrischen Algorithmus, einem symmetrischen Algorithmus und einer Hashfunktion bezeichnet, die beim Verbindungsaufbau zwischen Client und Server vereinbart wird. Eine mögliche Kombination von Kryptoalgorithmen in einer Cipher-Suite findet sich in [RFC2246], Seite 53. Bei Einsatz dieser Cipher-Suite wird z.B.:

- RSA (Kap. 4.2) als asymmetrisches Verfahren im SSL-Handshake genutzt,

- SHA-1 (Kap. 3.3) als Hashfunktion zur Integritätsprüfung verwendet,

- RC4 (Kap. 2.4) zur Verschlüsselung der SSL-Records eingesetzt.

Das genaue Zusammenspiel aller beteiligten Kryptofunktionen wird in den folgenden zwei Abschnitten 6.3.1 „Das SSL-Handshake" und 6.3.2 „Sicherung über SSL-Records" genau erläutert.

6.3.1   Das SSL-Handshake

Das SSL-Handshake hat eine wichtige Funktion bei der Initialisierung des SSL-Protokolls. Folgende Aufgaben übernimmt das SSL-Handshake:

- Authentisierung des Servers beim Client über ein Challenge-Response-Verfahren

- Optionale Authentisierung des Clients beim Server, ebenfalls Challenge-Response basierend

- Verhinderung einer Replay-Attacke auf die Authentisierung durch client- und serverseitige Zufallszahlen (RND1, RND2)

- Aushandlung der eingesetzten Krypto-Algorithmen, d.h. Vereinbarung der eingesetzten Cipher-Suite

- Berechnung der Schlüssel für die Sicherung der Datenübertragung in den nach dem SSL-Handshake übermittelten SSL-Records.

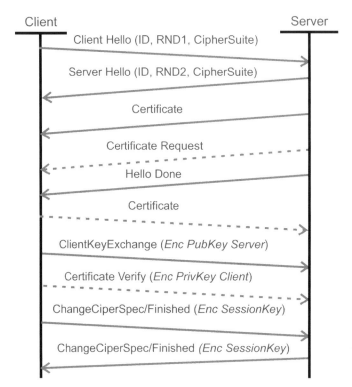

Abb. 6-7: Zwischen Client und Server ausgetauschte Nachrichten im SSL-Handshake

Beim SSL-Handshake wird, wie in Abb. 6-7 dargestellt, der öffentliche Signaturschlüssel *PubKey Server* des Servers zum Verschlüsseln der *ClientKeyExchange*-Nachricht vom Client eingesetzt. Der dafür benötigte öffentliche Schlüssel des Servers kann vom Client aus dem zuvor übermittelten Server-Zertifikat (*Certificate*-Nachricht) entnommen werden (Kap. 6.1). Nur der Server, der im Besitz des passenden privaten Schlüssels ist, kann die *ClientKeyExchange*-Nachricht des Clients entschlüsseln. Diese Nachricht enthält wichtige Informationen zur Initialisierung der Transportverschlüsselung (*Pre-Master-Secret*). Das *Pre-Master-Secret* besteht aus einer 46-Byte langen Zufallszahl und zwei Byte Versionsnummer. Beide Seiten kennen den Wert der Zufallszahl nach Austausch der *ClientKeyExchange*-Nachricht, obwohl das *Pre-Master-Secret* nie im Klartext übermittelt wurde und somit von einem Angreifer auch nicht abgefangen werden kann. Aus dem *Pre-Master-Secret* berechnen der Client und der Server mit Hilfe der Hashfunktionen SHA-1 und MD5 das 48-Byte *Master-Secret*. Eine Kombination beider Hashfunktionen schafft dabei eine höhere Sicherheit vor Angriffen aufgrund einer kompromittierten Hashfunktion. Das nur dem Client und dem Server bekannte *Master-Secret* ist dann die Grundlage, um folgende Schlüssel für die Transportsicherung abzuleiten:

- Verschlüsselungsschlüssel *SessionKey*

- Schlüssel zu Generierung von MACs (Message Authentication Codes) zur Integritätssicherung (Kap. 3.4)

- Optional Initialisierungsvektoren (IV) für die Initialisierung der symmetrischen Verschlüsselung z.B. für den Betrieb der 3DES-Verschlüsselung im CBC-Modus (Cipher Block Chaining, Kap. 2.7).

Abgesehen von der optionalen *CertificateVerify*-Nachricht bei der Client-Authentisierung ist jetzt das eigentliche Handshake abgeschlossen. Die *ChangeCipherSpec*-Nachricht aktiviert die Verschlüsselungs- und MAC-Verfahren und *Finished* ist dann die erste Nachricht, die über die gerade ausgehandelten kryptographischen Mechanismen geschützt ist. *Finished* kann deshalb nur vom Server verstanden bzw. gesendet werden, wenn er erfolgreich die *ClientKeyExchange*-Nachricht dekodieren konnte. Der in der *Finished*-Nachricht enthaltene Hashwert über alle bisher ausgetauschten Nachrichten sichert zusätzlich den SSL-Handshake nochmals ab.

Die in Abb. 6-7 gestrichelten Nachrichten sind optional, wenn der Server mit einem *CertificateRequest* eine Authentisierung des Clients fordert. Der Client verschlüsselt die *CertficateVerify*-Nachricht mit seinem privaten Schlüssel *PrivKey Client*. Umgekehrt ist jetzt der SSL-Server in der Lage, mit dem zuvor in der *Certificate*-Nachricht empfangenen Client-Zertifikat die Authentizität des Clients zu überprüfen. Dazu extrahiert er den öffentlichen Schlüssel des Clients aus dem Client-Zertifikat (X.509-Zertifikat) und entschlusselt damit die CertificateVerify-Nachricht.

Wie aus dem gerade dargestellten Ablauf ersichtlich wird, unterliegt der private Signaturschlüssel des Servers den höchsten Sicherheitsanforderungen. Deshalb ist er am besten auf einer Chipkarte, einem Token oder HSM (Hardware Security Module) untergebracht. Dasselbe gilt übrigens auch für den privaten Schlüssel des Clients, falls eine Client-Authentisierung gefordert ist. In den meisten Fällen wird der private Signaturschlüssel des Clients auf einer gängigen Chipkarte nach ISO/IEC 7816 gespeichert.

6.3.2 Sicherung über SSL-Records

Nach dem erfolgreichen Handshake können jetzt Daten des Applikationsprotokolls, wie in Abb. 6-5 dargestellt, über die unterlagerte SSL-Record-Schicht gesichert werden. Dazu stehen vier Schlüssel zur Verfügung, die wie beschrieben, im Handshake ausgehandelt wurden:

- Ein symmetrischer Schlüssel K_C für die Verschlüsselung der Daten, die der Client an den Server sendet,

- ein symmetrischer Schlüssel K_S für die Verschlüsselung der Antwort vom Server,

- ein symmetrischer MAC-Schlüssel K_{MAC-C} zur Integritätssicherung der Anfrage, die der Client an den Server schickt,

- ein symmetrischer MAC-Schlüssel K_{MAC-S} zur Integritätssicherung der Daten, die der Client vom Server empfängt.

Aus Sicherheitsgründen wird immer nur ein Schlüssel für eine Operation benutzt und niemals ein Schlüssel für mehrere Operationen, da ansonsten die Gefahr besteht, aus den verschlüsselten Daten auf den geheimen, symmetrischen Schlüssel Rückschlüsse zu ziehen.

Diese vier Schlüssel werden eingesetzt, um die SSL-Records abzusichern. Ein SSL-Record ist ein relativ einfach aufgebauter Datenblock, der wie in Abb. 6-8 dargestellt, die folgenden Felder besitzt:

- Die Felder „Typ und Version" zeigen die verwendete SSL-Version an.

- Das „Längenfeld" gibt die Länge der nachfolgenden, verschlüsselten Nutzlast an.

- Die Nutzlast selber enthält die mit K_C oder K_S verschlüsselten Daten des zu sichernden Applikationsprotokolls, z.B. eine HTTPS-Anfrage (mit K_C verschlüsselt) oder HTTPS-Antwort (mit K_S verschlüsselt).

- Das „MAC-Feld" beinhaltet den HMAC (Kap. 3.4) zur Integritätssicherung des gesamten SSL-Records. Der HMAC wird mit Hilfe von K_{MAC-C} bzw. K_{MAC-S} über alle anderen Felder des SSL-Records und einen zusätzlichen Sequenzzähler berechnet. Der Sequenzzähler ermöglicht es, Replay-Attacken zu erkennen, d.h. das Wiedereinspielen von abgefangenen SSL-Records durch einen Angreifer.

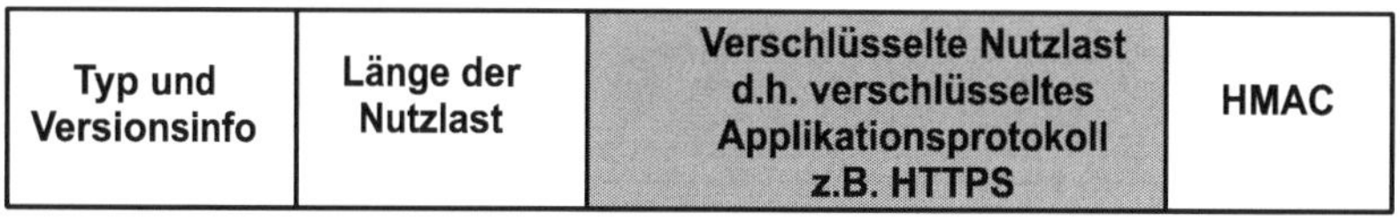

Typ und Versionsinfo	Länge der Nutzlast	Verschlüsselte Nutzlast d.h. verschlüsseltes Applikationsprotokoll z.B. HTTPS	HMAC

Abb. 6-8: Aufbau eines SSL-Records

6.3.3 Secure Shell, SSH

Neben SSL/TLS ist Secure Shell (SSH) ebenfalls eine Sicherungsschicht unterhalb der Anwendungsschicht. Das SSH-Protokoll wird zur sicheren Fernnutzung eines über ein TCP/IP-Netz verbundenen Unix-Rechners verwendet. Die Vertraulichkeit, Integrität und Authentizität der an das „ferngenutzte System" übermittelten Kommandos, z.B. für einen Login-Vorgang oder Dateizugriff, wird von SSH gewährleistet. Dabei werden die ansonsten unsicheren Protokolle und Kommandos, wie *mail*, *pop* oder auch eine X11-Terminalanbindung, mit Hilfe gängiger symmetrischer Verschlüsselungsalgorithmen, wie 3DES, IDEA oder AES, gesichert.

Wie bei SSL/TLS unterscheidet die in RFC 4251 [RFC4251] beschriebene SSH-Architektur auch zwischen einem Handshake zur Authentisierung und einer Transportsicherung. Der im Handshake ausgetauschte öffentliche Schlüssel des Servers kann wie bei SSL/TLS in einem Zertifikat bestätigt werden. Der Handshake besteht bei SSH aus einer Authentisierungsanfrage vom Client an den Server, auf die der Server mit seinem öffentlichen Schlüssel antwortet. Anschließend schickt der Client den temporären und zufällig gewählten Transportschlüssel mit dem öffentlichen Schlüssel des Servers verschlüsselt zurück. Nur der Server, der im Besitz des passenden privaten Schlüssels ist, kann jetzt den Transportschlüssel entschlüsseln und den Empfang mit einer mit dem Transportschlüssel verschlüsselten Nachricht beim Client bestätigen. Anschließend authentisiert sich der Client in der über den Transportschlüssel gesicherten Verbindung entweder mit seinem öffentlichen RSA-Schlüssel, der auf dem Server hinterlegt ist, oder einem Passwort.

Im Gegensatz zu SSL/TLS wird bei SSH keine Challenge-Response-Authentisierung eingesetzt. Deshalb ist die SSH-Authentisierung auch gegen eine Man-In-The-Middle-Attacke anfällig (vgl. Kap 5.6).

6.4 IP-Sicherheit mit IPSec

Abhängig von den Sicherheitsanforderungen bestimmter Internet-Applikationen, gibt es mehrere Möglichkeiten, die Datenübertragung auf verschiedenen Protokollschichten abzusichern.
Während das zuvor vorgestellte SSL/TLS-Protokoll zur Absicherung der Anwendungsschicht
eingesetzt wird, bietet IPSec einen sicheren IP-Dienst. IPSec umfasst umfangreiche Möglichkeiten, um Authentizität, Vertraulichkeit und Integrität von Daten der Transportschicht zu
gewährleisten (siehe auch [DoHa99]). IPSec definiert die verschiedenen Protokollvarianten
Authentication Header (AH) und *Encapsulated Security Payload* (ESP). IPSec kann sowohl
im Tunnel-, als auch im Transport-Modus betrieben werden. Der Tunnel-Modus bietet eine
sichere Übertragung von eingebetteten IP-Paketen, während der Transport-Modus die Transportschicht absichert.

Die Initialisierung einer durch IPSec gesicherten Verbindung und der damit verbundene Austausch von kryptographischen Schlüsseln wird im Internet Key Exchange (IKE)-Protokoll
spezifiziert. Alternativ können die in IPSec verwendeten Schlüssel auch fest voreingestellt
werden. Aus Sicherheitsgründen wird diese Variante jedoch selten eingesetzt.

6.4.1 Internet Key Exchange

Wie bei SSL/TLS auch, müssen sich die Kommunikationspartner vor dem Aufbau einer IPSec-
Verbindung mit Hilfe von *Internet Key Exchange* (IKE) authentisieren und sich auf die zu
verwendenden Schlüssel und Algorithmen für die IPSec-Verbindung einigen. Das im RFC
2408 [RFC2408] spezifizierte IKE nutzt dabei als hybrides Protokoll, das aus mehreren anderen Protokollen zusammengesetzt ist: die Mechanismen des *Internet Security Association und
Key Management Protokolls* (ISAKMP) nach RFC 2408 [RFC2408], des Oakley- [RFC2414]
und des SKEME-Protokolls [Kraw96] .

IKE arbeitet in zwei Phasen. In der ersten Phase wird mit Hilfe von ISAKMP eine *Security
Association* (SA) zur Authentisierung aller Kommunikationspartner ausgehandelt. Dies kann
im Hauptmodus (Main Mode) oder im verkürzten, sog. „aggressiven" Modus (Aggressive
Mode), durchgeführt werden. In der zweiten Phase wird dann mit dem Schnellmodus (Quick
Mode) eine SA für die anschließende IPSec-Verbindung ausgehandelt.

ISAKMP beschreibt die für die Initialisierung einer gesicherten Verbindung notwenigen Nach-
richtentypen und Nachrichtenfolgen allgemein. IKE konkretisiert die Vorgaben von ISAKMP
auf das IP-Protokoll und spezifiziert, wie Sicherheitsparameter vereinbart und gemeinsame
Schlüssel unter Verwendung von Oakely- und SKEME-Verfahren ausgetauscht werden.

In der Phase 1 im **Main Mode** handelt der Initiator, der die IPSec-Verbindung aufbauen will, mit dem Responder (Antwortenden) eine ISAKMP-SA (Security Association) aus. Eine SA zwischen Kommunikationspartnern beinhaltet:

- Identifikation der Kommunikationspartner z.B. mit IP-Adressen oder mit X.509-Zertifikaten

- Festlegung der eingesetzten Kryptoalgorithmen

- Quell- und Zieladresse im (IP)-Netz für die IPsec-Verbindung

- Zeitspanne, in der eine erneute Authentifizierung erforderlich wird und in der IPSec-Schlüssel zu erneuern sind.

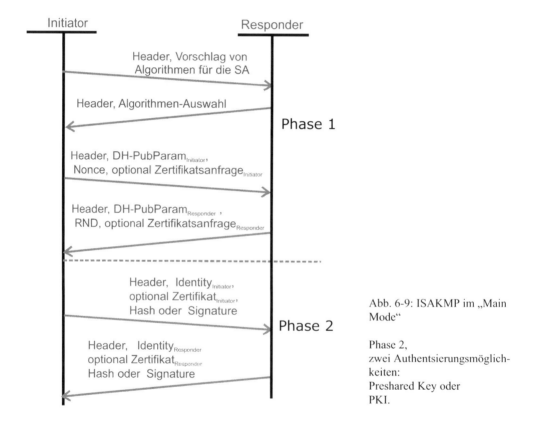

Abb. 6-9: ISAKMP im „Main Mode"

Phase 2, zwei Authentsierungsmöglichkeiten: Preshared Key oder PKI.

In Phase 1 werden Parameter, wie die Lebensdauer und die Authentisierungsmethoden für eine IPSec-Verbindung ausgehandelt. Authentisierung und Schlüsselaustausch werden bei ISAKMP im Main Mode zusätzlich über Diffie-Hellmann abgesichert (siehe im folgenden Schritt 3 und 4, sowie Kap. 4.3). Dieser „IKE-Handshake" umfasst folgende, in Abb. 6-9 dargestellte Schritte:

1. Der Initiator schlägt mehrere Authentisierungs- und Verschlüsselungsalgorithmen vor.

2. Der Responder wählt einen von ihm unterstützten, möglichst sicheren Algorithmus aus.

3. Der Initiator sendet den öffentlichen Teil von seinem Diffie-Hellman-Schlüssel und einen zufälligen Wert (Nonce = number used only once). Der nur für diese Nachricht verwendete Wert der Nonce verhindert eine Replay-Attacke beim Aufbau der SA, da schon einmal gesendete Nachrichten erkannt werden.

4. Der Responder antwortet ebenfalls mit dem öffentlichen Teil von seinem Diffie-Hellman-Schlüssel und einer Zufallszahl (RND), die für die Authentisierung im nächsten Schritt benötigt wird. Mit Hilfe von RND wird eine Man-in-the-Middle-Attacke beim IKE unterbunden.

Mit Hilfe der öffentlichen Diffie-Hellman-Parameter kennen jetzt Initiator und Responder einen gemeinsamen, geheimen Schlüssel, der für die nun folgende Authentisierung zur Verschlüsselung der Nachrichten eingesetzt wird. Dadurch wird es möglich, bei der Authentisierung ausgetauschte Identitäten, wie X.509-Zertifikate und Authentisierungsparameter, geheim zu halten.

In Phase 2 für die ISAKMP-Authentisierung kann eines der beiden folgenden Verfahren eingesetzt werden:

- **Pre-Shared Keys (PSK)**-Authentisierung, basierend auf einem zuvor vereinbartem Geheimnis.

- **Public Key Infrastruktur** (PKI)-Authentisierung mit Hilfe von X.509-Zertifikaten (Kap. 6.1.1.2).

Beide Authentisierungen sind zwar grundsätzlich unterschiedlich, allerdings ist die Folge der DH-verschlüsselten Nachrichten beim Authentisierungsablauf identisch und im ISAKMP spezifiziert. Der **Main Mode** umfasst folgende zwei Authentisierungs-Nachrichten:

1. Zuerst wird eine Authentisierungsnachricht, bestehend aus einem Header, einem Identifier für den Initiator und einem Authentisierungsdatensatz, vom Initiator an den Responder gesendet. Für den Identifier wird in vielen Fällen die Internetadresse des Initiators verwendet. Der Authentisierungsdatensatz ist im Fall von PSK (Pre-Shared Keys) ein Hashwert über den geheimen Schlüssel. Bei PKI-basierender Authentisierung wird zusätzlich das Zertifikat des Initiators mit versendet und statt dem einfachen Hashwert eine digitale Signatur mit dem privaten Schlüssel des Initiators über die Nachricht berechnet.

2. Die Antwort des Responders zu dem Initiator ist ähnlich aufgebaut. Darin ist der Identifier des Responders enthalten. Im Fall der PKI-Authentisierung wird das Zertifikat des Responders mitgeschickt sowie eine digitale Signatur über die Antwort mit dem privaten Schlüssel des Responders berechnet.

Bei dem gerade beschriebenen Authentisierungsablauf zeigt sich der Vorteil von PKI- gegenüber PSK-Authentisierung (Pre-Shared Keys). Eine PSK-Authentisierung ist aufgrund der aufwändigen und deshalb auch sicherheitskritischen Schlüsselverwaltung nur mit wenigen Kommunikationspartnern möglich, da für eine erfolgreiche SA der geheime Schlüssel allen Gegenstellen bekannt sein muss. Dagegen reicht bei einer PKI-basierenden Authentisierung die Bereitstellung der Zertifikate, zum Beispiel über einen Verzeichnisdienst, aus.

Der **Aggressive Mode** (Abb. 6-10) besteht im Gegensatz zu dem zuvor dargestellten Main Mode aus nur drei Sequenzen:

1. In der ersten Nachricht wird vom Initiator an den Responder die eigene Identität (ID-Daten) zusammen mit der Nonce und der Algorithmenauswahl übertragen. Dabei fällt eine Verschlüsselung der Identität mit Diffie-Hellman weg. Deshalb können die Identitäten der am Aufbau der SA beteiligten Teilnehmer nicht vertraulich übermittelt werden.

2. Die Antwort enthält dann die Identität und den Authentisierungsdatensatz des Responders.

3. Die letzte Nachricht ist der Authentisierungsdatensatz vom Initiator an den Responder.

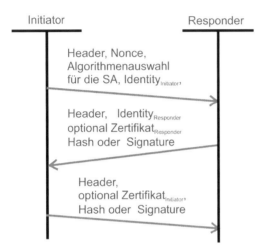

Abb. 6-10: ISAKMP im „Aggressive Mode"

Ein Grund für den Einsatz des „Aggressive Mode" kann vorliegen, wenn die Identität des Initiators dem Responder nicht bekannt ist und eine PSK-Authentisierung durchgeführt werden soll. Dann muss der Responder mit Hilfe der Identität des Initiators, die in der ersten Nachricht des „Aggressive Mode" enthalten ist, den passenden Schlüssel auswählen. Weitere Anwendungsszenarien sind gegeben, wenn ein schnellerer Verbindungsaufbau gewünscht ist und die Auswahl der Algorithmen fest vorgegeben ist, z. B. Verschlüsselung mit 3DES, Hashing mit SHA und Authentifizierung mit RSA.

Der **Quick Mode** kommt nach dem „Main Mode" oder „Aggressive Mode" in der zweiten Phase von IKE zum Einsatz, nachdem bereits eine ISAKMP-SA hergestellt wurde. Die gesamte in Abb. 6-11 dargestellte Kommunikation in der zweiten Phase erfolgt aufgrund der existierenden SA verschlüsselt und dient der Aushandlung einer neuen SA für die anschließende, durch IPSec geschützte Datenübertragung. Der Quick Mode wird über mehrere Hashwerte vor einer Replay-Attacke geschützt.

Dabei gilt Folgendes:

• Hash (1) wird über Teile des Headers der ersten Nachricht und den Algorithmenvorschlag berechnet,

• Hash (2) wird wie Hash (1) berechnet unter Einbezug der Nonce aus der ersten Nachricht,

• Hash (3) wird wie Hash (1) berechnet unter Einbezug beider Werte für die Nonce aus den beiden vorherigen Nachrichten.

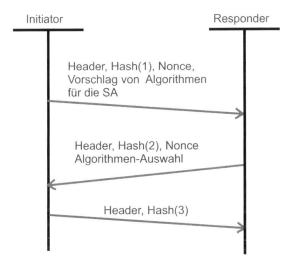

Abb. 6-11: ISAKMP im „Quick Mode"

Die Aushandlung der neuen SA geschieht ohne Bezug zu den Werten der zuvor vereinbarten SA und kann beliebig oft durchgeführt und von jedem IPSec-Teilnehmer initiiert werden. Um die komplette Neuinitialisierung nach dem Aushandeln einer SA im Quick Mode von der vorherigen SA zu entkoppeln, besteht die Möglichkeit im Quick Mode wieder einen Diffie-Hellmann-Schlüsselaustausch vorzuschalten. So wird eine *Perfect Forward Security* (PFS) sichergestellt. PFS verhindert einen Rückschluss von zuvor verwendeten Schlüsseln auf die Schlüssel der gerade ausgehandelten SA.

6.4.2   Authentication Header

Authentication Header (AH) ist eine Transportabsicherung nach RFC 2402 [RFC2402], die eine Authentizität des Senders sowie die Integrität und die Nichtabstreitbarkeit von versendeten Daten gewährleistet. Eine Verschlüsselung, um die Vertraulichkeit sicherzustellen, beinhaltet AH jedoch nicht.

Der in Abb. 6-12 dargestellte IPSecAH-Header wird nach einem IP-Header eingefügt, sichert aber das ganze IP-Paket inklusive des davor liegenden IP-Headers ab. Der *Security Parameter Index* (SPI) steht dabei für die Parameter einer SA, die durch einen vorgeschalteten IKE ausgehandelt wurden. Durch einen Sequenzzähler (Sequence Number Field) bietet AH auch Schutz vor Replay-Attacken.

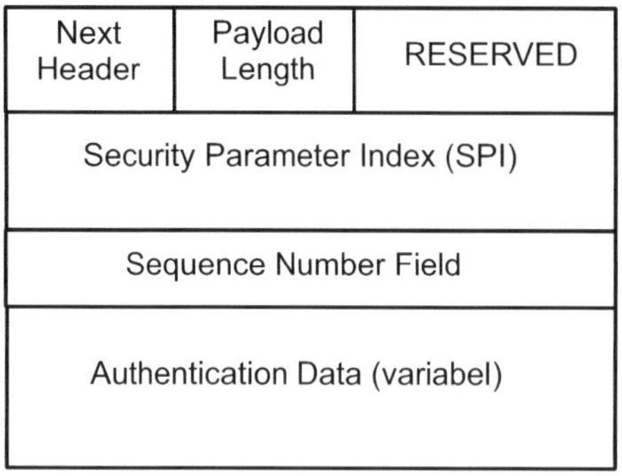

Next Header	Payload Length	RESERVED
Security Parameter Index (SPI)		
Sequence Number Field		
Authentication Data (variabel)		

Abb. 6-12: Authentication Header

AH versucht die Integrität möglichst aller invarianten Felder eines IP-Pakets zu schützen. Für diese Integritätssicherung wird ein *Integrity Check Value* (ICV) berechnet, der im Authentication Data Feld des IPSecAH-Headers abgelegt ist. Für die Berechnung des ICV können die zwei verschiedenen MAC-Algorithmen HMAC-SHA oder HMAC-MD5 verwendet werden. Bei der Berechnung des MAC werden die in Abb. 6-13 grau dargestellten Felder ausgeschlossen, die sich auf dem Weg eines IP-Pakets durch ein IP-Netz, z.B. durch Routing, verändern können:

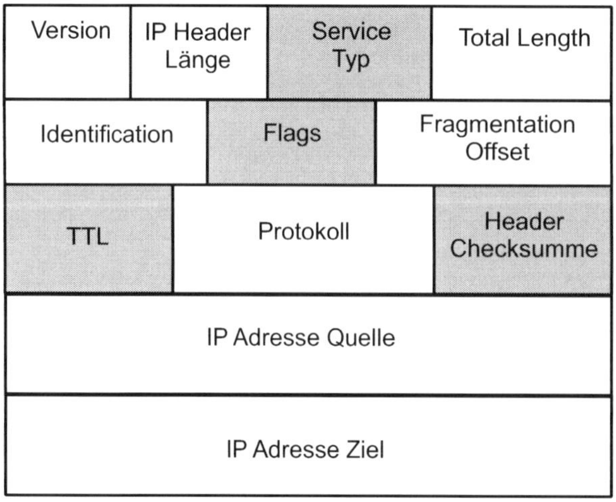

Version	IP Header Länge	Service Typ	Total Length
Identification	Flags		Fragmentation Offset
TTL	Protokoll		Header Checksumme
IP Adresse Quelle			
IP Adresse Ziel			

Abb. 6-13: Feste und veränderbare Felder eines IPv4-Headers

- Laut RFC ist der **Service Typ** (Type of Service) unveränderbar, er wird aber trotzdem von manchen Routern modifiziert.

- Bei den **Flags** kann ein Router das DF (don't fragment) bit setzen, auch wenn es von der Quelle nicht gewählt wurde.

- AH ist nur im Zusammenhang mit nicht fragmentierten IP-Paketen möglich. Deshalb wird ein **Fragmentation Offset** immer 0 sein und ist von der MAC-Berechnung ausgeschlossen.

- Jeder Hop über einen Router verringert den Wert der Lebensdauer (**TTL,** Time To Live) des IP-Pakets.

- Jede Veränderung eines Feld im IPv4-Header bedeutet auch eine andere **Checksumme**.

6.4.3   Encapsulated Security Payload

Das ESP-Protokoll (Encapsulating Security Payload) nach RFC 2406 [RFC2406] stellt im Unterschied zum AH auch die Vertraulichkeit der übermittelten Daten sicher. Zusätzlich wird bei ESP eine Datenintegrität und Authentisierung des Senders ähnlich wie bei AH gewährleistet. Dabei kann gewählt werden, ob Verschlüsselung und Sender-Authentisierung oder nur einer der beiden Sicherheitsmechanismen eingesetzt wird.

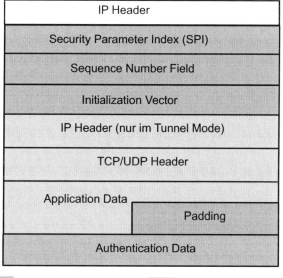

ESP Header und Trailer   Verschlüsselt mit ESP   Abb. 6-14: ESP geschütztes
                                                                                    IP-Paket

Die ESP-Sicherung erstreckt sich, wie in Abb. 6-14 dargestellt, auf die Daten zwischen ESP-Header und ESP-Trailer. Ein davor liegender IP-Header kann deshalb im Unterschied zu AH nicht gesichert werden, da der Integrity Check Value (ICV) aus dem Authentication-Data-Feld im ESP-Trailer nur Daten aus dem Bereich vom ESP-Header bis zum ESP-Trailer einbezieht. Für die Authentisierung kommen wie bei AH verschiedene MAC-Verfahren in Frage, bei denen der symmetrische Schlüssel über eine zuvor ausgehandelte SA bereitgestellt wird.

Der ESP-Trailer enthält einerseits die Padding-Bytes, um die Verschlüsselung der Transport-
daten aufzufüllen, und andererseits das erwähnte Authentication-Data-Feld. In die Berechnung
des ICV (Integrity Check Value) gehen nur die Padding-Bytes ein. Wie beim AH enthält der
ESP-Header auch einen Security Parameter Index mit den Werten der gültigen SA (Security
Association) und eine Sequence Number zur Verhinderung von Replay-Attacken. Zusätzlich
gibt es noch einen Initialisierungsvektor (IV), der zur Initialisierung der Verschlüsselung bei
bestimmten Block Modi, z.B. CBC, dient. Das Zusammenspiel von Verschlüsselungsalgorithmus, Block Modus und IV ist für bestimmte Konstellationen in eigenen RFCs definiert. Zum
Beispiel belegt nach RFC 2405 [RFC2405] der IV beim DES im CBC-Mode die ersten 64 Bits
des Nutzdatenfelds.

6.4.4   Tunnel-Modus

Im IPSec Tunnelmodus (Tunnel Mode) wird das ursprüngliche IP-Paket gekapselt und die
Sicherheitsdienste von IPsec auf das komplette Paket angewandt. Der neue, äußere IP-Header
dient dazu, die Tunnel-Enden, also die kryptographischen Endpunkte im Internet zu adressie-
ren, während die (Intranet-)Adressen der eigentlichen Kommunikationsendpunkte im inneren
IP-Header stehen. Der IPSec-Header wird in den IPSec-Gateways, die auch gleichzeitig Tun-
nelendpunkte sind, zwischen dem äußeren und inneren Header eingefügt.

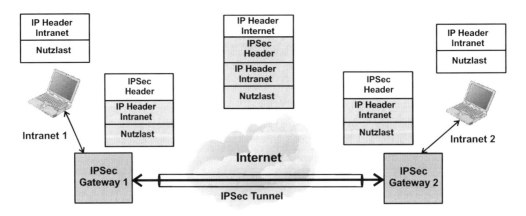

Abb. 6-15: Einsatz eines IPSec Tunnels: Über IPSec gesicherte Anteile sind im Protokollstack grau hinterlegt.

Der ursprüngliche, innere IP-Header ist für Router und Gateways auf dem Weg zwischen den
Tunnelenden nur Nutzlast und wird erst wieder verwendet, wenn das empfangende Security-
Gateway die IPSec-Kapselung entfernt hat und das Paket dem eigentlichen Empfänger im
lokalen Netz zustellt (Abb. 6-15). Ein Angreifer des IP-Datenverkehrs kann nur die Tunnel-
Endpunkte des IPsec-Tunnels beobachten, nicht aber die Header und Inhalte der getunnelten
IP-Pakete. Somit kann ein Angreifer keine Informationen über lokale Netze hinter den IPSec-
Gateways sammeln.

Im Tunnelmodus können zwei lokale IP-Netze abgesichert über ein offenes Netz (Internet), kommunizieren. Neben diesen Gateway-zu-Gateway-Verbindungen wird der Tunnelmodus auch oft für Client-zu-Gateway-Verbindungen verwendet, bei der sich ein einzelner Rechner über ein offenes Netz in ein lokales (Firmen-)Netz einklinkt. Eine Client-zu-Client-Verbindung, bei der an beiden Seiten Tunnel-Ende und Kommunikationsendpunkt zusammenfallen, ist im Tunnelmodus ebenfalls möglich, kommt aber in der Praxis eher selten vor. Ein Vorteil des Tunnelmodus ist, dass bei der Gateway-zu-Gateway-Verbindung in den Gateways zentral IPsec für alle Rechner in den lokalen Netzen konfiguriert werden kann.

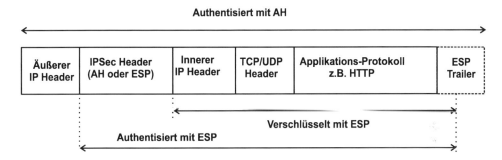

Abb. 6-16: Protokollheader im IPSec Tunnel Mode

Man beachte, dass durch den Authentication-Header (AH) für das gesamte Datenpaket in Abb. 6-16 Authentizität (und Integrität) sichergestellt wird. Der ESP-Header (Encapsulating Security Payload) sichert die Authentizität nur für das „innere ESP-Paket".

6.4.5   Transport-Modus

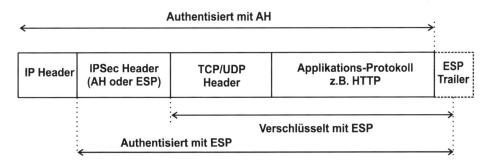

Abb. 6-17: IPSec Transport Mode

Im IPSec-Transportmodus folgt auf den IPSec-Header direkt der Transport-Header, wie in Abb. 6-17 dargestellt. Der wesentliche Unterschied zu Abb. 6-16 ist, dass im Transportmodus der innere IP-Header fehlt.

Im Gegensatz zum Tunnelmodus kommt im Transportmodus kein weiterer äußerer IP-Header hinzu, sondern der ursprüngliche IP-Header wird für die Adressierung im Internet verwendet. Der Transportmodus wird verwendet, wenn die „kryptographischen Endpunkte" auch die „Kommunikations-Endpunkte" sind. Nach dem Empfang des IPsec-Paketes werden die ursprünglichen TCP/UDP-Pakete ausgepackt und an die höher liegende Schicht im Protokollstack des Zielrechners weitergereicht. Der Transportmodus wird hauptsächlich für Client-zu-Client oder Client-zu-Gateway-Verbindungen verwendet, zum Beispiel für das Netz-Management.

6.5   Sicherheit bei der Echtzeit-Datenübertragung

Um kontinuierliche Datenströme, wie sie z.B. bei der IP-Telefonie vorkommen, zu übertragen, wurden von der IETF spezielle Protokolle entwickelt. Das *Real-Time Transport Protocol* (RTP) nach RFC 3550 [RFC3550] und das *RTP Control Protocol* (RTCP) nach RFC 3605 [RFC3605] dienen der kontinuierlichen Übertragung von audiovisuellen Daten (Streams) in IP-Netzen. Beide verfügen erst einmal über keine Sicherheitsmechanismen. Es ist aber verständlich, dass die Sicherheit der Übertragung von Multimediadaten im Internet eine wichtige Rolle spielt. Deshalb kann eine RTP/RTCP-Übertragung über eine unterlagerte IPSec-Verbindung abgesichert werden. In diesem Fall ist die IPSec-Sicherheit für die RTP/RTCP-Übertragung transparent und muss im RTP/RTCP-Protokoll nicht berücksichtigt werden. Dadurch ist sichergestellt, dass alle empfangenen Pakete authentisch sind. Die Authentizität bezieht sich nur auf empfangene IP-Pakete. Daneben können beim IP-Dienst IP-Pakete verloren gehen, die also gar nicht empfangen werden.

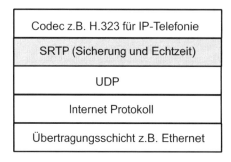

| Codec z.B. H.323 für IP-Telefonie |
| SRTP (Sicherung und Echtzeit) |
| UDP |
| Internet Protokoll |
| Übertragungsschicht z.B. Ethernet |

Abb. 6-18: Aufbau des Internet-Protokollstacks bei der gesicherten Übertragung von Echtzeitdaten

Eine andere Variante ist die Übertragung von Multimediadaten über *Secure RTP/RTCP/*SRTP, (SRTP, Abb. 6-18), die im Folgenden vorgestellt wird. SRTP nutzt als Transportdienst den verbindungslosen UDP-Dienst (User Datagram Protocol). Bei einer Nutzung von TCP (Transmission Control Protocol) würden bei Übertragungsfehlern IP-Pakete wiederholt werden und damit Verzögerungen auftreten, was dem Real-Time-Ziel widerspricht.

6.5.1   SRTP und SRTCP

Das *Secure Real-time Transport Protocol* (SRTP) erweitert das RTP-Protokoll um die Möglichkeit, Multimediadaten zu verschlüsseln, ihre Integrität und ihren Ursprung sicherzustellen und ein Wiedereinspielen von bereits versendeten Paketen zu erkennen. Dieses relativ neue Internet-Protokoll wurde von Cisco und Ericsson entwickelt und als RFC3711 [RFC3711] im März 2004 vorgestellt. Da RTP und RTCP eng miteinander verwoben sind, gibt es auch eine SRTCP-Variante zur Absicherung der Steuerinformationen. Die sicheren Varianten erweitern jeweils die unsicheren Varianten um die Möglichkeiten, Datenpakete zu verschlüsseln und zu authentisieren. Es wurde beim Design von SRTP/SRTCP darauf geachtet, RTP/RTCP um möglichst kompakte Datenstrukturen zu erweitern, damit die Performanceeinbußen durch Sicherheit bei der Echtzeit-Datenübertragung möglichst gering bleiben.

Zur optionalen Verschlüsselung wird standardmäßig bei SRTP/SRTCP der AES mit einer Schlüssellänge von 128 Bit eingesetzt. Um eine Verschlüsselung von Datenströmen zu ermöglichen, kann der Block-Algorithmus AES (Kap. 2.6) in zwei Modi betrieben werden:

- **Segmented Integer Counter Mode** - Bei diesem bereits in Kap. 2.7 vorgestellten Zählermodus hängt die Verschlüsselung des nachfolgenden Datenpakets nicht von der Verschlüsselung des vorherigen ab. Dadurch ist das Verfahren resistent gegen den Verlust eines Datenpakets, der jederzeit bei der Echtzeitkritischen Übertragung in offenen Netzen vorkommen kann.

- Der **f8-Modus** ist eine Variation des in Kap. 2.7 vorgestellten OFB (Output Feedback Mode), der um eine Suchfunktion und eine veränderte Initialisierung erweitert wurde.

Um nur Integrität und keine Vertraulichkeit sicherzustellen, kann SRTP in der sogenannten "NULL cipher"-Konfiguration genutzt werden. Die Multimediadaten werden dabei unverschlüsselt übertragen. Der Ursprung und die Unveränderbarkeit der Daten ist allerdings über den durch HMAC gesicherten Nachspann, dem sogenannten „authentication tag", weiterhin garantiert. Diese Variante ohne Verschlüsselung entspricht von der Sicherheit einem Einsatz von IPSec im AH-Modus.

In beiden Sicherheitsprotokollen wird ein HMAC zur Integritätssicherung verwendet. Bei SRTP steht allerdings nur der SHA1-Hashalgorithmus zur Verfügung. Das 160 Bit Ergebnis wird noch mal auf die Hälfte verkürzt, d.h. 80 Bit statt der Kürzung auf 96 Bit bei IPSec. Der HMAC wird über die Nutzlast, die das ursprüngliche RTP/RTCP-Paket enthält, den Header und eine Sequenznummer berechnet. Durch den Einbezug einer Sequenznummer in die HMAC-Berechnung kann eine Replay-Attacke unterbunden werden.

Ein Nachteil des SRTP-RFCs (RFC, Request for Comments) ist die feste Verknüpfung mit dem AES-Algorithmus. Technisch wäre eine Erweiterung um andere Verschlüsselungsverfahren durchaus möglich, allerdings schreibt der Standard vor, AES zu nehmen. Somit können Standard-konforme SRTP-Implementierungen nur mit AES zusammen realisiert werden.

6.5.2 MIKEY

Ein zu SRTP und SRTCP passendes Schlüssel-Management-Protokoll ist das *Multimedia Internet KEYing* (MIKEY)-Protokoll. MIKEY nach RFC 3830 [RFC3830] dient zum Initialisieren der Schlüssel für eine Multimedia-Datenübertragung, ähnlich wie IKE zur Initialisierung einer IPSec-Verbindung. Allerdings wurde darauf geachtet, einen möglichst kompakten Handshake zu definieren, um einen schnellen Verbindungsaufbau, z.B. für ein IP-Telefongespräch, zu ermöglichen.

Für die Initialisierung einer sicheren Verbindung mit MIKEY genügen zwei Nachrichten, eine Initialisierungsnachricht vom Initiator an den Responder und eine passende Antwort. Deshalb benutzt MIKEY auch keine Challenge-Response-Authentisierung. Stattdessen wird, wie in Abb. 6-19 dargestellt, mit den MIKEY-Nachrichten ein Zeitstempel ausgetauscht, um eine Replay-Attacke zu verhindern. Dieser Zeitstempel setzt einigermaßen synchronisierte Uhrzeiten bei Sender und Empfänger oder den Einsatz eines Synchronisierungs-Protokolls voraus.

Der eigentliche Schlüsselaustausch erfolgt über den KEMAC-Datensatz (Key Encrypted + MAC). Der verschlüsselte KEMAC-Datensatz beinhaltet einen zufällig gewählten Transportschlüssel, der für eine anschließende SRTP-Verbindung genutzt werden kann, und ist zusätzlich über einen MAC gesichert. Auf Wunsch des Initiators kann der Responder seiner Antwort eine Verifikations-Nachricht V hinzufügen, mit der er sich auch authentisiert.

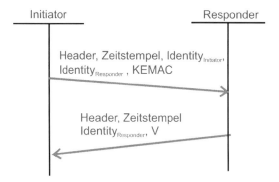

Abb. 6-19: MIKEY Authentisierung in der PSK-Variante

MIKEY unterstützt drei verschiedene Varianten:

- **Pre-Shared-Keys (PSK)**: Hier verfügen beide Kommunikationspartner über einen gemeinsamen, geheimen symmetrischen Schlüssel, der direkt zur Ableitung von Schlüsseln für die KMAC-Verschlüsselung und KMAC-Integritätssicherung genutzt wird. Da die Sicherheit auf der Geheimhaltung dieses Schlüssels beruht, treten ähnliche administrative Probleme auf wie bei IKE im PSK-Modus.

- **Public Key Infrastruktur (PKI)**: Die Initiator-Nachrichten sind über eine Signatur gesichert. Im Unterschied zu PSK wird der KMAC-Verschlüsselungsschlüssel mit dem öffentlichen Schlüssel des Responders verschlüsselt.

- **Diffie-Hellman**: Bei diesem Verfahren sind beide Parteien an der Aushandlung des gemeinsamen Schlüssels beteiligt, da die öffentlichen DH-Parameter in die Verschlüsselung von KMAC eingehen. Deshalb ist dieses Verfahren nicht verwendbar, wenn mehr als zwei Parteien an einem MIKEY-Schlüsselaustausch teilnehmen wollen.

6.5.3 ZRTP

Eine spezielle Variante für den Schlüsselaustausch, um eine SRTP-Datenübertragung zu initieren, ist ZRTP (Zimmermann (secured) Realtime Transport Protocol). ZRTP wurde von Phil Zimmermann zusammen mit Alan Johnston und Jon Callas entworfen und soll beim Aufbau von sicheren VoIP-Verbindungen eingesetzt werden. Deshalb ist ZRTP auch in der Telefonie-Software namens Zfone [Zfone] implementiert.

Derzeit wird gerade in der IETF ein RFC zu ZRTP erarbeitet. ZRTP regelt den Schlüsselaustausch innerhalb der RPT-Verbindung, d.h. der eigentliche Verbindungsaufbau, z.B. über das SIP (Session Initiation Protocol, [RFC3261]) hat bereits stattgefunden. Dabei wird von ZRTP das RTP-Protokoll verwendet, um mit Hilfe des Diffie-Hellman-Verfahrens einen Schlüssel (Shared-Secret) zu vereinbaren, der anschließend beim Wechsel auf SRTP für die AES-Verschlüsselung eingesetzt wird. ZRTP verwendet beim Diffie-Hellmann keine Gegenmaßnahmen, um einen Man-In-The-Middle-Angriff zu verhindern. Andere Protokolle wie Internet Key Exchange im Main Mode nutzen Zufallszahlen, um diesen Angriff zu verhindern (siehe dazu auch Kap. 6.4.1 Main Mode). Bei der Verwendung von Zfone werden deshalb „administrative" Verfahren gegen einen Man-In-The-Middle-Angriff vorgeschlagen. So sollten sich die Gesprächspartner gegenseitig mit einem vierstelligen Code (Nonce), den sie vorlesen, authentisieren. Es bleibt dem Leser überlassen, die Qualität solcher Maßnahmen zu beurteilen.

6.5.4 DTLS

Da das SSL/TLS-Protokoll (siehe Kap. 6.3) nicht zur Absicherung einer Echtzeit-Datenübertragung geeignet ist, wurde die zu TLS ähnliche DTLS-Sicherungsschicht (*Datagram Transport Layer Security*) entwickelt. Im Gegensatz zu SSL/TLS, das mit TCP eine verbindungsorientierte Transportschicht benötigt, sichert das im RFC 4347 [RFC4347] spezifizierte DTLS die Datenübertragung oberhalb von UDP. Dabei ist DTLS nicht die sichere Variante eines Echtzeit-Protokolls, wie SRTP, sondern eine eigenständige Protokollschicht. Eine wichtige Anwendung für DTLS ist wie bei SRTP die Multimedia- und Sprachdatenübertragung z.B. mittels Voice-over-IP (VoIP).

DTLS wurde in Anlehnung an TLS entwickelt, um die Vorteile von SSL/TLS weiterhin für die Echtzeitdatenübertragung beizubehalten. Zu diesen Vorteilen gehört die Verbindung der Initialisierungsphase im Handshake mit dem eigentlichen Sicherungsprotokoll und auch die im Handshake flexibel definierbaren Authentisierungs- und Verschlüsselungsalgorithmen, die so genannte Cipher-Suite. Es musste lediglich auf die Besonderheit von UDP Rücksicht genommen werden, da UDP im Gegensatz zu TCP nicht den Verlust von Datenpaketen erkennen kann oder die Reihenfolge der Pakete sicherstellt:

- DTLS verfügt über unverschlüsselte Paketnummern und keinen fortlaufenden HMAC, da jederzeit mit einem verlorenen Paket gerechnet werden muss, d.h. eine fortlaufende Absicherung über einen Hashwert somit nicht möglich ist.

- Eine eigenständige DTLS-Replay-Detection soll das Wiedereinspielen von einzelnen Paketen erkennen, da die fortlaufende Absicherung über einen Hashwert, wie erwähnt, nicht möglich ist.

- Pakete können im SSL-Handshake wiederholt werden, da alle Pakete im Handshake notwendig sind, um eine erfolgreiche Authentisierung und einen Schlüsselaustausch zu gewährleisten.

6.6 Sicherheit in Funknetzen

Sicherheit spielt bei Funknetzen mindestens eine genauso große Rolle wie bei der drahtgebundenen Übertragung. Besonders Funknetze sind anfällig für Angriffe, da Angreifer ohne physikalischen Kontakt versuchen können, sich in das Netzwerk einzuklinken. Gerade in der letzten Zeit wird in der Presse häufig von so genannten „wardriving"-Angriffen berichtet, bei denen ein Angreifer aus dem fahrenden Auto heraus versucht, ungeschützte WLAN-Zugriffspunkte (Wireless Local Area Network) zu finden, um sich darüber unberechtigt Zugriff auf Computernetze zu verschaffen oder ungesicherte Daten mitzulesen. Eine Gegenmaßnahme gegen „wardriving" ist das im Folgenden vorgestellte EAP-Verfahren, das nur authentisierten Benutzern Zugriff auf den WLAN-Zugriffspunkt erlaubt. WEP (Wired Equivalent Privacy), WPA/WPA-2 (Wireless fidelity Protected Access) sind Verschlüsselungsverfahren für die Luftschnittstelle, die das unberechtigte Mitlesen von Daten verhindern.

6.6.1 EAP

EAP (*Extensible Authentication Protocol*) ist ein Authentisierungsprotokoll, das hauptsächlich auf der Übertragungsschicht eingesetzt wird. EAP bietet verschiedene Mechanismen an, um ein Gerät oder einen Benutzer, den sog. „Supplicant", bei einer Gegenstelle, dem sog. „Authenticator", anzumelden. Der Supplicant bewirbt sich darum, vom Authenticator authentifiziert zu werden, d.h. seine Identität gegenüber dem Authenticator zu beweisen. Die Aushandlung des konkret eingesetzten Mechanismus erfolgt dabei erst während der Authentisierungsphase. Dabei kann optional ein Authentisierungs-Server eingesetzt werden, der vom Authenticator die Authentisierungs-Nachricht weitergereicht bekommt.

Die Funktionsweise von EAP ist in RFC3748 [RFC3748] definiert. Die Authentisierung beginnt, wie in Abb. 6-20 dargestellt, mit einem Identity-Request-Paket vom Authenticator an den Supplicant. Daraufhin teilt der Supplicant dem Authenticator in der Antwort seine Identität, noch ohne Beweis, mit. Mit dieser Identität kann der Authenticator oder das Hintergrundsystem das für den Supplicanten bestimmte Authentisierungsverfahren und die Authentisierungsparameter selektieren. Jetzt kann der Authenticator den Supplicanten mit einem Authentication-Request auffordern sich zu authentisieren. Diese Anfrage wird mit einem Authentication-Response-Paket, das im Datenfeld die jeweilige Authentifizierung (Identität, Passwort,

Hash-Wert,...) enthält, beantwortet. Optional kann der Authenticator weitere Request-Pakete versenden. Abgeschlossen wird die Authentifizierung mit einem Success-/Failure-Paket vom Authenticator.

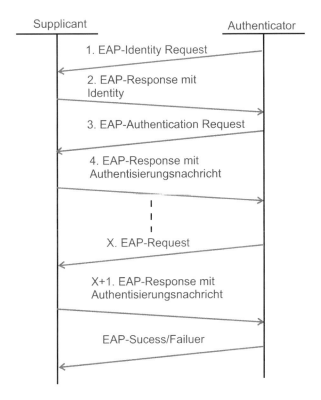

Abb. 6-20: EAP-Authentisierung des Supplicant beim Autenticator. (EAP, Extensible Authentication Protocol)

Wie in Abb. 6-20 dargestellt, besteht sogar die Möglichkeit, mehrere unterschiedliche Authentisierungen durch mehrfache Authentication-Request-Response-Sequenzen zu kaskadieren. Dabei gibt der Authenticator das gewünschte Verfahren vor. Mittlerweile gibt es über 40 EAP-Authentisierungs-Verfahren. Davon sind die 5 bekanntesten:

EAP-MD5: Bei dieser Challenge-Response-Authentisierung (Kap. 5.2) wird in der Anfrage vom Authenticator ein Zufallswert übertragen. Die Antwort vom Supplicanten ist dann der Hashwert, der über den Zufallswert und ein zuvor vereinbartes Passwort mittels MD5 gebildet wird.

EAP-OTP: Die Anfrage enthält eine OTP-Challenge (*One-Time-Passwort*). In der Antwort steht dann eine auf diese OTP-Challenge passende OTP-Response (Kap. 5.1.2).

EAP-TLS: Hier wird die Authentisierung des SSL/TLS-Handshakes (siehe Kap. 6.3.1 „Das SSL-Handshake") eingesetzt. Häufig wird EAP-TLS zur Authentisierung bei WLAN-Routern verwendet. Dabei ist der Authenticator im WLAN-Router realisiert und kann die Authentisie-

rungsanfrage optional an einen Authentisierungs-Server, der die Benutzerverwaltung übernimmt, weiterleiten.

EAP-SIM: Bei EAP-SIM wird zur Authentisierung die SIM-Chipkarte (*Subscriber Identity
Module*) des GSM-Systems benutzt („Handy", Kap. 7.5.1). Im GSM-System dient der Sitzungsschlüssel K_c zur Verschlüsselung der Gesprächsdaten. Bei EAP-SIM wird dieser Sitzungsschlüssel K_c jedoch entsprechend [RFC4186] dazu benutzt, um eine EAP-
Authentisierung durchzuführen. Dafür ist es notwendig, dass sowohl der Supplicant, als auch
der Authenticator über denselben geheimen Teilnehmerschlüssel K_j verfügen. Der Teilnehmerschlüssel K_j ist normalerweise sicher in einer SIM-Chipkarte oder dem Authentisierungscenter
AUC des Mobilfunkbetreibers untergebracht. Hier muss dieser Schlüssel K_j dem Supplicant
und Authenticator sicher zur Verfügung gestellt werden. Der Supplicant, z.B. eine kombinierte
GPRS-WLAN-PCMCIA-Karte für den PC oder ein Mobiltelefon mit WLAN-Funktionalität,
verfügen deshalb über eine SIM-Karte als sicheren Speicher für K_j. Der Authenticator greift
auf einen Authentisierungs-Server zu, der abhängig von der Identität des Supplicanten den
geheimen Schlüssel K_j beim Authentisierungscenter AUC des Mobilfunkbetreibers anfordert.

Übrigens wurde für die EAP-SIM-Authentisierungen die 64 Bit Schlüssellänge von K_c aus
dem GSM-Standard [GSM03.20] als nicht ausreichend sicher angesehen. Deshalb wird die
GSM-Authentisierung mehrmals durchgeführt, um mit drei erzeugten K_c eine Schlüssellänge
von 192 Bit zu erreichen. Der dafür benötigte Aufwand hält sich in Grenzen, da der GSM-
Algorithmus A8 einfach drei Mal hintereinander ausgeführt wird, um ein Triplett zu berechnen.

EAP-AKA: (AKA, *Authentication and Key Agreement*). Basierend auf der UMTS-
Authentisierung (Kap. 7.5.1.2) wird im RFC 4187 [RFC4187] der AKA-
Authentisierungsvektor AUT für die Anmeldung am Authenticator benutzt. Der Authenticator
greift hier wie bei EAP-SIM auf das Authentisierungscenter AUC des Mobilfunkbetreibers
zurück, um von dort einen Authentisierungsvektor zu bekommen. Der Supplicant bekommt für
seine Authentisierung den Zufallswert RAND und den Authentisierungstoken AUTN aus dem
Authentisierungsvektor übermittelt. Der Supplicant ist somit, im Unterschied zu EAP-SIM,
auch in der Lage, die Authentizität des Authenticators bzw. Authentisierungscenters AUC zu
überprüfen. Nach einer erfolgreichen Überprüfung der Authentizität der Gegenstelle schickt
der Supplicant für die eigene Authentisierung die Antwort RES an den Authenticator zurück.
Jetzt kann der Authenticator den Wert XRES aus dem Authentisierungsvektor mit dem vom
Supplicanten übermittelten Wert RES überprüfen. Bei Übereinstimmung war die EAP-AKA-
Authentisierung erfolgreich.

6.6.2 WEP

Die mittlerweile als unsicher geltende WEP-Verschlüsselung (*Wired Equivalent Privacy*) wird
bzw. wurde vor dem Einsatz von WPA-2 hauptsächlich zur Absicherung von WLAN (Wireless Local Area Networks) nach dem IEEE 802.11-Standard [IEEE99] eingesetzt.

Der in WEP (siehe in Kap. 8.2 in [IEEE99]) eingesetzte RC4-Algorithmus gilt zwar als sicher,
allerdings wurden bei der im WEP eingesetzten Spielart entsprechend Abb. 6-21 bereits in
2001 erste Schwachstellen von den Kryptologen Fluhrer, Mantin und Shamir [FMS01] erkannt. Das WEP-Protokoll verwendet den RC4-Algorithmus als Pseudozufallszahlengenerator,

der einen kontinuierlichen Schlüsselstrom liefert, nachdem er mit einem öffentlichen Initialisierungsvektor (IV) und einem geheimen Schlüssel K „geseedet" wurde (mit „Zufalls-Saatgut"
ausgestattet). Der IV wird mit jedem Datenpaket im Klartext mitgeschickt. Für jedes abzusi-
chernde Datenpaket wird ein neuer 24 Bit langer IV gebildet, der zusammen mit dem geheimen Schlüssel K einen kontinuierlichen Schlüsselstrom ergibt. Dieser Schlüsselstrom wird
über XOR mit den Nutzdaten verknüpft. Vor dieser XOR-Verschlüsselung wird an die Nutzlast ein *Integrity Check Value* (ICV) angehängt, der mittels zyklischer Redundanzprüfung
(engl. CRC, cyclic redundancy check) aus der Nutzlast berechnet wird.

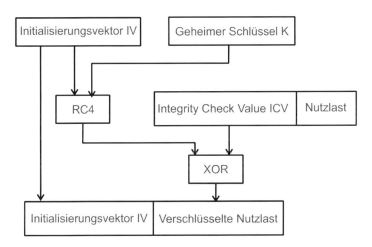

Abb. 6-21: Verwendung von RC4 in WEP

Bei dem oben beschriebenen Verfahren sind folgende Schwachstellen offensichtlich:

- Der Initialisierungsvektor IV wird im Klartext mitverschickt und ist nur 24 Bit lang, d.h. er
  wiederholt sich nach 2^{24} Datenpaketen. Dies ermöglicht einen Angriff auf den geheimen
  Schlüssel K, der auf dem in der Kryptoanalyse seit langem bekannten Verfahren der Auto-
  korrelation beruht.

- Aufgrund der XOR-Verschlüsselung darf ein vom RC4 erzeugter Wert niemals zweimal
  zur Verschlüsselung verwendet werden, da sonst der Klartext rekonstruiert werden kann.
  Das ist allerdings bei WEP nicht ausgeschlossen, da sich der IV nach 2^{24} Datenpaketen
  wiederholt oder oft sogar mit 0 Bytes voreingestellt ist.

- Generell besitzt WEP keine Sicherung gegen Replay-Attacken. Sollten die während einer
  Verbindung ausgetauschten Datenpakete für eine Kryptoanalyse nicht ausreichen, können
  weitere Datenpakete von einem Angreifer beliebig eingeschleust werden.

- Beim "chopchop"-Angriff auf WEP, einer speziellen Art von Replay-Attacke, werden
  abgefangene WEP-Pakete, bei denen sukzessive einzelne Bits modifiziert und der CRC angepasst wurden, wieder eingespielt. Akzeptiert der Router ein derart modifiziertes WEP-

Datenpaket, dann kann der Secret Key aus dem Paket, das jetzt dem Angreifer im Klartext und verschlüsselt vorliegt, rekonstruiert werden.

6.6.3   WPA und WPA-2

Wireless fidelity Protected Access (WPA) und WPA-2 [IEEE04] sind weiterentwickelte Alternativen zu WEP, nachdem sich WEP als unsicher herausgestellt hatte. WPA basiert zwar ebenfalls auf dem in Abb. 6-21 skizzierten Pseudozufallsgenerator und dem RC4-Algorithmus, ist jedoch um zusätzliche Schutzmechanismen erweitert worden. Das bei WPA/WPA2 verwendete TKIP (*Temporal Key Integrity Protocol*) soll die Sicherheit der Verschlüsselung auf Basis der folgenden vier Mechanismen erhöhen:

- Ein *Message Integrity Code* (MIC) verhindert das Einspielen von falschen Nachrichten und unterbindet somit die zuvor erwähnten Replay-Attacken.

- Der in TKIP *(Per-Packet-Key-Mixing)* definierte Schlüsselmix verändert den Secret Key pro Paket und bezieht die MAC-Adresse des jeweiligen Geräts in den Secret Key mit ein. Im Unterschied zu WEP benutzen jetzt alle Teilnehmer zu jedem Zeitpunkt unterschiedliche Schlüssel.

- Ein erweiterter Initialisierungsvektor (IV) mit Abfolgeregeln verhindert, dass der öffentlich übertragene IV doppelt mit einem Schlüssel verwendet wird.

- Re-Keying (Erneuerungsmechanismus für die Schlüssel) verhindert, dass der öffentlich übertragene IV doppelt mit einem Schlüssel verwendet wird.

Insgesamt ist TKIP sicher eine klare Verbesserung im Vergleich zu WEP. Da nach den Vorstellungen der Wi-Fi *(Wireless Fidelity)* ein Upgrade vorhandener WEP-Produkte aber über Software realisierbar sein sollte, beschränkt sich WPA auf die Veränderung der Schlüsselerzeugung. Die Verschlüsselung selbst bleibt mit RC4 identisch. Neben dieser Sicherheitsschwachstelle gibt es mit TKIP auch ein Performance-Problem, denn die WLAN-Karte muss nun zusätzlich einen sehr rechenintensiven MIC bewältigen.

Am 3. Februar 2004 wurde die Erweiterung von WPA (WPA-2) angekündigt. In WPA-2 wurde nicht nur der vollständige 802.11i-Standard umgesetzt, sondern es nutzt auch einen anderen Verschlüsselungsalgorithmus: AES (Advanced Encryption Standard). Hierbei ist zu erwähnen, dass WPA-fähige Geräte, die AES beherrschen, nicht unbedingt WPA-2 unterstützen.

Sowohl die WPA/WPA2-Verschlüsselung als auch die WEP-Verschlüsselung können in kleineren Netzen und bei privat betriebenen WLAN-Zugriffspunkten über zuvor fest eingestellte Schlüssel, so genannte PSKs (Pre-Shared-Keys), konfiguriert werden. Alternativ kann auch eine Authentisierung und ein Schlüsselaustausch über das bereits beschriebene EAP (*Extensible Authentication Protocol*) durchgeführt werden. Die Authentifizierung über EAP wird meist in größeren Wireless-LANs genutzt, da hierfür ein Authentisierungsserver zur Verwaltung der Authentisierungs-Paramter im Zusammenspiel mit dem Authenticator genutzt wird.

7 Chipkarten und Sicherheitsmodule

7.1 Historie

Erste Patente zu „Identitätskarten mit Mikroprozessor" wurden bereits 1970 erteilt. Im Vergleich zu einer Chipkarte ist das *TPM* (Trusted Platform Module) ein relativ neues, kostengünstig zu produzierendes Sicherheitsmodul. Die Verbreitung von TPMs nimmt seit der Gründung der *Trusted Computing Group*, (TCG) im Jahr 2000 stetig zu (früher TCPA, Trusted Computing Platform Alliance).

Seit der Einführung der Telefonkarte im Jahr 1985 in Deutschland sind Chipkarten ein Massenartikel. Im selben Jahr wurden auch die ersten Krankenversicherungs-Karten auf Basis von Speicherkarten ausgegeben, und ein paar Jahre später starteten 1991 die ersten GSM-Netze mit Mikroprozessor-Karten, den so genannten *SIM*s (Subscriber Identity Modules). SIM-Karten sind aufgrund des enormen Wachstums der gesamten Mobilfunkbranche mit mehreren Milliarden produzierter Module die am häufigsten vorkommende und technisch komplexeste Chipkarten-Variante.

Der nächste große Schritt auf dem Gebiet der Chipkarten-Technologie fand 1998 statt, als begonnen wurde, eine spezielle, extrem kompakte und sichere Java™-Variante für Chipkarten (*JavaCard*™) zu entwickeln. Neuere Mikroprozessorkarten, die über eine Java-Laufzeitumgebung verfügen, können mit Java™-Applikationen flexibel, interoperabel und auch nach Kartenausgabe, konfiguriert werden. Gerade die Fortschritte in der Halbleiterindustrie ermöglichen immer leistungsfähigere Chipkarten, die mittlerweile in der Lage sind, kleine multitasking-fähige Betriebssysteme auszuführen. Dies hat auch im neuen Standard JavaCard™ 3 zu deutlichen Erweiterungen und einem Ausbau der Java™-Laufzeitumgebung für Chipkarten geführt.

7.2 Chipkarten-Technologie

7.2.1 Arten von Chipkarten

Grundsätzlich wird bei Chipkarten zwischen Speicher- und Prozessor-Karten unterschieden [RaEf02]. Karten mit einem eigenen Mikroprozessor haben bereits seit ein paar Jahren die einfachen Speicherkarten an Stückzahlen überholt.

Speicher-Karten

Speicher-Karten bestehen nur aus einem einfachen Speicher-Chip, meistens EEPROM, der oft ohne Schutzmechanismen über ein serielles Protokoll beschrieben und gelesen werden kann.

Es gibt intelligentere Varianten, die über einfache Logikschaltungen einen Schreib- oder Lösch-Schutz realisieren oder einfache Krypto-Routinen ausführen. Speicher-Karten sind deshalb meistens nur für einen bestimmten, begrenzten Einsatzzweck geeignet, wie z.B. Telefonkarten, und können nach Ausgabe nicht mehr mit neuen Funktionalitäten versehen werden. Ein Vorteil ist der geringe Preis, der allerdings durch einen stetigen Preisverfall bei Prozessor-Karten relativiert wird. Die neuen Krankenkassen-Karten sind ein gutes Beispiel für den Trend von einfachen Speicherkarten zu leistungsfähigeren Prozessor-Karten.

Prozessor-Karten

Prozessorkarten besitzen eine eigene *CPU* und Speicher für Daten und Programmcode. Meistens ist die CPU um eine eigene Arithmetikeinheit, z.B. für Langzahlen- und Modulo-Operationen, erweitert. Diese Arithmetikeinheit wird für die Beschleunigung von rechenintensiven Kryptoroutinen benötigt. Prozessor-Karten sind mit einem eigenen Betriebssystem ausgestattet und können durch Applikationen an unterschiedliche Anforderungen und Infrastrukturen angepasst werden. Gerade neuere Systeme mit einem *Java-Interpreter* verfügen sogar über die Möglichkeit, auf sichere Weise Programme nach Kartenausgabe nachzuladen.

Kontaktlose Chipkarten

Aktuell sind Chipkarten, die über eine kontaktbehaftete Schnittstelle angesprochen werden, am weitesten verbreitet. Es zeichnet sich allerdings ein starker Trend zu kontaktlosen Chipkarten in verschiedenen neuen Anwendungen ab. Ein Beispiel hierfür ist die kontaktlose Chipkarten-Technologie in der nächsten Generation von digitalen Reisedokumenten. Durch die Kontaktlos-Technologie werden neue Anwendungen für Chipkarten erschlossen, und oft ergänzen sich kontaktlose und kontaktbehaftete Schnittstellen auf einer Chipkarte.

Kontaktlose Chipkarten [Fink06] sind entweder über eine induktive oder kapazitive Kopplung mit einem Chipkarten-Leser verbunden. In den meisten Fällen beträgt die Reichweite solcher Anbindungen weniger als 10 cm, obwohl technisch längere Distanzen möglich sind. Weitere Varianten der kontaktlosen Chipkarten-Technologie sind Chipkarten in Mobiltelefonen, die über einen „Mittler"-Chip kontaktlos kommunizieren. Dieser „Mittler"-Chip setzt die kontaktlose Kommunikation nach dem *NFC*-Standard (Near Field Communication) in eine drahtgebundene Kommunikation zum Sicherheits-Element um. Dabei handelt es sich um eine Protokollumsetzung, die jedoch keinen Einfluss auf die Sicherheit hat. Chipkarten-Sicherheitsprotokolle, wie *SCM* (Secure Messaging), sind davon nicht betroffen. Als Sicherheits-Element im Mobiltelefon kann eine spezielle SIM oder eine weitere Chipkarte genutzt werden.

7.2.2   Anwendungen

Hauptsächlich werden Chipkarten als sicherer portabler Speicher, u.a. für kryptographische Schlüssel, und als sichere Recheneinheit für Krypto-Operationen eingesetzt. Das ist der Fall in:

- Anwendungen der Telekommunikation, wie SIM-Karten oder auch der klassischen Telefonkarte
- Banken-Applikationen, wie elektronische Geldbörsen, Credit- und Debit-Karten und bei sicherem Homebanking mit HBCI (Home Banking Computer Interface)

- Neue Applikationen im Gesundheitswesen, wie Krankenkassenkarte oder Heilberufsausweis

- Sicherheitskritische Anwendungen in der Informationstechnologie, wie digitale Unterschriften, Identifizierung und Authentifizierung, Zugriff auf Rechner und Datenbanken

- Service-Anwendungen wie Pay-TV, Transportwesen, Zutrittskontrolle.

Mit der zunehmenden Rechnerleistung von Prozessor-Karten ergeben sich neue technische Möglichkeiten für Chipkarten, die bis vor kurzem nur auf PCs zur Verfügung standen.

Internet-fähige Chipkarten: Die Chipkarte wird durch einen Internet-Protokollstack im Betriebssystem und durch eine I/O-Schnittstelle mit hoher Bandbreite zu einem eigenen Netzwerkknoten.

Chipkarten mit großem Flash-Speicher (mehrere hundert MB!): Verwaltung lizenzpflichtiger Multimedia-Daten im Zusammenhang mit der kostenpflichtigen und kontrollierten Verteilung über das Internet, wie in verschiedenen DRM (Digital Rights Management)-Szenarien beschrieben.

Chipkarten mit mehreren I/O-Schnittstellen: Multitaskingfähige Chipkarten-Betriebssysteme, ähnlich den klassischen Rechner-Betriebssystemen [HiSp06], ermöglichen neue Anwendungen, wie z.B. eine parallele Kommunikation über verschiedene I/O-Schnittstellen. Dadurch kann zum Beispiel eine Chipkarte im Mobiltelefon gleichzeitig den Mobilfunk-Anwender authentisieren und für eine Zutrittskontrolle über die NFC-Schnittstelle im Mobiltelefon genutzt werden.

7.3 Aktuelle und zukünftige Chipkarten-Architekturen

Die Chipkarten-Technologie ist grundlegend spezifiziert durch den Standard *ISO/IEC 7816* (siehe [ISO03]). Beinahe alle relevanten Parameter, begonnen von den mechanischen, physikalischen bis hin zu den elektrischen Eigenschaften, werden von dieser ISO/IEC-Reihe vorgeschrieben.

Weitere wichtige Standards kamen erst später hinzu und bestimmen in vielen Fällen die Applikations-Schnittstelle zu anderen Infrastrukturen, wie der *GSM*-Standard (Global System for Mobile Communications) bei Mobiltelefon-Chipkarten, sog SIMs (Subscriber Identity Modules), oder die Spezifikationen des Zentralen Kreditausschusses (ZKA) für Bankenkarten in Deutschland.

Ein neuerer Standard in der Chipkarten-Welt ist der JavaCard-Standard (siehe [JC06]). Der JavaCard-Standard von der Firma SUN Microsystems war der erste allgemein veröffentlichte Standard, der sich bei Chipkarten mit einem Betriebssystem und einer öffentlichen Programmierschnittstelle befasste. Sie ermöglichen es, Applikationen nach Kartenausgabe zu laden. Mit Hilfe des JavaCard-Standards wird eine Interoperabilität von JavaCard-Applikationen im Zusammenspiel mit Java-Chipkarten unterschiedlicher Hersteller erreicht.

Dieses Kapitel befasst sich, ausgehend von den Sicherheits-Eigenschaften von Chipkarten, mit den in der Chipkarten-Welt relevanten Standards und Betriebssystem-Konzepten.

7.3.1 Sicherheit von Chipkarten

Die Sicherheit von Chipkarten basiert auf verschiedenen Faktoren. Gerade ein Zusammenspiel aus sicherer Hardware und Software ist bei allen gekapselten Sicherheitsmodulen notwendig, um ein hohes Maß an Sicherheit vor verschiedenen Angriffen zu erreichen.

a) Schutz auf Basis sicherer Hardware

Die Hardware von Chipkarten unterscheidet sich gegenüber anderen „Embedded" Systemen durch spezielle Sicherheits-Mikrocontroller, die hinsichtlich verschiedener physikalischer Attacken (Microprobes, Seitenkanalattacken, …) spezielle Gegenmaßnahmen aufweisen. Zum Beispiel sind interne Leitungen des Datenbusses so „verdrahtet", dass ein Abgreifen mit Microprobes fast unmöglich wird. Zusätzlich werden auch im µController Daten verschlüsselt zwischen Recheneinheit und Speicher übertragen. Der Chip selbst ist gegen chemische Attacken, wie dem Abtragen von Schichten durch Säuren, ebenfalls geschützt.

b) Schutz der Datenübertragung

Daten, die zwischen Chipkarte und Terminal ausgetauscht werden, können mit Hilfe einer Protokollverschlüsselung, dem so genannten *Secure Messaging* (*SCM*), verschlüsselt werden. Dabei werden ähnliche Krypto-Verfahren genutzt wie bei den Sicherheitsprotokollen im Internet. Im Gegensatz zum Internet wurden allerdings die Chipkarten-Protokolle von Anfang an auf hohe Sicherheit ausgelegt, und zusätzlich wurden die Gegebenheiten von ressourcenbeschränkten Systemen berücksichtigt. Dennoch werden auch bei der Chipkarte rechenintensive asymmetrische Verfahren verwendet. Wie bei dem SSL/TLS-Protokoll (Kap. 6.2.3) werden auch bei Chipkarten asymmetrische Kryptoverfahren für den Austausch von Transportschlüsseln verwendet. Die anschließend übertragenen Daten sind symmetrisch verschlüsselt und auch mit MAC-Berechnungen zusätzlich vor Veränderung geschützt.

c) Authentisierte Zugriffe

Chipkarten geben in den meisten Fällen Daten nur nach einer vorherigen Authentisierung preis. Das kann in den einfachsten Fällen eine *PIN* (Personal Identification Number) sein. Nach der Eingabe einer PIN durch den Benutzer sind auf der Chipkarte kryptographische Schlüssel für weitere Authentisierungs-Vorgänge frei geschaltet. Da eine kurze, leichtmerkbare PIN ein relativ unsicheres Verfahren ist, wird die Eingabe der PIN mit einem Fehlbedienungszähler abgesichert. In bestimmten Fällen kann dieser Fehlbedienungszähler mit einer *PUK* (Personal Unblocking Key) zurückgesetzt werden. In Zukunft werden sich hier aber aus Sicherheits- und Komfort-Gründen immer mehr biometrische Verfahren zur Benutzerauthentisierung durchsetzen. Gerade ein Vergleich von biometrischen Daten auf einer Chipkarte („Match-On-Card") bietet ein hohes Maß an Sicherheit und ist mit leistungsfähigen Chipkarten ohne allzu lange Wartezeit für den Anwender machbar.

Im Falle einer Maschine-zu-Maschine-Schnittstelle, wie zwischen Chipkarte und Terminal, kommen zur Authentisierung kryptographische Verfahren zum Einsatz. Ein häufig eingesetztes kryptographisches Verfahren ist die symmetrische Challenge-Response-Authentisierung, die in folgender Grafik dargestellt ist. Bei der Authentisierung zwischen Chipkarte und Terminal werden drei Verfahren unterschieden:

- Internal Authentication: Die Chipkarte authentisiert sich gegenüber dem Terminal
- External Authentication: Das Terminal authentisiert sich gegenüber der Chipkarte

- Mutual Authentication: Beide Parteien authentisieren sich gegenseitig

Bei dem in Abb. 7-1 dargestellten „Internal Authenticate" schickt das Terminal eine Zufalls-zahl X an die Chipkarte. Die Chipkarte weist ihre Authentizität dadurch nach, dass sie diese „challenge" X mit dem richtigen Schlüssel k verschlüsselt. Über diesen Schlüssel verfügt auch das Terminal und prüft damit die korrekte Authentisierung. Der zur jeweiligen Chipkarte pas-sende symmetrische Schlüssel wird im Terminal aufgrund der Kartendaten ermittelt, die vor der Authentisierung gesendet wurden.

Durch die Zufallszahl X als „challenge" wird eine Replay-Attacke verhindert d.h. ein Angrei-fer kann keine Authentisierungssequenz mitschneiden und zu einem späteren Zeitpunkt wieder einspielen.

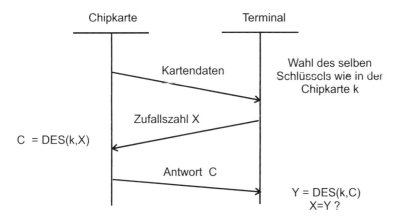

Abb. 7-1: Im Falle des "Internal Authenticate" Protokolls authentisiert sich die Chipkarte gegenüber dem Terminal.

Jeder Zugriff auf Daten der Chipkarten wird vom Betriebssystem überwacht. Dabei werden Zugriffsrechte abhängig vom Authentisierungsstatus vergeben. Im Falle der in den nächsten Kapiteln beschriebenen ISO/IEC7816-Spezifikation wird die Verwaltung der Zugriffe auf ein spezielles Dateisystem abgebildet.

Durch eine flexibel konfigurierbare Zugriffssteuerung mit einer stark differenzierbaren Verga-be von Zugriffsrechten, kann die Verwendung von auf der Chipkarte gespeicherten Daten genau festgelegt werden. Dabei steuern zum Beispiel sogenannte *ACDs* (Access Control Desc-riptors) nach ISO/IEC 7816 Teil 9 die Vergabe von Rechten für Dateien und legen mit einem Zustandsautomaten die notwendige Authentisierung für den Zugriff auf bestimmte Informatio-nen fest.

7.3.2   Chipkarten-Architektur nach ISO/IEC 7816

Eigenschaften von Chipkarten werden umfassend im Standard *ISO/IEC 7816* beschrieben. Diese ISO/IEC-Reihe beschreibt Chipkarten, beginnend von den mechanischen und elektrischen Eigenschaften bis hin zu Transportprotokollen und Datenstrukturen, die in Chipkartenbetriebssystemen realisiert sind. Besondere Bedeutung kommt dabei den kryptographischen Verfahren zu, die auf logischer Ebene ein hohes Maß an Sicherheit gewährleisten.

7.3.2.1   Mechanische Eigenschaften nach ISO/IEC 7816

Für Chipkarten sind in ISO/IEC7816 Teil 1 verschiedene Formfaktoren vorgesehen, die eine mechanische Kompatibilität sicherstellen. Neben dem bekannten ID-1-Format, das Banken- und Kreditkarten aufweisen, gibt es noch das kleinere ID-000-Format für Mobilfunk-Chipkarten. Zusätzlich sind in dem ersten Teil dieses ISO/IEC die Lage der Kontaktflächen und des Chips festgelegt sowie weitere mechanische Eigenschaften wie die Biegsamkeit spezifiziert.

7.3.2.2   Elektrische Eigenschaften nach ISO/IEC 7816

Chipkarten besitzen acht elektrische Kontaktflächen, deren Belegung für die seriellen Protokolle T=1 und T=0 in ISO/IEC 7816 Teil 2 spezifiziert sind, Abb. 7-2. Über eine Leitung (C7) werden alle Daten zwischen Chipkarte und Chipkarten-Leser ausgetauscht. Die Geschwindigkeit der Datenübertragung ist abhängig von der Frequenz, die am Clock-PIN (C3) angelegt ist. Jede Datenübertragung wird von der Chipkarte mit dem sogenannten *ATR* (Answer To Reset) begonnen, der von der Chipkarte an das Terminal nach Anlegen der Versorgungsspannung (C1) bzw. einem Reset (C2) gesendet wird. Im ATR sind verschiedene Informationen bezüglich des Kommunikationsprotokolls und Chipkartenbetriebssystems enthalten, die es dem Leser ermöglichen, Konfigurationsparameter für die weitere Kommunikation einzustellen.

C1: VCC Spannungsversorgung 5V, 3V oder 1,8 V
C2: RST Reset
C3: CLK Takt für ISO 7816 T=0, T=1
C5: GRND Erdung
C7: I/O Datenleitung

C4: bei SIM-Karten für das neue "HighSpeed"-Protokoll USB genutzt
C8: bei SIM-Karten für das neue "HighSpeed"-Protokoll USB genutzt

C6: bei SIM-Karten für NFC (Near Field Communication) genutzt

Abb. 7-2: Die Belegung der Kontaktflächen einer Chipkarte wird in den Spezifikationen der ISO/IEC 7816, des USB Implementers Forum und der ETSI festgelegt.

Neuere Chipkarten unterstützen das *USB*-Protokoll (Universal Serial Bus). In einer eigenen, von der ISO/IEC 7816 unabhängigen USB-Spezifikation wird vom *USB Implementers Forum*

[USB07] die Belegung von C4 und C8 für das USB-Protokoll festgelegt. Mit USB im Full-Speed-Modus können deutlich höhere Übertragungsraten (12 Mbit/Sek.) als mit den seriellen Protokollen T=0 und T=1 (ca. 1 Mbit/Sek.) erreicht werden.

7.3.2.3   Chipkarten-Betriebssystem nach ISO/IEC 7816

ISO/IEC 7816 definiert nicht den internen Aufbau eines Chipkarten-Betriebssystems, sondern das logische Verhalten des Betriebssystems im Zusammenspiel mit Applikationen, die von außen auf die Chipkarte zugreifen. Standardisiert ist dabei die Verwaltung von Daten in einem Chipkarten-spezifischen Dateisystem. Dazu dienen Befehls-Klassen, um auf diese Daten zu-zugreifen und die Zugriffsberechtigungen zu verwalten. Der Zugriff auf Daten kann mit Au-thentisierungsverfahren abgesichert werden, wobei die verwendeten Schlüssel nicht von der Chipkarte auslesbar sind.

Verwaltung von Daten in einem Dateisystem nach ISO/IEC 7816

Eine elementare Komponente in jedem Betriebssystem ist das Dateisystem. In ISO/IEC 7816 wird ein spezielles, an die Gegebenheiten von Chipkarten angepasstes Chipkarten-Dateisystem beschrieben, Abb. 7-3. Im Gegensatz zu einem Dateisystem auf einem PC spielt bei Chipkar-ten die flexible und sehr granulare Vergabe von Zugriffsbedingungen auf eine kleine Menge von Daten eine wichtige Rolle. Das Dateisystem auf Chipkarten ist von zentraler Bedeutung. Unter einer Chipkarten-Applikation wird in vielen Fällen eine bestimmte Anordnung von Da-teien mit vordefinierten Zugriffsregeln (ACDs) verstanden. Über einen Application Identifier (AID) können dann auf der Chipkarte die zu einer Applikation zugehörigen Dateien gefunden und referenziert werden.

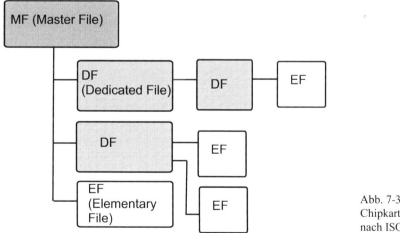

Abb. 7-3: Aufbau eines Chipkarten-Dateisystems nach ISO/IEC 7816.

Das Wurzelverzeichnis *MF* (Master File) ist der Ausgangspunkt für die Strukturierung der Daten auf einer Chipkarte. Dedicated Files (*DF*s) entsprechen den Verzeichnissen. Unter einem Dedicated File werden alle Dateien einer Anwendung zusammengefasst. Elementary Files (*EF*s) sind die eigentlichen Dateien, für die es unterschiedliche Formate gibt.

Eine Datei auf einer Chipkarte besteht aus einem Header und einem Body, der die eigentlichen Daten beinhaltet. Im Header sind Informationen über den Dateityp und über die Zugriffsregeln für die Datei abgelegt. In dem Standard ISO/IEC 7816 sind folgende vier Dateivarianten beschrieben, Abb. 7-4:

* Datei-Typ *Linear Fixed*
  Dieser Datei-Typ besteht aus einer Folge von Daten-Sätzen mit einer einheitlichen Länge. Jeder Datensatz (Record) ist mit einer Nummer versehen, über die auf die darin enthaltenen Daten zugegriffen werden kann. Maximal sind 254 Records pro Datei möglich. Die maximale Länge der Records darf pro Record 254 Bytes nicht überschreiten.

* Datei-Typ *Linear Variable*
  Dieser Dateityp erlaubt für die Records in einer Datei unterschiedliche Länge.

* Datei-Typ *Cyclic*
  Eine Datei vom Typ Cyclic schreibt Daten in aufeinanderfolgende Records mit fester Länge. Wird die maximale Anzahl an Records in einer Datei erreicht, dann wird der erste bzw. älteste Record überschrieben.

* Datei-Typ *Transparent*
  Eine Datei diesen Typs besitzt keine vorgegebene Struktur d.h. Daten können durch die Angabe eines Offsets vom Dateibeginn gelesen und geschrieben werden.

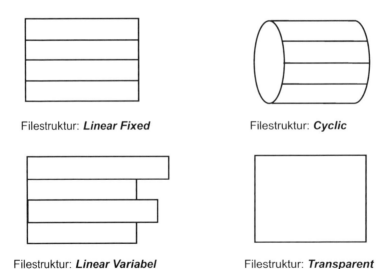

Filestruktur: **Linear Fixed**   Filestruktur: **Cyclic**

Filestruktur: **Linear Variabel**   Filestruktur: **Transparent**

Abb. 7-4: Verschiedene Arten von Chipkarten-Dateitypen nach ISO/IEC 7816.

Dateien, die zu einer Anwendung gehören, werden in einem Ordner (DF) auf der Chipkarte zusammengefasst. Dateien direkt unterhalb des Master Files werden entweder von mehreren Applikationen genutzt oder enthalten generelle Informationen.

Zusätzlich zu den erwähnten Dateien gibt es auf der Chipkarte auch noch sogenannte WEFs (Working Elementary Files) für Anwender- und Betriebssystemdaten:

- Datei-Typ *Internal Secret File (ISF)*
  Das ISF enthält kryptographische Schlüssel für eine Authentisierung, Verschlüsselung oder MAC-Berechnung direkt auf der Chipkarte und kann deshalb von außerhalb nicht gelesen werden. Bei entsprechend gesetzten Rechten können lediglich Schlüssel hinzugefügt oder gelöscht werden. Die Filestruktur beim ISF ist immer Linear Variable.

- Datei-Typ *Application Control File (ACF)*
  Das ACF ist wie das ISF von außen nicht lesbar und hält bestimmte Zustände von Applikationen auf der Chipkarte. Die Filestruktur beim ISF ist ebenfalls immer Linear Variable.

Befehlsklassen nach ISO/IEC 7816

Eine Interaktion mit einer Chipkarte besteht immer aus einem Kommando an die Chipkarte (Command-APDU, Application Protocol Data Unit) und einer Antwort von der Chipkarte (Response-APDU). Bei diesem Master-Slave Prinzip arbeitet die Chipkarte ausschließlich als Slave, d.h. sie kann niemals selbst aktiv werden. In ISO/IEC 7816 werden die grundlegenden APDU-Kommandos für die Dateiverwaltung, den Dateizugriff, die Authentisierung sowie auch Krypto-Operationen festgelegt.

Tab. 7-1: Befehlsklassen nach ISO/IEC 7816

Befehlsklasse	ISO Kommando	Zweck
Dateiverwaltung	SEL, Select File	Auswahl einer Datei
	RDR, Read Record	Lesen eines Records in einer Datei
	WRR, Write Record	Schreiben eines Records in einer Datei
Authentisierung	VER, Verify PIN	Authentisierung über eine PIN
	GCH, Get Challenge	Anforderung einer Zufallszahl für eine Authentisierung
	AIN, Internal Auth.	Authentisierung der Karte beim Terminal
	AEX, External Auth.	Authentisierung des Terminals bei der Karte
	AMU, Muth. Auth.	Gegenseitige Authentisierung von Karte und Terminal
Kryptographie	CRY, Crypto Op.	Verschlüsselung oder MAC-Berechnung
Zählervariablen	INC, Increment	Erhöhen eines Zählers
	DEC, Decrement	Erniedrigen eines Zählers

7.3.3 Interpreter-basierende Chipkarten-Betriebssysteme

Interpreter ermöglichen es, Applikationen für Chipkarten auch nach Kartenausgabe unabhängig vom Betriebssystem-Hersteller nachzuladen. Bevor Interpreter in Chipkarten eingesetzt wurden, war das Laden von Anwendungen nur den Chipkartenlieferanten möglich. Neuere Generationen von Chipkarten können aber von verschiedenen Applikationen und Dienstanbietern genutzt werden. Ein Mobilfunkanbieter will zum Beispiel Speicherplatz auf „seiner" SIM-Karte (Subscriber Identity Module) für ein elektronisches Ticket eines Nahverkehrsunternehmens zur Verfügung stellen. Die SIM-Karte muss deshalb in der Lage sein, zu einem beliebigen Zeitpunkt die Ticket-Applikation nachzuladen. Aufgrund solcher Anforderungen wurde begonnen Multi-Applikations-Chipkarten auf Basis von Interpretern zu entwickeln, Abb. 7-5.

Ein Interpreter, z.B. eine Virtuelle Maschine nach dem JavaCard™-Standard, kapselt den Zugriff auf den Chipkarten-µController durch einen virtuellen Bytecode-Befehlssatz. Es gibt verschiedene Standards, die einen Interpreter-Befehlssatz und Klassenbibliotheken für den Einsatz auf der Chipkarte spezifizieren. Durch diese Standards wird eine Interoperabilität zwischen den verschiedenen Chipkarten-Betriebssystemen gewährleistet. Ein JavaCard™-Applet ist deshalb auf Chipkarten verschiedenster Chipkartenlieferanten lauffähig.

Interpreter haben neben der hohen Sicherheit, die sie bieten, auch einige Nachteile. Besonders kritisch ist die langsamere Ausführungsgeschwindigkeit im Vergleich zu direkt für die Plattform kompiliertem Code. Ein weiterer Nachteil sind Einschränkungen für den Applikationsprogrammierer, der nur die Funktionalitäten des Interpreter-Befehlssatzes und der Klassenbibliotheken aus der Laufzeitumgebung nutzen kann. Ein direktes Programmieren der Chipkarten-Hardware bietet gegenüber der Laufzeitumgebung des Interpreters deutlich mehr Flexibilität.

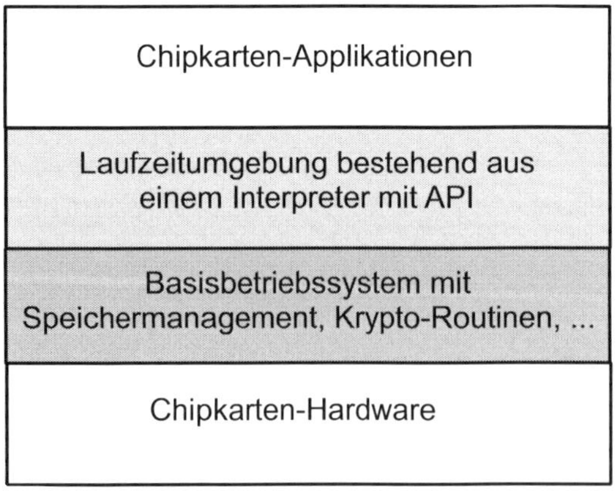

| Chipkarten-Applikationen |
| Laufzeitumgebung bestehend aus einem Interpreter mit API |
| Basisbetriebssystem mit Speichermanagement, Krypto-Routinen, ... |
| Chipkarten-Hardware |

Abb. 7-5: Aufbau eines Chipkartenbetriebssystems mit Interpreter.

7.3.3.1 Der JavaCard™-Standard

Die Java™-Laufzeitumgebung bietet Java™-Applikationen besondere Sicherheitsfunktionen (siehe auch [GoJoSt05]). Dazu gehört eine Überprüfung des Application-Codes (Bytecodes) durch einen Java-Verifier, noch bevor das Programm überhaupt ausgeführt wird. Während der Programmlaufzeit verhindert eine Adressierung über Namens-Referenzen (reference by name) eine unbeabsichtigte gegenseitige Beeinflussung von Applikationen. Beliebige Zugriffe auf Adressen im Speicher des Computers, z.B. über Zeiger wie in der Programmiersprache C, werden durch die Java Virtual Machine (*JVM*, siehe [LiYe99]) unterbunden. Gerade der Speicherschutz, der eine nicht beabsichtigte Interaktion von Applikationen verhindert, ist für Chipkarten-Betriebssysteme ein wichtiges Sicherheitsmerkmal und wird im Java™-Card-Standard noch weiter ausgebaut. Ein weiterer Vorteil von Java™ ist das kompakte Bytecode-Format. Dadurch benötigen nachgeladene Java™-Card-Applikationen relativ wenig nichtflüchtigen Speicher (EE- oder Flash-Speicher) auf der Chipkarte. Nachteilig für bestimmte Chipkarten-Anwendungen ist bei JavaCard™ allerdings die langsamere, da interpretierte Ausführung des Programms und der höhere Bedarf an flüchtigen RAM-Speicher.

Java™-Laufzeitumgebungen existieren für unterschiedlich ausgerichtete Systeme:

- Die J2EE-Laufzeitumgebung (Java™ Enterprise Edition) führt Internet-Applikationen auf Servern aus.

- Die J2SE-Laufzeitumgebung (Java™ Standard Edition) ist fester Bestandteil in fast allen Internet-Browsern und ermöglicht die Ausführung von Java™-Applets und Java™-Applikationen auf PCs.

- Die J2ME-Laufzeitumgebung (Java™ Micro Edition) ist für kleine mobile Geräte wie Mobiltelefone oder PDAs konzipiert.

- Die JavaCard™-Laufzeitumgebung ist für Chipkarten in [JCRE03] spezifiziert.

Die kleinste Java™-Laufzeitumgebung wird vom JavaCard™-Forum (JCF) für Chipkarten spezifiziert [JC06]. Das JCF ist ein Zusammenschluss der verschiedenen Chipkarten-Hersteller mit SUN, der 1997 ins Leben gerufen wurde. Ziel war es, Java™ speziell für Chipkarten zur Verfügung zu stellen. Im Vergleich zu den anderen Java™-Derivaten besitzt JavaCard™ einige Besonderheiten:

- JavaCard™-2.x besitzt einen deutlich veränderten Interpreter im Vergleich zu den anderen Java™-Standards (siehe [VM03]).

- JavaCard™-Anwendungen werden über einen eigenen Prozess auf Chipkarten installiert und sind in einem speziellen Ladeformat CAP-Datei (Converted Applet) codiert.

- Die JavaCard™-Laufzeitumgebung verfügt über zusätzliche Sicherheitsmechanismen, wie die Bytecode-Firewall oder auch ein spezielles Transaktions-Handling, [API221]. Das Transaktions-Handling ermöglicht atomare Vorgänge. Ein atomarer Vorgang hat entweder seinen Ausgangs- oder Zielzustand eingenommen. Ein Zwischen-Zustand ist nicht möglich. „Atomarität" ist zum Beispiel für das Verändern eines Geldbörsenbetrags auf der Chipkarte notwendig.

Die Unterschiede von JavaCard™ im Vergleich zu anderen Java™-Varianten zeigen deutlich die Besonderheiten von Chipkarten-Betriebssystemen hinsichtlich Sicherheit und begrenzter Ressourcen. Gerade deshalb wurde auch das *JCF* gegründet, da nur Chipkarten-Hersteller über dieses KnowHow verfügen. Sie arbeiten im JCF eng mit SUN, der Firma, die das System Java™ entwickelt hat, zusammen. Java™ ist sowohl eine Programmiersprache, als auch die Beschreibung einer Laufzeitumgebung, in der die Java™-Applikationen ausgeführt werden. Der JavaCard™-Interpreter verfügt, im Gegensatz zum Standard-Java™, über den speziellen Sicherheitsmechanismus der Bytecode-Firewall, Abb. 7-6. Einzelne JavaCard™-Applets sind in Applikations-Kontexte zusammengefasst und gekapselt. Ein Zugriff über einen Applikations-Kontext ist nur bei Einhaltung bestimmter Sicherheits-Bedingungen möglich. Dadurch wird verhindert, dass Applikationen unterschiedlicher Anbieter sich unbeabsichtigt gegenseitig beeinflussen. Zum Beispiel darf es nicht möglich sein, dass einer anderen JavaCard™-Anwendung den Geldbetrag einer elektronischen Börsen-Applikation manipuliert. Anderseits soll aber die elektronische Börsen-Applikation in der Lage sein, eine Bonuspunkte-Applikation über erfolgte Zahlungen zu informieren. Die dafür benötigten Informationen müssen zwischen beiden Applikationen über die Bytecode-Firewall ausgetauscht werden. Dieses Beispiel zeigt, dass die Bytecode-Firewall ein komplexer Sicherheits-Mechanismus in Java-Card™-Chipkarten ist, der entsprechend auch Auswirkungen auf die Ausführungsgeschwindigkeit des JavaCard™-Bytecode-Interpreters hat.

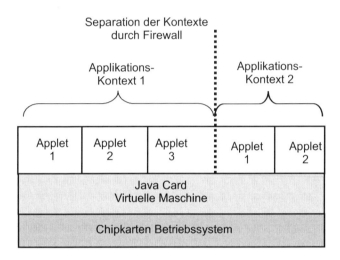

Abb. 7-6: Die Bytecode-Firewall – Ein spezieller Sicherheits-Mechanismus in der JavaCard™-Virtuellen-Maschine

Um das Laden von JavaCard™-Applikationen möglichst effizient zu realisieren, wurde das *CAP*-Format im JCF spezifiziert (CAP, Converted Applet). Im CAP-File sind bestimmte Strukturen schon so vorbereitet, dass der Bytecode-Loader auf der JavaCard™-Chipkarte mit möglichst wenig Verarbeitungsschritten die JavaCard™-Applikation in den NVM (Non Volatile Memory d.h. Flash- oder EE-Speicher) auf der Chipkarte ablegen kann.

Gerade das CAP-File trägt einen wichtigen Teil zu der Interoperabilität von Java™-Chipkarten verschiedener Hersteller bei. Erst ein einheitliches Ladeformat wie CAP gewährleistet einen herstellerunabhängigen Ladevorgang nach Chipkarten-Ausgabe. Das CAP wird, wie in Abb. 7-7 dargestellt, aus einer oder mehreren Class-Dateien vom CAP-File-Converter erzeugt. Class-Dateien sind das Binärformat, in dem alle Java™-Applikationen vorliegen, nachdem der Java-Compiler die Source-Code-Dateien für die Java-Laufzeitumgebung aufbereitet hat. Bei der Umwandlung einer Class-Datei in die CAP-Datei findet auch eine Überprüfung des Java-Programms statt. Normalerweise, d.h. in J2ME, J2SE und J2EE, ist diese Verifikation komplett in die VM der Java™-Laufzeitumgebung integriert. Nur bei Chipkarten findet aus Ressourcengründen ein Teil dieser Überprüfung außerhalb der Laufzeitumgebung statt.

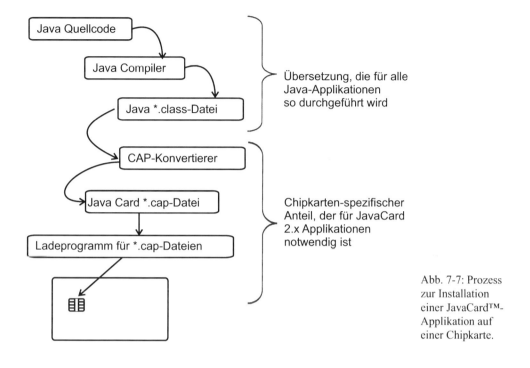

Abb. 7-7: Prozess
zur Installation
einer JavaCard™-
Applikation auf
einer Chipkarte.

Die Zukunft von JavaCard™

Momentan wird im JCF gerade am neuen Standard JavaCard™-3 gearbeitet. JavaCard™-3 bringt einige Neuerungen im Vergleich zu den bisherigen Standards JavaCard™-2.x und stattet die Java™-Chipkarten mit ähnlichen Funktionalitäten aus wie die anderen Java™-Laufzeitumgebungen, insbesondere die J2ME. Dazu gehören:

- Eine Virtuelle Maschine, die alle Datentypen von Standard Java™ unterstützt und erstmals auf Chipkarten die Möglichkeit von mehrläufigen Ausführungspfaden (Multi-Threading) bietet.

- Neben den klassischen Chipkarten-Protokollen nach ISO/IEC 7816 wird auch das Internet-Protokoll als Schnittstelle zur Chipkarte vorgesehen.

- Neben CAP-Files können zum ersten Mal auch Class-Dateien auf die Chipkarte geladen werden. Dies ermöglicht auch eine komplette Verifikation der JavaCard™-Applikation innerhalb der Chipkarte.

Es ist offensichtlich, dass diese Neuerungen von JavaCard™-3 hohe Anforderungen an die Chipkarten-Hardware stellen. Dies war aber 1997 ähnlich bei der Einführung des Standards JavaCard™-2.0. Zum damaligen Zeitpunkt waren ebenfalls nur die leistungsfähigsten Chipkarten-Plattformen in der Lage, die Anforderungen aus JavaCard™ zu erfüllen. Gerade die Neuerungen aus JavaCard™-3 bringen etliche Vorteile. Die wichtigsten sind:

Eine Chipkarten-Middleware, die Funktionsaufrufe in APDUs (Application Protocol Data Units) umsetzt, wird bei der Kommunikation mit der Chipkarte über das TCP/IP-Protokoll nicht mehr benötigt. Hier ist zu erwähnen, dass Internet-Protokolle nicht zwingend mit dem JavaCard™-3-Standard verknüpft sind. Es kann auch JavaCard™-3.0-Chipkarten ohne Internet-Protokoll-Stack geben, bzw. sind auch umgekehrt Internet-Chipkarten ohne Java™-Laufzeitumgebung verfügbar.

Der Umwandlungsprozess von Class-Files nach CAP-Files fällt weg. Dadurch verlagert sich die komplette Verifikation der JavaCard™-Applikation auf die Chipkarte. Dies bedeutet einen vereinfachten Ladevorgang mit weniger Zwischenschritten und eine höhere Sicherheit.

7.3.3.2   Der Global-Platform-Standard

Die zuvor vorgestellten Standards für Chipkarten-Interpreter beschreiben keine Protokolle oder Datenstrukturen, um Applikationen auf Chipkarten aufzubringen. JavaCard™ oder Multos™ stellen „nur" die notwendigen Sicherheits-Mechanismen zur Verfügung, um nach Chipkartenausgabe mit den im *Open-Platform*-Standard beschriebenen Verfahren Applikationen nachzuladen. Der Global-Platform-Standard wurde 1999 vom gleichnamigen Konsortium verabschiedet. Ursprünglich war *Global Platform* als Standard für Zahlungsverkehrs-Chipkarten gedacht. Doch der Bedarf nach einem standardisierten Lade-Prozess ist auch bei anderen Infrastrukturen, z.B. im Mobilfunk, vorhanden. Das führte zu einer starken Verbreitung dieses Standards. Heute gibt es verschiedene Arbeitsgruppen, die sich auch mit der Chipkarten-Infrastruktur, wie z.B. Chipkarten-Terminals, befassen. Die für die Chipkarten-Seite relevante Arbeitsgruppe ist das „Card Committee", das sich mit den für das Laden notwendigen Prozessen auf Interpreter-Chipkarten befasst. Dazu gehören

- die Global-Platform-API (Application Programming Interface), eine Programmierschnittstelle für Applikationen,

- Domain-Strukturen, um Berechtigungen zu verwalten, sowie

- weitere Mechanismen, wie z.B. Authentisierungs-Verfahren zur Administration aller Applikationen auf der Chipkarte.

Die von *Global Platform* auf der Chipkarte definierte Sicherheitsumgebung ist unabhängig von einer Betriebssystem-Spezifikation. Dennoch ist eine sichere Laufzeitumgebung, wie sie ein Chipkarten-Interpreter zur Verfügung stellt, Voraussetzung, um diesen Standard in einer Implementierung umzusetzen. Gerade die bei JavaCard™ und Multos™ vorgestellte Isolation von Applikationen ist eine grundlegende Bedingung, um nach dem Global-Platform-Standard Applikationen zu verwalten und zu laden. In den meisten Fällen ist der Global-Platform-Standard im Zusammenhang mit Java™-Chipkarten realisiert. Insbesondere wurden in der *Global Platform* der JavaCard™-Standard berücksichtigt, z.B. ist die Global-Platform-API in Java™-Syntax spezifiziert.

Dem Global-Platform-Standard kommt besondere Bedeutung bei neuen Multiapplikations-Chipkarten zu. Für diese Chipkarten definiert Global Platform alle Prozesse und Strukturen, um Applikationen von verschiedenen Dienstanbietern sicher zu verwalten. Gerade wenn Applikationen aus unterschiedlichen Bereichen wie Telekommunikation oder Zahlungsverkehr auf einer Chipkarte ausgeführt werden, sind geeignete Sicherheits- und Verwaltungsmechanismen notwendig.

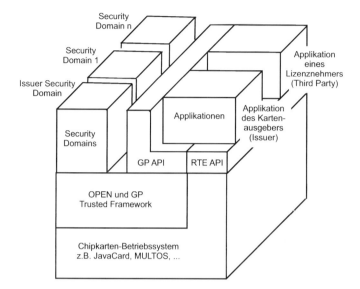

Abb. 7-8: Elemente der Global-Platform-Architektur.

Ein Chipkartenbetriebssystem nach dem Global-Platform-Standard besitzt folgende, in Abb. 7-8 dargestellte Komponenten:

Die Global-Platform-Umgebung

Die Global-Platform-Umgebung OPEN (Global Platform ENvironment) ist das zentrale Element in der Laufzeitumgebung des Chipkarten-Betriebssystems und stellt folgende Funktionalitäten zur Applikations-Verwaltung bereit:

- Umsetzung der Sicherheitsrichtlinien zur Applikationsverwaltung, u.a. auch Überprüfung von Authentisierungs-Daten

- Funktionen zum Laden, Installieren (Aktivieren) und Löschen von Applikationen

- Zuweisung der Kommunikationskanäle (APDUs) an Applikationen und Verwaltung von mehreren gleichzeitig aktiven Kommunikationskanälen

- Über die Schnittstelle der GP-API (Global Platform) können Applikationen mit der OPEN interagieren.

Eine Issuer-Security-Domain (ISD)

Die Sicherheitsumgebung "Issuer Security Domain" wird vom Kartenhersteller bereits vor Ausgabe der Chipkarte initialisiert und ermöglicht „im Feld" das Nachladen weiterer Applikationen. Mit Hilfe des OPEN verwaltet die Issuer-Security-Domain alle Daten auf der Chipkarte und ist in der Lage, Authentisierungen zu überprüfen. Die Issuer-Security-Domain ist zwingend erforderlich für jede Chipkarte nach dem Global-Platform-Standard.

Eine oder mehrere Application-Security-Domain(s) (SD1...SDn)

Neben der Sicherheitsumgebung des Kartenherstellers kann es optional weitere Security-Domains zu bestimmten Applikationen und Diensten geben. Das zum Kapitel „Interpreter-Chipkarten" einleitend beschriebene Beispiel einer Ticket-Applikation auf SIM-Karten kann mit Hilfe so einer anwendungsbezogenen Security-Domain realisiert werden. Durch Application-Security-Domains können verschiedene Dienstanbieter auf eine Chipkarte Zugriff haben. Eine Isolation der verschiedenen Applikationen durch die Laufzeitumgebung ist dafür zwingende Voraussetzung.

Global-Platform-Security-Domains sind eine spezielle Art von Applikationen, die in der Lage sind, alle für die Administration von anderen Applikationen notwendigen Prozesse durchzuführen. Deshalb haben Security-Domains auch alle Merkmale von Chipkarten-Applikationen, wie eine AID (Application Identifier) und Konfigurations-Parameter, die vom Betriebssystem vergeben werden. Wie eine Applikation auch, muss eine Security-Domain selektiert werden, bevor sie APDU-Kommandos empfangen kann. Nach dem Select-Kommando kann dann zum Beispiel ein gesicherter Kanal aufgebaut werden, über den eine weitere Applikation nachgeladen wird. Gesicherte Kanäle, Secure-Channels, werden zu einer Security-Domain über spezielle, in Global-Platform definierte APDU-Sequenzen aufgebaut. Ähnlich wie bei dem Sicherheitsprotokoll SSL/TLS ist mit dem Aufbau eines Secure-Channels auch eine Authentisierung bei der zugehörigen Security-Domain verbunden.

7.4   Einsatz von Chipkarten

Dieses Kapitel befasst sich mit dem Einsatz von Chipkarten in verschiedenen IT- und Kommunikationssystemen wie Signatur-Infrastrukturen oder Mobilfunknetzen. Es wird auch ein Ausblick auf die neuen Internet-fähigen Chipkarten gegeben.

7.4.1   Schnittstellen zur Chipkartenintegration

Zunächst soll der Aufbau der Kommunikation zwischen Applikation und Chipkarte vorgestellt werden. In diesem Zusammenhang werden auch die einzelnen Schnittstellenstandards betrachtet, um Chipkarten in PC-Applikationen zu integrieren. Dabei wird insbesondere auf die Abstraktion der Kommunikation zur Chipkarte über verschiedene APIs (Application Programming Interfaces) eingegangen.

Um dem Leser ein umfassendes Bild zu geben, werden die Vor- und Nachteile, die mit dem Einsatz einer bestimmten API und „Chipkarten-Middleware:" verbunden sind, besprochen. Ergänzend wird aufgezeigt für welche Anwendungen die jeweiligen Middleware-Standards konzipiert wurden.

Abschließend wird die Internet-Chipkarte vorgestellt, die ohne jegliche Middleware aus-kommt, da sie sich mit dem PC als eigener Netzwerkknoten über das Internetprotokoll verbin-det.

7.4.1.1 Aufbau der Kommunikation

Treiber für den Chipkartenzugriff kommunizieren meistens über ein serielles Interface mit dem Chipkartenleser, der dann letztendlich die Kommunikation zur Chipkarte aufbaut. Erst neuere Chipkarten nutzen auch das USB-Protokoll oder die Schnittstelle für Speicherkarten und benö-tigen somit keinen Chipkartenleser mehr.

Im eigentlichen Datenaustausch zwischen Applikation und Chipkarte besitzt der Chipkartenle-ser (Terminal) abhängig von der verwendeten Chipkarten-Middleware unterschiedliche Trans-parenz, Abb. 7-9.

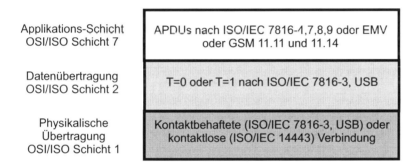

Abb. 7-9: Protokollstack beim Einsatz von Chipkarten.

Bei manchen Treibern, wie die unten vorgestellte CT-API (Card Terminal), können Komman-dos direkt mit dem Terminal ausgetauscht werden. Dagegen abstrahieren andere Bibliotheken, wie PKCS#11-Module (Public Key Cryptographic Standard) das Terminal komplett. Je höher der Abstraktionsgrad ist, desto weniger kann die eigentliche Kommunikation beeinflusst wer-den.

Eine abstrakte Schnittstelle vereinfacht zwar die Integration, kann aber unter Umständen nicht genug Rücksicht auf bestimmte Sicherheitsanforderungen oder zeitkritische Operationen neh-men. Ein Beispiel hierfür wäre die sichere Eingabe von *PIN*s (Personal Identification Num-bers) bei Class-2-Terminals. Nur wenige Schnittstellen unterstützen diese Möglichkeit der PIN-Eingabe über den Chipkartenleser. Im Gegensatz dazu kann die PC-Applikation bei einer Integration über das *CT-API* die sichere PIN-Eingabe selbst realisieren. Die abhörsichere Ein-gabe einer PIN ist eine wichtige Bedingung, um eine manuelle Unterschrift durch eine digitale zu ersetzen. Nur eine sichere PIN-Eingabe kann als Willenserklärung die Erzeugung einer qualifizierten elektronischen Signatur, die eine manuelle Unterschrift ersetzen kann, auslösen.

Bei Prozessorchipkarten findet die Kommunikation, wie in Abb. 7-10 dargestellt, zwischen Chipkarte und Terminal immer im asynchronen Protokoll T=0 bzw. T=1 nach ISO/IEC 7816

Teil 3 statt. Diese beiden Protokolle nutzt auch der Treiber am Rechner zur Kommunikation mit dem Terminal über die serielle Schnittstelle. Für den Entwickler von Applikationen mit Chipkartenunterstützung ist diese Protokollschnittstelle in der Chipkarten-Middleware weitgehend verborgen. Einzig der Unterschied zwischen dem blockorientierten T=1 und byteorientierten T=0 Protokoll hat einige Auswirkungen auf die APDU-Schnittstelle, die sich beim Einsatz der im folgenden vorgestellten CT-API bemerkbar machen.

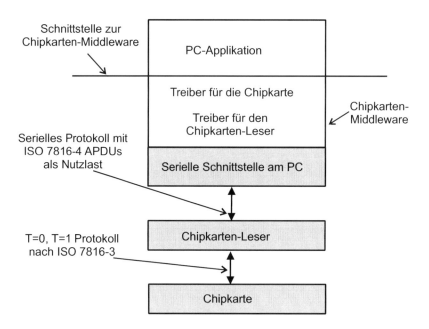

Abb. 7-10: Kommunikation zwischen PC-Applikation und Chipkarte.

7.4.1.2 Die Card-Terminal-API (CT-API)

Diese einfache Form eines Chipkarten-API (Application Programming Interface) besteht nur aus den Funktionen CT_init(), CT_close() und CT_data() und wird im Teil 3 der MKT-Spezifikation (Multifunktionale Karten Terminals, siehe [MKT98]) definiert. Mit den ersten beiden Funktionen wird die Kommunikation aufgebaut bzw. geschlossen. Mit der Funktion CT_data() können sowohl Daten mit der Chipkarte (das „C" in CT-API) als auch dem Terminal (das „T" in CT-API) ausgetauscht werden. In beiden Fällen findet die Kommunikation über die bereits vorgestellten APDUs (Application Protocol Data Units) nach ISO/IEC 7816 statt.

Das CT-API ist eine Schnittstelle mit niedrigem Abstraktionsgrad. Bei der Integration ist eine genaue Kenntnis der Kommandos des verwendeten Chipkarten-Betriebssystems und Terminals notwendig. Aufgrund der Unterschiede zwischen den Chipkarten verschiedener Hersteller ist eine Integration für jedes System oft neu anzupassen. Im Vergleich zum Trend in der Softwareentwicklung, Funktionalitäten schnell mit komfortablen Bibliotheken aufzubauen, ist hier relativ viel Aufwand in die Kenntnis der Kommunikations-Schnittstelle zu investieren.

Bei einer Einbindung über das CT-API ist zusätzlich das Dateisystem auf der Chipkarte zu berücksichtigen. Die grundlegende Struktur mit der Vergabe von Rechten und der Belegung der überwachenden Zustandsautomaten wird bei der Initialisierung und Personalisierung der Chipkarte festgelegt. Die PC-Applikation muss darüber zumindest teilweise Informationen besitzen, um die Dienste der Chipkarte zu nutzen. Eine Möglichkeit dabei auf standardisierte Strukturen aufzusetzen, ist im PKCS#15-Standard definiert (Public Key Cryptographic Standard, siehe [PKCS15]). Darin wird ein Dateisystem beschrieben, das es einer PKI-Anwendung erleichtert, auf der Chipkarte Schlüssel und X.509-Zertifikate [X509] zu finden.

Ein Vorteil der CT-API ist ihre hohe Flexibilität. Auf APDU-Ebene kann die gesamte Funktionalität des Chipkarten-Betriebssystems und Terminals genutzt werden. Dies ist besonders wichtig, wenn bestimmte Sicherheitsanforderungen, wie eine verschlüsselte Datenübertragung zur Chipkarte oder die sichere Eingabe von PINs, existieren. Wird ein Chipkartenbetriebssystem nach dem JavaCard™-Standard verwendet, können sogar frei definierte APDUs zwischen einer selbst entwickelten Chipkartenapplikation und der Anwendung im PC über das CT-API ausgetauscht werden. Ein weiterer Vorteil ist der hohe Verbreitungsgrad. Für fast jeden Chipkartenleser gibt es eine CT-API Realisierung, die meistens auch für unterschiedliche PC-Betriebssysteme vorhanden ist.

7.4.1.3 Die PC/SC-Spezifikation

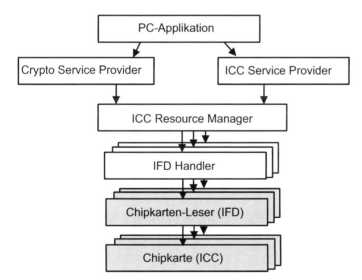

Abb. 7-11: Komponenten nach dem PC/SC-Standard.

Ziel der *PC/SC-Spezifikation* (Personal Computer/Smart Card, siehe [PCSC97]) ist eine einfache Integration von Chipkarten in einem Multi-User- und Multitasking-Betriebssystem am PC. Dafür müssen ein PC/SC-konformer Treiber für das verwendete Terminal (IFD Interface Device) und PC/SC-kompatible Chipkarten (ICC Integrated Chip Card), d.h. Chipkarten nach ISO7816-1,2,3 [ISO03] vorliegen. Der PC/SC-Standard definiert in verschiedenen Teilen die einzelnen Komponenten und Schnittstellen, um den Chipkartenzugriff für mehrere gleichzeitig aktive Applikationen zu abstrahieren, Abb. 7-11.

Die wesentlichen Unterschiede des PC/SC-Standards zur CT-API sind eine Ressourcenverwaltung für verschiedene Chipkarten und Terminals sowie die Abstraktion der APDU-Schnittstelle in der Chipkarten-Middleware. Der *ICC Ressource Manager* ermöglicht den konkurrierenden Zugriff aus verschiedenen PC-Applikationen auf Terminal und Chipkarte. Dabei erkennt er, ob eine Chipkarte gesteckt ist, verwaltet die Vergabe des Terminals und der Chipkarte und verhindert, dass zusammengehörende APDU-Kommandosequenzen unterbrochen werden. Mit Hilfe des *ICC Service Providers* können unabhängig von APDUs Daten auf der Chipkarte abgelegt werden. Zusätzlich kann mit diesem Service-Provider das Dateisystem verändert und die Zugriffsrechte administriert werden. Der *Cryptographic Service Provider* (CSP) ist die Schnittstelle für die Verwendung der verschiedenen, auf der Chipkarte implementierten Kryptoalgorithmen (siehe Teil 6 in [PCSC97]). Im CSP befinden sich zum Beispiel alle Funktionen, um die Basisdienste einer PKI zu realisieren. Zusätzlich werden über diesen Service-Provider kryptographische Schlüssel erzeugt und administriert.

Die Trennung der Schnittstelle zur Applikation in zwei verschiedene Provider hat exportrechtliche Gründe, da manche Staaten die Einfuhr von Verschlüsselungstechnologie untersagen.

Ein wesentlicher Vorteil des PC/SC-Standards ist eine Kapselung der Funktionen von Chipkarte und Terminal für den Zugriff aus verschiedenen Applikationen. Zusätzlich können ohne Probleme unterschiedliche Kombinationen aus Chipkartenleser und Chipkarte (bei korrekter Implementierung sogar gleichzeitig) betrieben werden. Realisierungen nach dem PC/SC-Standard sind in Windows-Umgebungen weit verbreitet und ermöglichen meistens eine problemlose Integration von verschiedenen Terminals und Chipkarten-Betriebssystemen.

Ein Nachteil von PC/SC ist der noch geringe Verbreitungsgrad außerhalb von Windows-Plattformen und Probleme bei der Kompatibilität zwischen PC/SC-Treibern verschiedener Hersteller.

7.4.1.4   Der PKCS#11-Standard

Der „Public Key Cryptographic Standard" (*PKCS*) Nummer 11 [PKCS11] beschreibt eine Schnittstelle in C-Syntax zur Verwendung von PKI-Basisdiensten in Applikationen. Die in dieser API definierten Funktionen, auch „Cryptoki" genannt, können auf eine Chipkarte in Software oder einen speziellen HSM (High Security Module) abgebildet werden. Ziel dieser Spezifikation von den RSA Laboratories ist es, eine allgemeine Schnittstelle zur Integration der verschiedensten Krypto-Komponenten (Token) in sicherheitskritische Applikationen zu schaffen. Hier wird die Möglichkeit betrachtet, über PKCS#11-Module die Funktionalität von Chipkarten zu nutzen. Wie in Abb. 7-12 dargestellt, ist der Chipkartenzugriff in der PKCS#11-API gekapselt und kann in dieser Chipkarten-Middleware sowohl über die PC/SC-Schnittstelle, als auch über die CT-API stattfinden.

Der PKCS#11-Standard unterscheidet zwischen verschiedenen Funktionsgruppen. Mit den administrativen Funktionen wird ähnlich wie im PC/SC-Standard der Zugriff auf die Krypto-

Komponenten gesteuert. Dabei wird auch die Verwendung eines PKCS#11-Moduls aus verschiedenen, gleichzeitig aktiven Applikationen berücksichtigt.

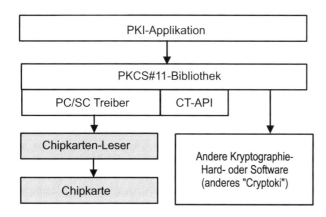

Abb. 7-12: Chipkarten-Integration über den PKCS#11-Standard.

Über Management-Funktionen in PKCS#11 können Daten sicher auf einem Token gespeichert werden. Der PKCS#11-Standard unterscheidet dabei die Objekttypen Schlüssel, X.509-Zertifikat und allgemeine Daten. Schlüssel werden wiederum in die Kategorien privat, öffentlich und geheim unterteilt.

Die vorgestellten Kryptoalgorithmen zur Signaturerzeugung, Verifikation, MAC-Generierung (Message Authentic Code) und Ver- bzw. Entschlüsselung sind ebenfalls mit Funktionsaufrufen im PKCS#11-Standard vertreten. Die eingangs beschriebenen PKI-Basisdienste können mit Hilfe der Krypto-Funktionen aus dem PKCS#11-Standard in Anwendungen eingesetzt werden.

Der hohe Abstraktionsgrad des PKCS#11-Standards ermöglicht eine einfache Integration von Chipkarten in Applikationen, die eine PKI als Sicherheitsinfrastruktur nutzen. Der Programmierer braucht bei der Verwendung dieser API als Chipkarten-Middleware kein Chipkarten-Know-How und kann sich ausschließlich um die Absicherung einzelner Prozesse mit PKI-Diensten kümmern. Wird der verwendete PKCS#11-Funktionsumfang auch von anderen PKCS#11-Modulen implementiert, ist es möglich, verschiedene Token äquivalent zu betreiben.

Ein Nachteil bei dieser Variante ist, dass PKCS#11-Treiber in vielen Fällen Chipkarte und Terminal zu einer Einheit zusammenfassen. Es gibt zwar Implementierungen, die auf PC/SC beruhen und dadurch das Terminal abstrahieren, dennoch ist auch hier in der Praxis eine Einschränkung auf bestimmte Chipkartenleser gegeben. Außerdem berücksichtigen nur wenige Realisierungen für Chipkarten den vollen Funktionsumfang von PKCS#11. Allerdings sind die wichtigsten Basisfunktionen für PKI-Anwendungen meistens vorhanden.

Mit der zunehmenden Verbreitung von PKIs gewinnen auch PKCS#11-Implementierungen für Chipkarten eine immer größere Bedeutung, da eine Chipkarte als PSE (Personal Security Environment) die notwendige Sicherheit für die Erzeugung digitaler Signaturen bietet. Bereits in vielen Produkten, die eine PKI zur Absicherung nutzen, ist eine Schnittstelle zu PKCS#11-Modulen integriert. Herstellern von VPNs (Virtual Private Networks), sicheren E-Mail-

Lösungen oder Internet-Browsern nutzen den PKCS#11-Standard, um beliebige kryptographische Token in ihre Software einzubinden.

7.4.1.5   Das Open Card Framework

Für die Programmiersprache Java gibt es das Open Card Framework (*OCF*) [OCF99] zur Integration von Chipkarten in Java-Applikationen und Applets. Ähnlich wie im PC/SC-Standard wird in diesem Framework die eigentliche Kommunikation mit dem Terminal und der Chipkarte auf APDU-Ebene gekapselt [Hnss99]. Dabei ist die Umsetzung der Methodenaufrufe in APDU-Sequenzen in Java realisiert. In manchen Fällen kann über den Hardware-Treiber für die serielle Schnittstelle sogar das gesamte Protokoll T=1 oder T=0 plattformunabhängig in Java umgesetzt sein.

Eine strikte Trennung zwischen Terminal (CardTerminal) und Chipkarte (CardService) soll beliebige Kombinationen von Chipkarten-Betriebssystemen mit Chipkartenlesern im OCF-Standard ermöglichen. Dabei ist die *CardTerminal Factory* (Abb. 7-13) für die Verwaltung der verschiedenen Chipkartenleser, die in der *CardTerminal Registry* eingetragen sind, verantwortlich. Analog wie das Terminal wird auch die Ressource *Chipkarte* über die CardService Factory mit den Informationen aus der CardService Registry administriert. Ein Zugriff von mehreren gleichzeitig aktiven Java-Programmen auf eine Chipkarte ist mit Hilfe des CardService Schedulers möglich.

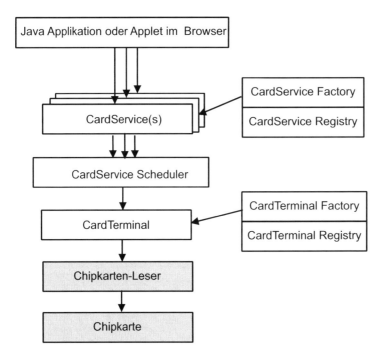

Abb. 7-13: Chipkarten-Integration über den PKCS#11-Standard

Die Eigenschaften der Chipkarte werden durch die verschiedenen *CardServices* in einzelne Gruppen aufgeteilt. Für die Speicherung von Daten auf der Chipkarte sind drei eigenständige CardServices aus dem Paket ISO-Dateisystem verantwortlich. Hier wird die gesamte Funktionalität eines Chipkarten-Dateisystems nach ISO/IEC 7816 objektorientiert gekapselt. Für die Erstellung und Verifikation von digitalen Signaturen sowie die Administration der privaten und öffentlichen Schlüssel in einer PKI gibt es den *SignatureCardService* in den CardServices. Der SignatureCardService nutzt dafür Kryptofunktionen, die wiederum aus exportrechtlichen Gründen in einem eigenen Open Card Security Framework ausgelagert sind. Das Open Card Security Framework ist ebenfalls ein Card Service.

Ein wesentlicher Vorteil des OCF-Standards ist die Plattformunabhängigkeit. Die Absicherung von Transaktionen im Internet lässt sich am leichtesten mit einer plattformunabhängigen Sprache realisieren. Damit verbunden ist ein Wegfall der Installation von Treibern für den Chipkartenzugriff. OCF-Libraries können als Java-Bytecode dynamisch aus dem Internet oder einem anderen Netz nachgeladen werden. Dies vereinfacht wesentlich die Installation und Akzeptanz der Chipkarte beim Anwender und wird unter dem Schlagwort „No-Second-Rollout" zusammengefasst.

Aufgrund der in Abb. 7-13 skizzierten OCF-Architektur als Java-Framework, ist eine modulare Integration in andere J2SE/J2EE-Applikationen am PC gegeben und eine spätere Erweiterbarkeit sichergestellt. Im Zusammenhang mit OCF ist eine universelle Realisierung für verschiedene Terminals und Chipkarten-Betriebssysteme möglich. Zusätzlich können mit OCF die Vorteile der Programmiersprache Java genutzt werden.

Leider lässt die Unterstützung auf Seiten der Chipkarten- und Terminalhersteller bei OCF noch zu wünschen übrig. In den wenigsten Fällen sind bei Realisierungen nach dem OCF-Standard alle CardServices für ein Chipkarten-Betriebssystem implementiert. Die Auswahl an Terminals mit OCF-Treibern ist ebenfalls stark eingeschränkt.

7.4.1.6 Internet-Chipkarten

Im Gegensatz zu den zuvor beschriebenen klassischen Chipkarten nach ISO/IEC 7816 benötigen *Internet-Chipkarten* kein Terminal und keine Chipkarten-Middleware mehr, sondern können direkt über den ebenfalls im PC/Host-Betriebssystem vorhandenen TCP/IP-Stack kommunizieren. Da auf Protokoll-Schicht 2 bei Internet-Chipkarten USB (Universal Serial Bus) oder in seltenen Fällen auch MMC (Multi Media Card) zum Einsatz kommt, entfällt auch eine Installation eines Treibers für die physikalische Anbindung. Ebenso richten sich die physikalischen Formen bei diesen neuen Systemen nicht mehr unbedingt nach den in ISO/IEC 7816 Teil 1 vorgegebenen Maßen, sondern die Chipkarte ähnelt eher einem Dongle. Im Unterschied zu anderen Dongels oder Tokens befindet sich allerdings bei der Internet-Chipkarte immer noch das Betriebssystem mit Applikationen auf nur einem Prozessor-Chip. Die Ein-Chip Lösung hat neben Sicherheitsvorteilen auch deutliche Kostenvorteile.

Die Internet-Chipkarte bildet zusammen mit dem PC ein kleines lokales Netz der Klasse C und ist damit von den sonstigen Netzverbindungen des PCs isoliert, Abb. 7-14. Die Verbindung in das externe Netz, gleichgültig ob es sich um ein LAN, eine DSL- oder Modemverbindung handelt, erhält die Karte über einen in den PC integrierten NAT-Router (Network Address Translation). Dieser wird beispielsweise bei den neueren Windows-Versionen als „Internet

Connection Sharing" bereitgestellt. Bei Linux ist er durch entsprechende Konfiguration der Netzwerkschnittstelle zu aktivieren.

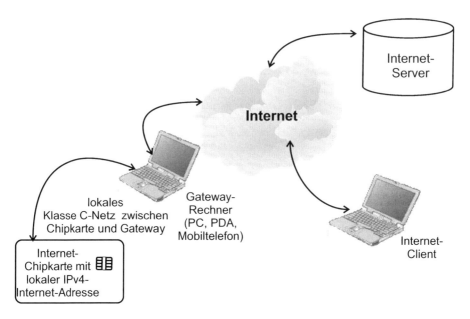

Abb. 7-14: Internet-Chipkarten mit IPv4-Protokoll-Unterstützung bilden ein eigenes Klasse-C-Netz, das über einen im PC integrierten Router, z.B. Internet Connection Sharing, auf das externe Netz zugreifen kann.

Um die Internet-Chipkarte wie beschrieben als Netzwerkgerät erscheinen zu lassen, ist auf der Karte ein entsprechend gestalteter Protokollstack implementiert. Die physikalische Verbindung zwischen der Karte und dem PC wird über USB realisiert, wobei durch USB im „Full Speed"-Modus eine Übertragungsrate mit bis zu 12 Mbit/s möglich ist.

Die Verbindungsschicht des Protokollstacks ist zur Zeit noch etwas uneinheitlich, was mit den verschiedenen Präferenzen der relevanten PC-Betriebssysteme zusammenhängt. Bei Windows kommt bevorzugt das Protokoll *RNDIS* (Remote Network Driver Interface Specification) zur Anwendung, das ist eine Abwandlung des Standard-NDIS-Protokolls für ausgelagerte Netz-schnittstellen. Die verschiedenen Unix-Varianten implementieren dagegen CDC-Ethernet, ein Protokoll, das von der USB-Standardisierung spezifiziert wurde. In jüngster Zeit wurde für diesen Anwendungsfall ein erheblich vereinfachtes Protokoll, Ethernet Emulation Model (EEM), entwickelt. Da Internet-Chipkarten auch in Zukunft in Mobiltelefonen eine Rolle spie-len werden, wurde EEM als die USB-Variante für den Einsatz bei zukünftigen SIM-Karten von der ETSI festgelegt.

7.5 Chipkarten-Anwendungen

7.5.1 Mobilfunk Chipkarten

Der Mobilfunk-Branche kommt auch bei Chipkarten eine technologische Vorreiterrolle zu. *U/SIM-Chipkarten* (Universal/Subscriber Identity Module) sind die Chipkarten im Markt, die am meisten Funktionalitäten bieten und über den größten Speicherplatz verfügen. Die *GSM-* ([GSM 11.11]) und *UMTS*-Spezifikationen ([TS31.102]) nutzen Chipkarten als wichtige Sicherheitselemente in Mobilfunk-Netzen (GSM, Global System for Mobile Communications; UMTS, Universal Mobile Telecommunications System). Die U/SIM dient dabei dem Nachweis der Authentizität des Mobilfunkteilnehmers und zur Verwaltung verschiedener Dienste sowie als sicherer und portabler Datenspeicher. Dabei werden von der Chipkarte die folgenden Funktionen ([GSM02.17]) bereitgestellt:

- Sicherheitsfunktionen, wie eine Teilnehmer-Identifizierung, Authentisierung im Mobilfunknetz oder die Datenverschlüsselung.

- Sicherer Datenspeicher für kryptographische Schlüssel und eindeutige Kennungen, wie internationale Teilnehmer-Kennung (IMSI) oder Chipkarten-Seriennummer (ICCD) sowie Speicher für Rufnummern, SMS-Nachrichten (Short Message Service), Mobiltelefon-Konfigurationen oder auch Informationen zum Mobilfunk-Teilnehmer.

- Verwaltung von Diensten und Zusatzanwendungen, wie der Zugriff über das Mobiltelefon auf Kontoinformationen oder andere Daten, die sogar über das Internet zur Verfügung gestellt werden können.

Abgesehen von den zukünftigen USB-SIM-Karten richtet sich die Kommunikation zwischen Mobiltelefon und Chipkarte nach dem in ISO/IEC 7816 Teil 3 festgelegten Protokoll T=0. Die darüber ausgetauschten APDUs (Application Protocol Data Units) sind in den entsprechenden Mobilfunk-Spezifikationen (GSM, UMTS,...) wie GSM 11.11 [GSM11.11] oder [TS31.102] festgelegt. Zum Beispiel kennt GSM/UMTS folgende Kategorien von Kommandos:

- Kommandos, um den Teilnehmer über eine PIN zu autorisieren

- Kommandos, um GSM/UMTS-spezifische Krypto-Algorithmen auszuführen

- Kommandos für Dateioperationen, wie das Auswählen einer Datei, das Lesen und Schreiben oder auch das Blockieren von Dateien

- SIM-Application-Toolkit–Kommandos nach GSM 11.14 [GSM11.14], um direkt das Mobiltelefon anzusteuern (Tastaturabfrage, Display-Ausgabe, Versenden von SMS,...) Übrigens erreichten SIM-Karten lange vor den Internet-Chipkarten das Aufbrechen der so genannten Master-Slave-Kommunikation mit Hilfe der SIM-Toolkit-Kommandos. Durch eine Abfrage in regelmäßigen Abständen vom Mobiltelefon an die Chipkarte (Polling) wird die U/SIM-Karte in die Lage versetzt, auch als Slave eine Kommunikation aktiv zu initiieren.

Die Sicherheitsfunktionen von GSM und UMTS basieren auf symmetrischen Verfahren, die nicht alle vollständig veröffentlicht sind. Die dazugehörigen Schlüssel sind auf der U/SIM-Chipkarte im Mobiltelefon (Mobile Station *MS*) und im Authentication Center (*AUC*) des *Service-Providers* abgelegt, Abb. 7-15. AUC sind für die Sicherheit der kryptographischen

Schlüssel im Home Location Register (*HLR*) verantwortlich. HLRs dienen beim Mobilfunk-
provider zur Verwaltung der Teilnehmer. Die Teilnehmer selbst sind mit ihren Mobiltelefonen
im Base Station System (*BSS* bei GSM) bzw. dem Radio Network Controller (*RNC* bei
UMTS) angemeldet, die über Mobile Switching Centers (*MSC*) untereinander verbunden und
an das Telefonfestnetz angeschlossen sind.

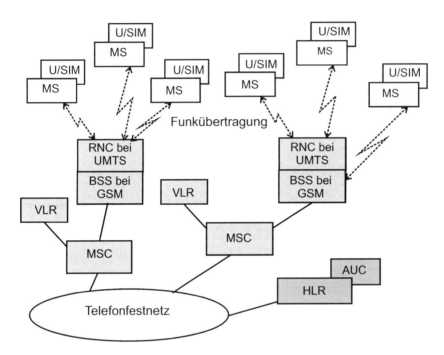

Abb. 7-15: Aufbau eines GSM/UMTS-Netzes mit kryptographischen Schlüsseln auf der U/SIM-Karte
im Mobiltelefon (Mobile Station) und im Authentication Center (AUC).

7.5.1.1 Authentisierung und Verschlüsselung im GSM-Netz

Die GSM-Authentisierung nutzt die drei symmetrischen Krypto-Verfahren *A3*, *A8* und *A5*, um
einen Mobilfunkteilnehmer zu identifizieren und die Vertraulichkeit der übermittelten Gesprächsdaten sicherzustellen (Abb. 7-16 [GSM03.20]):

- A3 zur Authentisierung des Teilnehmers beim Provider mittels der SIM-Karte. Der genaue
  grundlegende Algorithmus für A3 wurde nicht veröffentlicht, und es gibt außerdem unterschiedliche Realisierungsvarianten, die vom Mobilfunkprovider abhängen.

- A8 für die Erzeugung eines temporären Schlüssels zur Verschlüsselung der Gesprächsdaten. Für A8 gilt dasselbe wie für A3. Auch hier wurde der zugrundeliegende Krypto-
  Algorithmus ebenfalls nicht veröffentlicht.

• A5 für die Verschlüsselung der Gesprächsdaten zwischen MS und BSS.

Ein Mobiltelefon wählt sich in ein Mobilfunknetz ein, indem im ersten Schritt die *TMSI* (Temporary Mobile Subscriber Identity) bzw. die *IMSI* (International Mobile Subscriber Identity) von der Chipkarte über das Mobiltelefon, BSS und MSC an das HLR weitergereicht wird. Um die Teilnehmer-Identität geheim zu halten, kann statt der IMSI eine TMSI an das *VLR* übertragen werden. Das VLR kann dann mit Hilfe des Standorts und der TMSI die IMSI ermitteln und weitergeben.

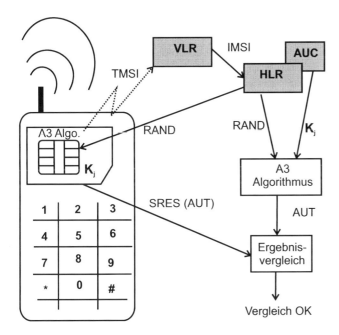

Abb. 7-16: Ablauf bei der GSM-Authentisierung.

Im HLR werden dann mit Hilfe der IMSI die Benutzerrechte des Mobilfunkteilnehmers überprüft und eine Challenge (Zufallszahl RAND) für die anschließende Teilnehmer-Authentisierung erzeugt. Nachdem RAND an die Chipkarte übermittelt wurde, wird auf beiden Seiten, d.h. SIM und AUC, mit Hilfe des Algorithmus A3 und des geheimen Teilnehmerschlüssels K_j ein Authentisierungsdatensatz AUT errechnet.

Das Mobiltelefon schickt diesen Authentisierungsdatensatz AUT in einer Antwort SRES (Signed Response) an das HLR. Sind beide Authentisierungsdatensätze AUT identisch, wird der Verbindungsaufbau fortgesetzt und der Sitzungsschlüssel berechnet, Abb. 7-16.

Für die Verschlüsselung der Sprachdaten wird sowohl in der SIM-Karte als auch im AUC aus dem geheimen Teilnehmerschlüssel K_j und der Zufallszahl RAND der Sitzungsschlüssel K_c in gleicher Weise mit Hilfe des Algorithmus A8 berechnet, Abb. 7-17. Mit diesem Sitzungsschlüssel K_c, der vom A5-Algorithmus verwendet wird, kann dann die weitere Übertragung über die Luftschnittstelle gesichert werden. Der A5-Algorithmus erzeugt für die Verschlüsselung einen Datenstrom (Stream Cipher) auf Basis eines Pseudo-Zufallszahlengenerators, der mit K_c und der Sequenznummer der verschlüsselten Frames (FN) „geseedet" wird („Zufalls-Saatgut"). Der Sitzungsschlüssel K_c wird nicht nur in der Mobilstation, sondern auch in der BSS des Netzproviders verwendet. Der Netzprovider hat im Prinzip Zugang zu den Sprach- und Ortsdaten der Mobilstation.

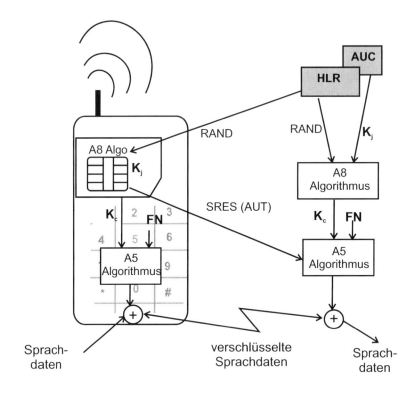

Abb. 7-17: Initialisierung der GSM-Verschlüsselung

Der Algorithmus A5 ist standardisiert und bekannt, während die auf der Chipkarte ausgeführten Algorithmen A3 und A8 Mobilfunkprovider-spezifisch und geheim sind. Allerdings sind die Formate standardisiert (der geheime Teilnehmerschlüssels K_j 128 Bit, die Zufallszahl RAND 128 Bit, der Authentisierungsdatensatz AUT 32 Bit und der Sitzungsschlüssel K_c 64 Bit). Für die Authentisierung und sichere Zurechnung der Verbindungskosten zu einem Teilnehmer ist die Geheimhaltung seines Teilnehmerschlüssels K_j wesentlich. Die Geheimhaltung der Algorithmen A3 und A8 ist dagegen nicht wesentlich. Es besteht sogar die Gefahr, dass die geheim gehaltenen Algorithmen auf mögliche Angriffe nicht ausreichend analysiert worden sind und gebrochen werden könnten.

7.5.1.2 Authentisierung und Verschlüsselung im UMTS Netz

Der neue UMTS-Standard (Universal Mobile Telecommunications System) für Mobilfunknetze bietet hinsichtlich Sicherheit und Sicherheitsfunktionen einige Neuerungen im Vergleich zum GSM-Standard. Bei den neuen Systemen der dritten Mobilfunkgeneration (3G) wurde die 2G-Sicherheitsarchitektur aus Kompatibilitätsgründen übernommen. Die Komponenten wie VLR, HLR und AUC sind deshalb dieselben wie beim GSM-System. Chipkarten (UMTS SIM, USIM) spielen als Sicherheitsmodule weiterhin eine wichtige Rolle. Es gibt allerdings einige Neuerungen beim Ablauf der UMTS-Authentisierung gegenüber GSM, die insbesondere auch die SIM-Karte betreffen. Folgende sicherheitstechnischen Verbesserungen bietet die UMTS-Authentisierung gegenüber der GSM-Authentisierung (Abb. 7-18, [TS33.120]).

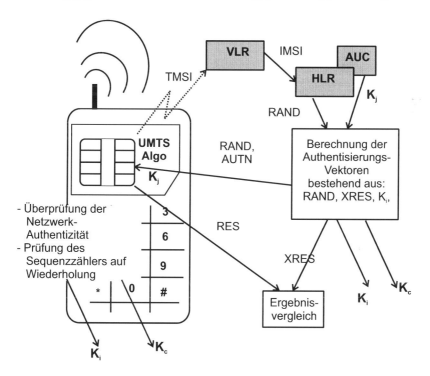

Abb. 7-18: Ablauf der UMTS-Authentisierung.

- Das 3G-Netzwerk/Authentication Center AUC authentisiert sich auch gegenüber der USIM.

- Die Verschlüsselung der Daten endet nicht mehr in der Basisstation (BSS), sondern erst in der Mobile Switching Station. Dabei wird der veröffentlichte Algorithmus A5/3 KASUMI für die Sprachdatenverschlüsselung eingesetzt.

- Für die UMTS-Authentisierung wurde das *AKA*-Protokoll (Authentication and Key Agreement) basierend auf dem MILENAGE-Algorithmus (siehe [TS 33105]) entwickelt.

- Schlüssel und Authentisierungsdaten werden auch in der Kommunikation zwischen RNC (Radio Network Controller, siehe Abb. 7-15), Home Location Register (HLR) und VLR (Visitor Location Register) verschlüsselt.

- Es erfolgt ein Nachweis der Integrität und Aktualität der ausgetauschten Nachrichten.

Das symmetrische Challenge-Response-Verfahren wurde auch bei dem in 3G standardisierten AKA-Protokoll beibehalten. Allerdings werden bei 3G-Mobilfunknetzen nach der Anfrage mit der IMSI mehrere Authentisierungsvektoren mit Hilfe des geheimen Schlüssels K_j berechnet. Ein Authentisierungsvektor besteht dabei aus:

- einer Zufallszahl RAND,

- einer zu erwartenden Antwort XRES,

- einem Verschlüsselungsschlüssel K_c (neu im Vergleich zu GSM),

- einem Schlüssel zum Nachweis der Integrität K_i (neu im Vergleich zu GSM),

- einem Authentisierungstoken AUTN (neu im Vergleich zu GSM).

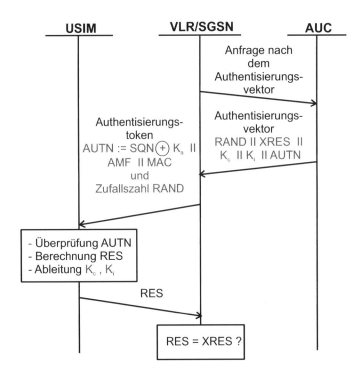

Abb. 7-19: UMTS Authentisierungs- und Schlüsselaustausch-Protokoll.

RAND und AUTN werden im ersten Schritt an die USIM-Karte übermittelt. Mit Hilfe von AUTN kann die USIM-Karte die Authentizität des Mobilfunknetzwerks überprüfen, und zusätzlich wird durch die in AUTN enthaltene Sequenznummer SQN die Aktualität der Nachricht verifiziert, Abb. 7-19. Replay-Attacken, die ein Mobilfunknetz bzw. Funkzelle fälschen, sind mit Hilfe der SQN erkennbar. Zusätzlich ist die SQN mit einem Anynomisierungs-Schlüssel K_a verschlüsselt, um Rückschlüsse auf die Identität und den Aufenthaltsort des Mobilfunkteilnehmers zu verhindern.

Im nächsten Schritt kann die USIM mit dem MILENAGE-Algorithmus aus dem Authentisierungstoken AUTN dieselben Schlüssel K_c ,K_i und K_a wie das Authentication Center AUC ableiten. Die anschließend errechnete Antwort RES von der USIM-Karte beinhaltet dann, wie bei GSM, die mit dem geheimen Schlüssel verschlüsselte Zufallszahl RAND.

Im letzten Schritt kann mit Hilfe von RES das Vistor Location Register (VLR) bzw. den Serving GPRS Support Node (SGSN) bei einer Datenverbindung die Echtheit der USIM verifizieren.

UMTS-Authentisierung mit MILENAGE

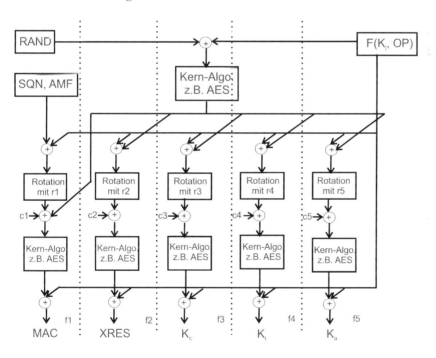

Authentisierungstoken AUTN := SQN ⊕ K_a II AMF II MAC
Authentisierungsvektor := RAND II XRES II K_c II K_i II AUTN

Abb. 7-20: UMTS-Algorithmus MILENAGE.

Die ETSI hat für den UMTS-Authentisierung den Beispielalgorithmus MILENAGE, basierend auf dem neueren symmetrischen AES-Algorithmus, entworfen. Die Mobilfunk-Provider verwenden MILENAGE in modifizierter Form, d.h. als Kern-Funktion können neben AES auch andere Blockalgorithmen eingesetzt werden, die mit Schlüsseln und Eingangs- und Ausgangswerten von je 128 Bit arbeiten, Abb. 7-20.

Der MILENAGE-Algorithmus wird als sicher angesehen, gerade auch, weil Erfahrung mit dem nicht offiziell veröffentlichten und unsicheren Vorgänger-Algorithmus, in das Design eingeflossen sind:

- Ohne Kenntnis des eingesetzten Schlüssels K_j, bzw. $F(K_j, OP)$ liefern die Funktionen f1, f2, f3, f4 und f5 zur Berechnung des Authentisierungstokens und Authentisierungsvektors bei variierenden Eingangsparameter (Zufallszahl RAND, Sequenznummer SQN und „Authentication Management Field" AMF) sehr gute Pseudo-Zufalls-Ergebnisse mit einer hohen Entropie. Um dies zu erreichen wird ein geeigneter Kern-Algorithmus wie AES benötigt. Zusätzlich wurden auch die Rotationskonstanten r1, … r5 und die Additionskonstanten c1, … c5 eingeführt, die in jedem Mobilfunknetz variieren.

- Durch eine Analyse der Eingangs- und Ausgangswerte von f1, f2, f3, f4 und f5 können keine Rückschlüsse auf einen Teil oder sogar den gesamten geheimen Schlüssels K_j bzw. das „Operator Configuration Field" (OP) gezogen werden. Der geheime Schlüssel geht nicht direkt in die Funktionen f1, f2, f3, f4 und f5 ein, sondern wird zuvor noch mit Parametern des jeweiligen Mobilfunkproviders OP verknüpft. Die dafür genutzt Funktion $F(K_j, OP)$ ist ebenfalls Provider-spezifisch.

- Außerdem verhindert eine Schlüssellänge von 128 Bit einen Brut-Force-Angriffe auf die UMTS-Authentisierung

Mit den Schlüsseln K_c und K_i werden nach der Authentisierungs-Phase die UMTS-Verschlüsselungs- und Integritäts-Algorithmen betrieben. Der dafür eingesetzte KASUMI-Algorithmus ist wie der bekannte DES eine Feistel-basierende Blockchiffre mit 8 Runden (DES 16 Runden), die im OFB-Modus (Output Feed-Back) für die Stromverschlüsselung der Sprachdaten benutzt wird. Die Absicherung der Integrität der übermittelten Daten basiert ebenfalls auf KASUMI, der in diesem Fall zur Erzeugung eines MACs (Message Authentic Codes) im CBC-Modus (Cipher Block Chaining) verwendet wird.

7.5.1.3   Internet-Browser auf Mobilfunk-Chipkarten

Bereits 1999 fanden im Rahmen der SIM-Alliance, einem Konsortium der großen Mobilfunk-Chipkarten-Anbieter, erste Überlegungen statt, einen sehr kleinen Browser für Web-Inhalte auf eine Chipkarte zu bringen. Dieser sogenannte S@T-Browser verfügte über keinen eigenen TCP/IP-Protokollstack, sondern ist darauf angewiesen, dass Web-Inhalte nach [GSM03.48] gesichert und in SMS-Nachrichten gepackt, an die Chipkarte übermittelt werden. Es werden also nur Daten der Applikationsschicht (HTML, WML, XML) übermittelt. Entsprechend ist eine Ende-zu-Ende-Sicherheit mit Standard-Internet-Protokollen wie SSL/TLS nicht mehr gegeben, sondern muss auf Applikationsebene hergestellt werden. Eine Variante für Ende-zu-Ende gesicherte Datenübertragung ist, durch XML-Signaturen und XML-Verschlüsselung gesicherte Nachrichten zwischen Internet-Server und SIM-Chipkarte auszutauschen. Die

Chipkarte kann die Nachrichten dann entschlüsseln, die Signaturen verifizieren und die Inhalte zum Mobiltelefon für die Anzeige zurückgeben, Abb. 7-21.

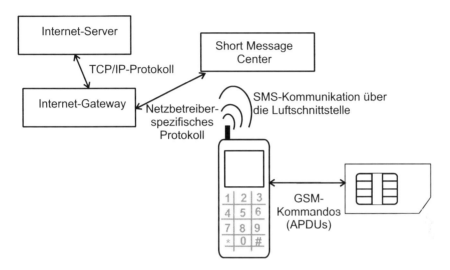

Abb. 7-21: Übermittlung von Web-Inhalten an einen S@T-Browser auf der SIM-Karte.

Die Darstellung der Web-Inhalte am Mobiltelefon erfolgt dann über die bereits erwähnten Kommandos des *SIM Application Toolkits,* mit Hilfe deren die SIM-Karte Inhalte an das Display des Mobiltelefons aktiv übermitteln kann. Eine Weiterentwicklung dieser Konzepte stellt der USAT-Interpreter [TS31.112,3,4] dar, der im Gegensatz zum einfachen S@T-Browser auch Anfragen aus dem Netzwerk beantworten kann, d.h. als Server agieren kann.

Es ist verständlich, dass Internet-Browser, die in ersten Ansätzen, auf Chipkarten realisiert wurden, nur sehr begrenzt mit Internet-Servern kommunizieren können. In den nächsten Entwicklungsstufen wurde deshalb versucht, weitere Elemente des Internet-Protokollstacks auf die Chipkarte zu verlagern.

Mit dem BIP (Bearer Independent Protocol), das in der ETSI spezifiziert wurde, konnten im nächsten Schritt Internet-Applikationsprotokolle auf die Chipkarte gebracht werden. Hauptanwendung für dieses „trägerlose" (engl. Bearer = Träger) ist die Administration von Dateien und Applikationen auf der U/SIM-Karte, ohne dabei an einen bestimmten Übertragungskanal gebunden zu sein. Neben der häufig verwendeten Anbindung über GPRS kann BIP auch über SMS-Nachrichten eingesetzt werden.

Beim BIP wird das Mobiltelefon als Internet-Gateway für die Chipkarte verwendet, Abb. 7-22. Das ist möglich, da Mobiltelefone der neueren Generationen über einen Internet-Protokollstack im Betriebssystem verfügen und mit GPRS (General Packet Radio Service) oder EDGE (Enhanced Data Rate for GSM Evolution) eine entsprechende Breitband-Schnittstelle für die Internet-Kommunikation besitzen.

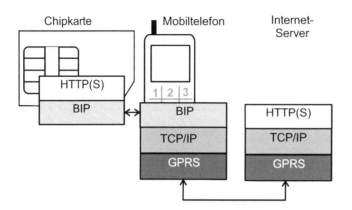

Abb. 7-22: Anbindung der Chipkarte im Mobiltelefon an Internet-Applikationsprotokolle über das Bearer Independent Protocol (BIP).

Die letzte Ausbaustufe in Richtung Internet-Protokolle auf USIM-Karten ist die Implementierung eines vollständigen Internet-Protokollstacks auf der Chipkarte, Abb. 7-23. Die USIM-Karte kann dabei in folgenden Betriebsmodi eingesetzt werden:

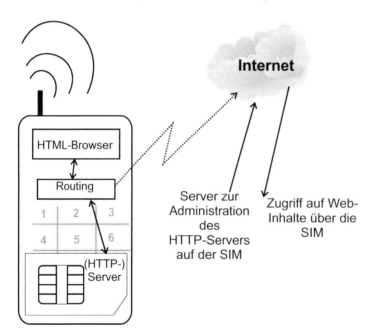

Abb. 7-23: Internet Chipkarte mit eigenem Internet-Protokollstack im Mobiltelefon.

• Lokaler Web-Server, um Daten von der Chipkarte im Browser am Mobiltelefon anzuzeigen oder die GUI des Mobiltelefons zu konfigurieren.

- Aus dem Internet erreichbarer Web-Server, z.B. für eine „Remote Administration" der USIM-Karte von einem Internet-Client des Mobilfunkproviders aus.

- Client, um aktiv Daten von einem Server im Internet abzurufen.

- Proxy (Client und Server) einerseits als Client, um Daten von einem Server im Internet abzurufen, und andererseits als Server, um Inhalte von der SIM im Browser des Mobiltelefons darzustellen.

Baut die USIM eine Verbindung in das Internet auf, dann ist sie auf die „Routing"-Funktionalität des Mobiltelefons angewiesen. Das Mobiltelefon verfügt dabei bereits über eine Verbindung ins Internet, z.B. über GPRS, und reicht die Internetverbindung über einen zweiten Protokollstack, der auf der USIM-Schnittstelle (USB) im Mobiltelefon implementiert ist, weiter.

Im nächsten Abschnitt werden Anwendungen für Internet-Chipkarten vorgestellt, die nicht im Mobiltelefon als USIM-Karte eingesetzt werden, sondern als USB-Geräte oder am PC angeschlossen werden.

7.5.2 Zukünftiger Einsatz neuer Internet-Chipkarten

Folgende Anwendungen zeigen deutlich die erweiterten Möglichkeiten einer Internet-Chipkarte, die direkt in die Kommunikation im Internet bzw. TCP/IP-Netz eingebunden werden kann und nicht mehr über ein serielles Protokoll angesprochen wird.

7.5.2.1 Authentisierungs-Proxy

Bei vielen Internet-Portalen, insbesondere beim Online-Banking, ist die Anmeldung des Benutzers bei einem Server erforderlich, um dessen Identität zu prüfen (Authentisierung) und ihm dann die entsprechenden Zugriffsrechte einzuräumen (Autorisierung). Meistens muss der Benutzer bei der Anmeldung neben seiner (öffentlichen) Kennung ein geheim zu haltendes Passwort eingeben. In der letzten Zeit hat es zahlreiche „soziale" Angriffe auf diese Passwörter gegeben. Der Benutzer wird bei diesen Angriffen mit Tricks verleitet, seine Login-Daten preiszugeben. In vielen Fällen geschieht dies durch eMails mit entsprechend manipulierten Verweisen auf falsche Webseiten, die zur Eingabe der Login-Daten verführen. Werden hierdurch, etwa beim Angriff auf Banking-Portale, auch noch Transaktionsnummern des Benutzers gewonnen, kann der Angreifer mit diesen Informationen Finanztransaktionen in seinem Sinne veranlassen (Phishing).

Diese Angriffsmethode lässt sich vermeiden, indem die Anmeldedaten auf einer Internet-Smartcard hinterlegt werden. Die Verbindung zu dem Banking-Server wird indirekt über die Internet-Smartcard hergestellt, indem der Benutzer zunächst eine lokale Webseite auf der Karte aufruft und auf dieser einen Link zu dem Banking-Server aktiviert. Dieser Link ist auf jeden Fall vertrauenswürdig, außerdem prüft die Karte beim TLS-Handshake genau die empfangenen Serverzertifikate (was der Benutzer selbst in der Regel nicht macht). In einer weiteren Ausbaustufe kann der Authentisierungs-Proxy zusätzlich die Funktion der Transaktionssicherung übernehmen und damit die Rolle der, wie geschildert, angriffsgefährdeten Transaktionsnummern übernehmen.

7.5.2.2   IPSec Gateway

Eine Internet-Chipkarte kann als Endpunkt für einen IPSec-Tunnel eingesetzt werden. Der Vorteil gegenüber einer Software-Lösung liegt in dem höheren Schutz der verwendeten Schlüssel für das IPSec-Protokoll und dem flexiblen Einsatz an unterschiedlichen Rechnersystemen. Normalerweise muss ein VPN-Client, der einen IPSec-Tunnel zu einem (Firmen-)Netz aufbaut, aufwändig installiert und konfiguriert werden. Das fällt alles bei einer Internet-Chipkarte weg, die vorkonfiguriert an VPN-Nutzer ausgeliefert werden kann. Wie beim Authentisierungs-Proxy auch, nur eben auf der IP-Protokollebene statt auf Applikationsebene. Die Internet-Chipkarte agiert hier als Gateway und stellt dem Host eine virtuelle Internet-Adresse für den Netzwerkzugang zur Verfügung. Der Datendurchsatz der Internet-Chipkarte mit USB Full-Speed (max. 12 MB/s) ist für eine akzeptable Zugriffs-Geschwindigkeit z.B. in einem Intranet ausreichend.

7.6   Trusted Computing und Trusted Platform Module

Die zunehmende Vernetzung von Computern in Verbindung mit elektronischen Geschäftsprozessen, dem sog. eCommerce und mCommerce, führt zu einem wachsenden Bedarf an vertrauenswürdigen Rechnerumgebungen. Neue, „trusted" Rechnerplattformen müssen in der Lage sein, den Nachweis gegenüber verschiedenen Instanzen zu erbringen, dass

- es sich um ein bestimmtes, evtl. einem bestimmen Nutzer zugeordnetes, System handelt,
- die Integrität der gespeicherten Daten und Programme sichergestellt ist und
- übermittelte Daten eindeutig auf eine bestimmte Plattform zurückführbar sind.

Deshalb wurde 1999 von Compaq, Hewlett-Packard, IBM, Intel und Microsoft die Trusted Computing Platform Alliance (*TCPA*) mit dem Ziel gegründet, Hard- und Softwarekomponenten für vertrauenswürdige Rechnerumgebungen zu spezifizieren. Nach der Überführung der TCPA-Aktivitäten 2003 in die Trusted Computing Group (TCG) wächst der Kreis der an der TCG beteiligten Firmen stetig.

7.6.1   Die Trusted Computing Group

Die *TCG* hat sich zur Aufgabe gemacht, auf Basis eines Hardwarechips eine Sicherheitsarchitektur für neue vertrauenswürdige Computer zu definieren [TCG06]. Das sind in erster Linie PCs, es werden aber auch mobile Endgeräte, wie Mobiltelefone, betrachtet:

„...develop, define, and promote open standards for hardware-enabled trusted computing and security technologies, including hardware building blocks and software interfaces, across multiple platforms, peripherals, and devices [...] enable more secure computing environments without compromising functional integrity, privacy, or individual rights [...] help users protect their information assets (data, passwords, keys, etc.) from compromise due to external software attack and physical theft."

Die TCG ist in verschiedenen Arbeitsgruppen organisiert, die Spezifikationen für Hard- und Software-Module erstellen. Neben Arbeitsgruppen für die Basiskomponenten Trusted Platform Modul (TPM) und Trusted Support Stack (*TSS*) gibt es weitere technische Gruppen, die sich mit der Spezifizierung von Komponenten und Schnittstellen zur Integritätsmessung in IT-Infrastrukturen und Netzwerken befassen, bestehend aus Servern und PC-Clients, Abb. 7-24. Auch wird innerhalb einer weiteren neuen Arbeitsgruppe überlegt, wie zukünftige Mobiltelefone neben einer U/SIM-Karte über weitere, von der TCG-spezifizierten Sicherheits-Komponenten verfügen können.

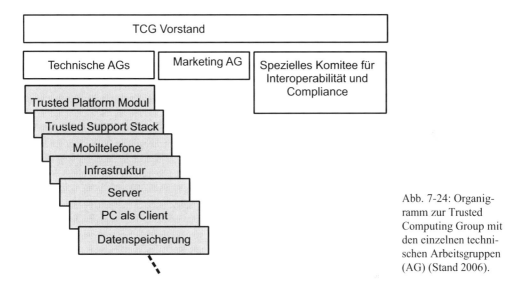

Abb. 7-24: Organigramm zur Trusted Computing Group mit den einzelnen technischen Arbeitsgruppen (AG) (Stand 2006).

7.6.2 Das Trusted Platform Module

Mittlerweile sind PCs, die ein von der TCG definiertes *TPM* (Trusted Platform Module) enthalten, schon weit verbreitet. Ein TPM (siehe [TPM06]) bietet ähnliche kryptographische Funktionen wie eine Chipkarte. Allerdings muss ein TPM als PC-Komponente in der Herstellung deutlich günstiger sein als eine Chipkarte, da es einen PC nicht merklich verteuern darf.

TPMs bieten hauptsächlich Schutz-Mechanismen gegen Software-basierte Angriffe und sind nicht wie Chipkarten gegen physische Angriffe, wie Seitenkanalattacken, ausgelegt. Die im TPM realisierten Funktionen umfassen

- die Generierung von kryptographischen Schlüsseln,

- die Berechnung von Hash-Werten,

- Ver- und Entschlüsselungsroutinen,

- die Erzeugung von Zufallszahlen und

- Speicher (NV-RAM und (P)ROM), um kryptographische Schlüssel und Daten über die Integrität der Rechnerplattform abzulegen, Abb. 7-25.

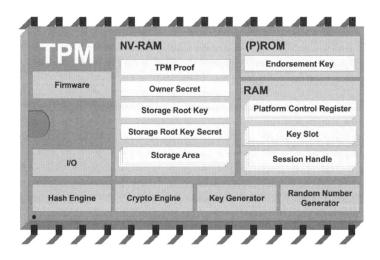

Abb. 7-25: Funktionsblöcke auf einem Trusted Platform Modul.

7.6.2.1   Die TPM-Schlüsselhierarchie

Eine Hauptaufgabe des TPMs ist die Verwaltung von Schlüsseln. Dabei wird zwischen zwei Arten von Schlüsseln unterschieden. Migrierbare (eng. „migrateable") Schlüssel können von einem TPM in ein anderes überspielt werden. Nicht migrierbare (eng. „non migrateable") Schlüssel sind zwingend an ein TPM gebunden und können somit auch nicht gesichert werden. Deshalb wurden nachträglich zertifizierbare, migrierbare Schlüssel (eng. „certified migrateable") eingeführt, die über eine neutrale Instanz, die sog. MSA (Migration Selection Authority), auf eine andere Plattform übertragbar sind.

Sämtliche Schlüssel sind in einer Hierarchie angeordnet, in der untergeordnete Schlüssel mit dem übergeordneten Schlüssel verschlüsselt abgespeichert werden, Abb. 7-26. Deshalb kann auch ein Teil der Schlüsselhierarchie in den unsicheren Speicher des PCs ausgelagert sein, da ein TPM als kostengünstige PC-Komponente nur über einen begrenzten (Schlüssel-)Speicher verfügt. Die Wurzel dieses Schlüssel-Baums ist der Storage Root Key (*SRK*), der fest an die Plattform gebunden, d.h. nicht migrierbar ist. Der SRK wird beim Aufsetzen der gesicherten Plattform durch den Eigentümer des PCs angelegt und sichert die Verwendung aller weiteren Schlüssel ab. Wird der SRK vom Eigentümer gelöscht, sind somit auch alle anderen Schlüssel verloren, falls sie nicht migrierbar sind und auch gesichert wurden. Parallel zum SRK ist auf gleicher Ebene der Endorsement Key (*EK*), der bereits vom TPM-Hersteller erzeugt wurde, angeordnet. Mit Hilfe des EKs kann die TPM-gesicherte Plattform eindeutig identifiziert werden. Die Identifizierung der Plattform über den EK wird aber nur für den Zertifikatsantrag im

Zusammenhang mit Attestation Identity Keys (*AIK*s) genutzt. Alle anderen Nachweise der Identität der Plattform erfolgen dann im weiteren Betrieb über sogenannte AIKs. AIKs sind mit X.509-kompatiblen [X509] Zertifikaten verbunden, d.h. der öffentliche TPM-Schlüssel ist Bestandteil des X.509-Zertifikats. Für den Zertifikatsantrag zu einem AIK muss zusätzlich der EK an die Zertifizierungsstelle mitgeschickt werden. Hier wird einmal die Verbindung zwischen AIK und EK beglaubigt. Beim späteren Nachweis der Rechner-Identität ist dann der EK somit nicht mehr notwendig. Der AIK ist im Zusammenspiel mit einem Plattformzertifikat ausreichend, um die Identität des Computers nachzuweisen.

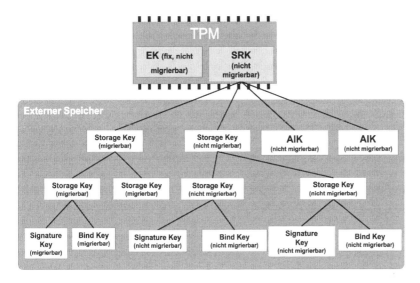

Abb. 7-26: Schlüsselhierarchie.

Einsatzszenarien für den Nachweis der Identität eines Systems gibt es vielfältige. Zum Beispiel kann die Distribution von Software auf Basis der durch den AIK nachgewiesenen Identität erfolgen. Auch ist es möglich, Geräte-Authentisierungen im Netzwerk, z.B. für den Aufbau von gesicherten Verbindungen über VPNs (Virtual Private Networks), mit Hilfe des AIKs durchzuführen.

Bei SRK, EK und AIK handelt es sich um RSA-Schlüssel, für die von der aktuellen TCG-Spezifikation eine Mindestlänge von 2048 Bit vorgeschrieben ist.

Weitere Arten asymmetrischer Schlüssel sind:

- Storage Keys zum Verschlüsseln von sicherheitskritischen Daten und anderen Schlüsseln.

- Signature Keys zur Erzeugung von digitalen Signaturen. AIKs sind eine besondere Form von Storage Keys, die über ein Zertifikat legitimiert wurden. Signature Keys müssen nicht unbedingt über ein zugehöriges Zertifikat verfügen, wenn sie von einem übergeordneten AIK „abgeleitet", d.h. damit verschlüsselt sind. Die Möglichkeit, Signatur Keys auf einen

AIK zurückzuführen, reicht aus, um eine Signatur einer gesicherten Rechnerplattform zuzuweisen.

• Bind Keys, um verschlüsselt mit anderen Instanzen, die kein TPM sind, zu kommunizieren.

7.6.3   Zusammenspiel der TCG Komponenten

Das zentrale Element aller „Trusted-Computing"-Umgebungen ist das von der TCG spezifizierte TPM. Es wurde erkannt, dass nur mit einem Sicherheitsanker in Hardware eine vertrauenswürdige Umgebung realisierbar ist. Mit Hilfe dieses in die Rechnerplattform fest integrierten TPM-Chips, ist es möglich die Integrität von Software sicherzustellen. Dabei werden über die Software-Schnittstelle des Trusted Support Stacks (*TSS*) verschiedenste Software-Komponenten (Betriebssystem, Treiber, Applikationen) in die Integritätsprüfung über das TPM einbezogen. Welche Komponenten das genau sind und ob ein vorhandenes TPM genutzt wird, legt allerdings noch immer der Nutzer des Computers fest.

Wie eine Chipkarte auch muss ein TPM über Treiber in sicherheitskritische Prozesse auf der gesicherten Plattform eingebunden werden. Das TPM ist in der Rechnerplattform eine passive Komponente und kann nicht aktiv in Abläufe eingreifen oder diese blockieren. Daher wird eine Plattform alleine durch die Existenz eines TPMs nicht automatisch vertrauenswürdiger. Erst im Zusammenspiel mit der Plattform, deren Firmware bzw. BIOS und dem Rechner-Betriebssystems kann eine vertrauenswürdige Rechnerumgebung entstehen, Abb. 7-27.

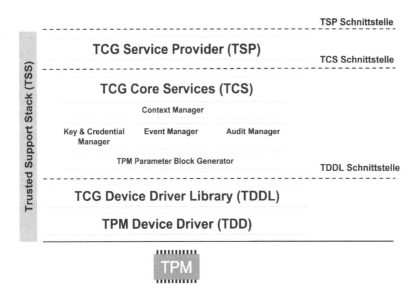

Abb. 7-27: Integration des Trusted-Platform-Moduls über den Trusted Support Stack (TSS) in ein Betriebssystem.

Als einfach zu benutzende, objektorientierte Schnittstelle zum TPM steht Anwendern im PC-Betriebssystem der TCG Service Provider (*TSP*) zur Verfügung. Die TSP-Schnittstelle kapselt vollständig die Kommunikation mit dem TPM und führt sogar intern die Überprüfung von Signaturen sowie Verschlüsselungs- und Entschlüsselungsoperationen aus. Die HMAC-Berechnung zur Autorisierung von TPM-Kommdos ist ebenfalls im TSP integriert. Kommandos an das TPM sind mit „gehashten" Passwörtern auf Basis des HMAC-Algorithmus (Kap. 3.4) abgesichert.

Der TSP ist die Schnittstelle erster Wahl, wenn TPM-Funktionalitäten von PC-Applikationen genutzt werden. Dafür stehen abhängig von der Implementierung (z.B. Open Source TSS TrouSerS [TRO06]) verschiedene Programmierschnittstellen und Aufrufvarianten zur Verfügung. Neben der klassischen Aufrufschnittstelle in C gibt es auch die Möglichkeit, den TSP über die Windows™ COM-Schnittstelle zu bedienen oder sogar über RPC (Remote Procedure Calls) anzusprechen. Letztere Variante wird allerdings in der Praxis kaum eingesetzt und ist für Server gedacht, die über ein Netz den TSP auf einem Client abfragen wollen.

Kommandos und Daten werden an das TPM in Form von Objekten, sog. *BLOBs* (Binary Length Objects), übermittelt. Die TCS-Schnittstelle (Trusted Core Service) verwaltet BLOBs und bildet die TPM-Kommandos direkt ab. BLOBs können über einen HMAC mit einer Autorisierung versehen sein. Eine Ende-Zu-Ende-Sicherheit zwischen PC-Applikation und TSS wird deshalb auch erst auf der TCS-Schicht möglich. Die verschiedenen Funktionalitäten des TSS sind in Moduln gruppiert.

- Der *Context Manager* ist für die Verwaltung von Zugriffen aus Applikationen auf das TPM zuständig. Ähnlich wie bei der PC/SC-Schnittstelle für Chipkarten ermöglicht er parallele Zugriffe aus einer Multiuser/Multitasking-Umgebung auf nur ein physikalisch vorhandenes TPM.

- In einem Art Cache, dem sog. *Key & Credential Manager*, können Daten für die Interaktion mit Applikationen zwischengespeichert werden. Applikationen müssen sich nicht mehr um die Verwaltung von sicherheitskritischen Schlüsseln und Passwörter kümmern, da dies zentral im TSS durchgeführt wird.

- Die im folgenden Abschnitt 7.6.4 beschriebene Integritätsmessung wird vom *Event Manager* im TSS protokolliert. Dabei werden nicht die Hash-Werte selbst, sondern die Verfahren, wie die Hash-Werte berechnet wurden, abgespeichert. Zum Beispiel muss der Bereich, der mit dem Hash-Wert gesichert wurde, festgelegt sein.

- Der *Audit Manager* überwacht die TPM-Funktionen. D.h. alle Kommandos, die an das TPM abgesetzt wurden, können hier vom Eigentümer der Plattform eingesehen werden. Dabei wird auch die Integrität des im TSS erzeugten Protokolls über einen im TPM abgelegten Hash-Wert sichergestellt.

- Der Parameter-Block-Generator erzeugt die TPM-Kommandos, die an die TDDL-Schnittstelle weitergereicht werden.

Die *TDDL-Schnittstelle* (TCG, Device Driver Library) integriert die TPM-Treiber in das PC Betriebssystem. Ähnlich wie die CT-API bei Chipkarten, wurde hier eine sehr einfache Schnittstelle mit wenigen Funktionen geschaffen, um BLOBs als Bytestrom an das TPM zu übergeben und zu empfangen. Unabhängig vom eingesetzten Betriebssystem (Windows™,

Linux,…) können über die TDDL-Funktion *Tddli_TransmitData* Daten gesendet und in der Antwort empfangen werden.

7.6.4   Integritätsmessung

Das TPM im Zusammenspiel mit dem PC-BIOS (Basic Input Output System) ist der Vertrauensanker in einer nach den TCG-Spezifikationen gesicherten Plattform. Dabei wird das Vertrauen in eine sichere Rechnerplattform durch die folgenden drei Komponenten realisiert:

- Das *Root of Trust for Reporting* (*RTR*) im TPM speichert Informationen über den Zustand der Plattform und gibt diese auf Anfrage preis.

- Das *Root of Trust for Strorage* (*RTS*) im TPM kontrolliert den Zugriff auf den SRK und somit auch die gesamte Schlüsselhierarchie.

- Das *Core Root of Trust for Measurement* (*CRTM*) im BIOS beinhaltet im Gegensatz zum TPM ausführbaren Code zur Messung der Plattformintegrität. Die Ergebnisse dieser Integritätsmessungen werden dann im RTR abgelegt bzw. mit den im RTR abgelegten Werten verglichen.

Der Nachweis der Integrität der Rechnerplattform erfolgt über Hash-Werte, die über Firmware, Software und Konfigurationsdaten gespeichert sind und bei jedem Bootvorgang des Systems überprüft werden. Dabei kann die Integritätsmessung an zuvor selbst auf ihre Integrität überprüften Komponenten delegiert werden.

Literatur

[AdaLloy99] C. Adams, S. Loyd: „Understanding Public-Key Infrastructure" Herausgeber: Macmillan Technical Publishing, 1999

[API221] „Application Programming Interface JavaCard™ Platform 2.2.1", SUN Microsystems October 2003

[B97] F. L. Bauer, „Entzifferte Geheimnisse, Methoden und Maximen der Kryptologie", Springer 1997 (2. erweiterte Auflage)

[BAN89] M. Burrows, M. Abadi, R. Needham, „A Logic of Authentication", Digital Systems Research Center Research Report 39, 1989

[BGV96] A. Bosselaers, R. Govaerts and J. Vandewalle, "Fast hashing on the Pentium,", Advances in Cryptology, Proceedings Crypto'96, LNCS 1109, Springer 1996, pp. 298-312, http://www.esat.kuleuven.ac.be/~cosicart/pdt/AB-9600.pdf

[BNS05] A. Beutelspacher, H. B. Neumann, Th. Schwarzpaul, „Kryptographie in Theorie und Praxis", Vieweg 2005

[BS7799] "Best Practices für das IT-Sicherheits-Risikomanagement", The British Standard 7799, http://www.ssi.gouv.fr/de/vertrauen/documents/methods/ebiosv2-mp-BS7799-2003-03-21_de.pdf

[BS90] E. Biham and A. Shamir, "Differential Cryptanalysis of DES-like Cryptosystems", LNCS, Proceedings of CRYPTO '90, Springer-Verlag, 1990, pp. 2-21.

[BSI06] „IT-Grundschutz-Kataloge", Bundesamt für Sicherheit in der Informationstechnik (BSI), http://www.bsi.de/gshb/deutsch/ (bis 2005 "IT-Grundschutzhandbuch").

[BSI06a] „Grundlagen der elektronischen Signatur, Recht Technik Anwendung", Bundesamt für Sicherheit in der Informationstechnik (BSI), http://www.bsi.bund.de/esig/esig.pdf

[BSI07] „Leitfaden IT-Sicherheit, IT-Grundschutz kompakt", Bundesamt für Sicherheit in der Informationstechnik (BSI), http://www.bsi.de/gshb/Leitfaden/GS-Leitfaden.pdf

[BSW00] A. Biryukov, A. Shamir, D. Wagner, „Real Time Cryptanalysis of A5/1 on a PC", Fast Software Encryption Workshop 2000, New York City, http://cryptome.org/a51-bsw.htm

[Bu04] J. Buchmann, „Einführung in die Kryptographie", Springer 2004 (3. Auflage)

[Bu99] J. Buchmann, „Einführung in die Kryptographie" Springer 1999

[CrypTool] „CrypTool 1.4.10, E-Learning-Programm für Kryptologie in deutsch, englisch, polnisch und spanisch", Universität Siegen, TU Darmstadt, Deutsche Bank, 1998-2007, http://www.cryptool.de/

[D94] D. Coppersmith, „The Data Encryption Standard (DES) and its strength against attacks", IBM J. Res. Develop. 38, Nr. 3, Mai 1994, S. 243, http://www.research.ibm.com/journal/rd/383/coppersmith.pdf

[DBP96] H. Dobbertin, A. Bosselaers, B. Preneel, „RIPEMD-160, a strengsthened version of RIPEMD", LNCS 1039, Springer-Verlag 1996, S. 71-82

[DH76] W. Diffie and M. E. Hellman: „New directions in cryptography", IEEE Transactions on Information Theory, vol. IT-22, Nov. 1976, pp: 644-654

[DoHa99] N. Doraswamy, D. Harkins, „IPSec, the new security standard for the Internet, Intranets and Virtual Private Networks" Herausgeber: Prentice Hall PTR, 1999

[ElG84] T. ElGamal, „A public-key cryptosystem and a signature scheme based on discrete logarithms", Crypto '84, LNCS 196, S. 10-18, 1985

[Fe73] H. Feistel, „Cryptography and computer privacy", Scientific American, 118, 1973

[Fink06] K. Finkenzeller, „RFID-Handbuch", Hanser Verlag, 2006

[FIPSPUB180] „SECURE HASH STANDARD", Federal Information Processing Standards Publications, 1995, http://www.itl.nist.gov/fipspubs/fip180-1.htm

[FIPSPUB180-1] "SECURE HASH STANDARD", Federal Information Processing Standards Publications, 1995, http://www.itl.nist.gov/fipspubs/fip180-1.htm

[FIPSPUB180-2] siehe [FIPSPUB180-3]

[FIPSPUB180-3] „SECURE HASH STANDARD", Federal Information Processing Standards Publications, 2007 (announced), http://csrc.nist.gov/publications/drafts/fips_180-3/draft_fips-180-3_June-08-2007.pdf

[FIPSPUB186] „Digital Signature Standard (DSS)", Federal Information Processing Standards Publication 186, 1994

[FIPSPUB186-2] „Digital Signature Standard (DSS)", U.S. Department of Commerce /National Institute of Standards and Technology, Federal Information Processing Standards Publication 186-2 , 2000

[FIPSPUB197] "Advanced Encryption Standard (AES)", Federal Information Processing Standards Publications, FIPS PUB 197, 2001, http://csrc.nist.gov/publications/fips/fips197/fips-197.pdf

[FIPSPUB198] „The keyed-hash message authentication code", Federal Information Processing Standards Publications, 2002, http://csrc.nist.gov/publications/fips/fips198/fips-198a.pdf

[FIPSPUB81] „DES Modes of operation", Federal Information Processing Standards Publication 81, 1980

[FMS01] S. Fluhrer, I. Mantin, A. Shamir, „Weaknesses in the Key Scheduling Algorithm of RC4", Selected Areas in Cryptography 2001, pp1 – 24, http://www.drizzle.com/~aboba/IEEE/rc4_ksaproc.pdf

[FR94] W. Fumy, H. P. Ries, „Kryptographie", Sicherheit in der Informationstechnik, R. Oldenbourg, 1994 (2. Auflage)

[FS03] N. Ferguson, B. Schneier, „Practical Cryptography", John Wiley & Sons, 2003. ISBN 0-471-22357-3

[FS86] A. Fiat, A. Shamir: „How to prove yourself: Practical solutions to identification and signature problems", in: Proceedings on Advances in Cryptology, CRYPTO '86, Springer-Verlag, 1987, S. 186–194

[GoJoSt05] J. Gosling, B. Joy, G. Steele, G. Bracha, "The Java™ Language Specification", Third Edition, 2005 SUN Developer Network

[GSM02.17] GSM Standard 02.17: "SIM Functional Characteristics, ETSI http://www.etsi.org/

[GSM03.20] GSM Standard 03.20: "GSM Security Architecture", ETSI http://www.etsi.org/

[GSM03.48] GSM Standard 03.48: "Security Mechanisms for the SIM application toolkit, Stage 2", ETSI http://www.etsi.org/

[GSM11.11] GSM Standard 11.11: "Specification of the Subscriber Identity Module - Mobile Equipment Interface", ETSI http://www.etsi.org/

[GSM11.14] GSM Standard 11.14: "Specification of the SIM Application Toolkit for the Subscriber Identity Module", ETSI http://www.etsi.org

[HiSp06] W. Hinz, S. Spitz, „Zur Sicherheit von neuen Chipkarten-Betriebssystemen", Herausgeber: P. Horster, D-A-CH Konferenzband, 2006

[Hnss99] U. Hansmann, M. Nicklous, T. Schäck, F. Seliger,: „Smart Card Application Development Using Java", Herausgeber: Springer-Verlag, 1999

[IEEE04] „Wireless LAN Medium Access Control (MAC) and Physical Layer (PHY) Specifications Medium Access Control Security Enhancements", IEEE, http://standards.ieee.org/getieee802/download/802.11i-2004.pdf

[IEEE99] "Wireless LAN Medium Access Control (MAC) and Physical Layer (PHY) Specifications", IEEE, http://standards.ieee.org/getieee802/802.11.html

[InsD605] InspireD: D6 Communication Architecture Definition (Draft), zur Veröffentlichung auf http://www.inspiredproject.com, 2005

[InsD705] InspireD: „D7 System Architecture Definition (Draft)", zur Veröffentlichung auf http://www.inspiredproject.com, 2005

[ISO03], ISO/IEC JTC1 „ISO/IEC 7816 Teil 1-9", Herausgeber: ISO/IEC, 2003

[ISO10118-2] "Part 2: Hash-functions using an n-bit block cipher", 2000

[ISO14888] „Digital signatures with appendix", ISO, International Organization for Standardization

[ISO7498-1] „OSI (Open Systems Interconnection) Basic Reference Model", ISO (International Standardization Organisation), 1994

[ISO7498-2] „OSI (Open Systems Interconnection) Security Architecture", ISO (International Standardization Organisation), 1989

[ISO8730] „Banking - Requirements for message authentication" and „Banking - Approved algorithms for message authentication", International Organization for Standardization

[ISO9796] „Digital signature schemes giving message recovery", ISO, International Organization for Standardization

[ISO9797] "Message Authentication Codes (MACs)" International Organization for Standardization, 1999

[ISO9798-1/2] International Organization for Standardization: "Security Techniques, Entity Authentication Mechanism", 1997/1999

[JC06] „Webseiten zur JavaCard™-Technologie", http://java.sun.com/products/javacard/, Herausgeber: SUN Microsystems

[JCRE03] "Runtime Environment Specification JavaCard™ Platform 2.2.1", SUN Microsystems October 2003

[K67] D. Kahn, „The Codebreakers, The story of secret writing", MacMillan 1967

[KES05] G. Illies, W. Schindler, „Kollisionsangriffe gegen Hash-Funktionen", KES Fachzeitschrift Ausgabe 2005/05

[Ko96] N. Koblitz, „Introduction to Elliptic Curves and Modular Forms", Springer, 1996

[Kraw96] H. Krawczyk,, „SKEME: A Versatile Secure Key Exchange Mechanism for Internet", from IEEE Proceedings of the 1996 Symposium on Network and Distributed Systems Security.

[LiFaBr00] P. Lipp, J. Farmer, D. Bratko, W. Platzer, A. Sterbenz, „Sicherheit und Kryptogarphie in Java™ - Einführung, Anwendungen und Lösungen" Herausgeber: Addison-Wesley, 2000

[LiYe99] T. Lindholm, F. Yelling, "The JavaTM Virtual Machine Specification, Second Edition", 1999, http://java.sun.com/docs/books/vmspec/

[LM90] X. Lai, J. L. Massey, "A proposal for a new block encryption standard", Eurocrypt '90, Springer, LNCS 473 (1991), 389-404

[Lo95] G. Lowe, "An attack on the Needham-Schroeder public key authentication protocol", Information Processing Letters, 56(3):131-136, November 1995

[MKT98] Deutsche Telekom, GMD, TÜV-IT, TELETRUST, „MKT-Spezifikation Teil 3", Herausgeber: Arbeitsgemeinschaft „Karten im Gesundheitswesen", 1998

[NIST00] AES, National Institute of Standards and Technology, 2000, http://www.nist.gov/aes

[NIST07] „NIST's Plan for New Cryptographic Hash Functions", http://www.csrc.nist.gov/pki/HashWorkshop/index.html

[NIST99] NIST, „Recommended Elliptic Curves for Federal Government Use", July 1999

[NK87] N. Koblitz, „Elliptic curve cryptosystems", in Mathematics of Computation 48, 1987, pp. 203–209

[NS78] R. Needham, and M. Schroeder, "Using encryption for authentication in large networks of computers", Communications of the ACM, 21, December 1978

[OCF99] Open Card Consortium: "Open Card Framework V1.2", Herausgeber: Open Card Consortium, 1999, siehe http://www.opencard.org/

[P61] W. W. Peterson, „Error Correcting Codes", The MIT Press and John Wiley and Sons, 1961; „Prüfbare und korrigierbare Codes", Oldenbourg, München, 1967

[PCSC97] PC/SC Workgroup: "Interoperability Specification for ICCs and Personal Computer Systems", Herausgeber: PC/SC Workgroup, 1997, siehe http://www.pcscworkgroup.com/

[Pe61] W.W. Peterson, „Error-correcting codes", The MIT Press and John Wiley and Sons, 1961, bzw. „Prüfbare und korrigierbare Codes", Oldenbourg, 1967

[PKCS] RSA Labs, „Public Key Cryptographic Standards", siehe http://www.rsa.com/rsalabs/node.asp?id=2124

[PKCS11] RSA Laboratories Inc.: "PKCS#11 v2.10 Cryptographic Token Interface Standard", Herausgeber: PKCS Workgroup, 1999, siehe http://www.rsa.com

[PKCS15] RSA Laboratories Inc.: "PKCS#15 v1.1 Cryptographic Token Information Format Standard", Herausgeber: PKCS Workgroup, 2000, siehe http://www.rsa.com

[R79] M. O. Rabin, "Digitalized Signatures and Public-Key Functions as Intractable as Factorization", MIT-LCS-TR 212, MIT Laboratory for Computer Science, Januar 1979, sowie http://de.wikipedia.org/wiki/Rabin-Kryptosystem

[R99] M. Rosing, "Implementing Elliptic Curve Cryptography", Manning, 1999

[RaEf02] W. Rankl, W. Effing, „Handbuch der Chipkarten, 4. Auflage", Carl Hanser Verlag München Wien, 2002

[RC4] „RC4", http://de.wikipedia.org/wiki/RC4, http://en.wikipedia.org/wiki/RC4

[RFC1321] „The MD5 Message-Digest Algorithm", http://tools.ietf.org/html/rfc1321

[RFC2104] „HMAC: Keyed-Hashing for Message Authentication", IETF, 1997, http://tools.ietf.org/html/rfc2104

[RFC2246] "The TLS Protocol, Version 1.0", IETF, RFC2246, 1999, http://www.ietf.org/rfc/rfc2246.txt

[RFC2402] „IP Authentication Header", IETF, RFC2402, http://www.ietf.org/rfc/rfc2402.txt

[RFC2405] „The ESP DES-CBC Cipher Algorithm With Explicit IV", IETF, RFC2405, http://www.ietf.org/rfc/rfc2405.txt

[RFC2406] „IP Encapsulating Security Payload (ESP)", IETF, RFC2406, http://www.ietf.org/rfc/rfc2406.txt

[RFC2408] „Internet Security Association and Key Management Protocol (ISAKMP)", IETF, RFC2408, http://www.ietf.org/rfc/rfc2408.txt

[RFC2414] „The OAKLEY Key Determination Protocol", IETF, RFC2414, http://www.ietf.org/rfc/rfc2414.txt

[RFC2527] „Internet X.509 Public Key Infrastructure Certificate Policy and Certification Practices Framework", IETF, RFC2527, http://www.ietf.org/rfc/rfc2527.txt

[RFC3261] „Session Initiation Protocol (SIP)", IETF, RFC3261, http://www.ietf.org/rfc/rfc3261.txt

[RFC3280] „Internet X.509 Public Key Infrastructure Certificate and Certificate Revocation List (CRL) Profile", IETF, RFC3280, http://www.ietf.org/rfc/rfc3280.txt

[RFC3550] „RTP: A Transport Protocol for Real-Time Applications", IETF, RFC3550, http://www.ietf.org/rfc/rfc3550.txt

[RFC3605] IETF, RFC3605: „Real Time Control Protocol (RTCP) attribute in Session Description Protocol (SDP) ", http://www.ietf.org/rfc/rfc3605.txt

[RFC3711] „The Secure Real-time Transport Protocol (SRTP) "IETF, RFC3711, http://www.ietf.org/rfc/rfc3711.txt

[RFC3748] „Extensible Authentication Protocol (EAP)", IETF, RFC3728, http://www.ietf.org/rfc/rfc3728.txt

[RFC3830] „MIKEY: Multimedia Internet KEYing (MIKEY)", IETF, RFC3830, http://www.ietf.org/rfc/rfc3830.txt

[RFC4120] "The Kerberos Network Authentication Service (V5)", 2005, http://tools.ietf.org/html/rfc4120

[RFC4186] „Extensible Authentication Protocol Method for Global System for Mobile Communications (GSM) Subscriber Identity Modules (EAP-SIM)", IETF, RFC4186, http://www.ietf.org/rfc/rfc4186.txt

[RFC4187] „Extensible Authentication Protocol Method for 3rd Generation Authentication and Key Agreement (EAP-AKA)", IETF, RFC4187, http://www.ietf.org/rfc/rfc4187.txt

[RFC4251] „The Secure Shell (SSH) Protocol Architecture", IETF, RFC4251, http://www.ietf.org/rfc/rfc4251.txt

[RFC4347] „DTLS Datagram Transport Layer Security", IETF, RFC4347, http://www.ietf.org/rfc/rfc4347.txt

[RSA78] R.L. Rivest, A. Shamir, L. Adleman, „A Method for obtaining Digital Signatures and Public Key Cryptosystems", Comm. ACM, vol. 26, no. 1, 1983

[Ru93] Ch. Ruland, "Informationssicherheit in Datennetzen", Datacom, 1993

[RWV95] L. Råde, B. Westergren, „Springers Mathematische Formeln", übersetzt und bearbeitet von P. Vachenauer, Springer 1995

[S73] J. Swoboda, „Codierung zur Fehlerkorrektur und Fehlererkennung", R. Oldenbourg, München, 1973

[Schn00] B. Schneier: „Secrets and Lies – Digital Security in a Networked World", Herausgeber: John Wiley & Sons, 2000

[Schn96] „Angewandte Kryptographie. Protokolle, Algorithmen und Sourcecode", C. Addison-Wesley, 1996

[Si86] J.H. Silverman, „The Arithmetic of Elliptic Curves", Springer-Verlag, 1986

[SIGG01] Gesetz über Rahmenbedingungen für elektronische Signaturen und zur Änderung weiterer Vorschriften, vom 16.05.2001, BGBl. 2001 I Nr. 22, S. 876 ff. geändert durch Art. 1 G v. 04.01.2005 (BGB1. 2005 I Nr 1, S. 2 ff.)

[SKW00] B. Schneier, J. Kelsey, D. Whiting, D. Wagner, C. Hall, N. Ferguson, „Performance comparison of the AES submissions", Third AES Candidate Conference, 2000, bzw. http://www.schneier.com/paper-aes-comparison.pdf

[TCG06] "Webseiten der TCG", Herausgeber: Trusted Computing Group, https://www.trustedcomputinggroup.org/home

[TPM06] „TPM Spezifikationen der Trusted Computing Group", Webseiten der TCG zum TPM, https://www.trustedcomputinggroup.org/specs/TPM

[TRO06] "Open Source Implementierung eines TSS", The Open Source Community, Herausgeber: SourceForge.net, http://trousers.sourceforge.net

[TS31.102] 3GPP Technical Specification 31.102: "Characteristics of the USIM Application", ETSI http://www.etsi.org/

[TS31.112,3,4] GPP Technical Specification 31.112 31.113, 31.114, "USAT Interpreter", ETSI, http://www.etsi.org/

[TS33.105] 3GPP Technical Specification 33.105, "UMTS Cryptographic Algorithm Requirements", ETSI http://www.etsi.org/

[TS33.120] 3GPP Technical Specification 33.120, "UMTS Security Principles and Objectives", ETSI http://www.etsi.org/

[USB07] USB Implementers Forum, http://www.usb.org

[VM03] SUN Microsystems: "Virtual Machine Specification JavaCard™ Platform 2.2.1", SUN Microsystems October 2003

[VM85] V. Miller, „Use of elliptic curves in cryptography", CRYPTO 85, 1985

[We02] A. Werner, „Elliptische Kurven in der Kryptographie", Springer-Verlag, 2002

[WikiEnigma] http://de.wikipedia.org/wiki/Enigma_(Maschine)#Entzifferung, http://en.wikipedia.org/wiki/Enigma_machine

[WY05] X. Wang; H. Yu (2005). "How to break MD5 and other hash functions", EUROCRYPT 2005, http://www.infosec.sdu.edu.cn/paper/md5-attack.pdf

[WYY05] http://www.schneier.com/blog/archives/2005/02/sha1_broken.html,
„SHA-1 broken, bzw. http://www.schneier.com/blog/archives/2005/08/new_cryptanalyt.html,
„New Cryptanalytic Results Against SHA-1"

[X509] Internet Engineering Task Force, RFC 2459 "Internet X.509 Public Key Infrastructure
Certificate and CRL Profile", Herausgeber: Internet Engineering Task Force, 1999, siehe
http://www.ietf.org/

[Z91] Phil Zmmermann und OpenPGP, „OpenPGP Message Format", RFC 2440, 1998,
http://www.ietf.org/rfc/rfc2440.txt

[Zfone] "The Zfone Project", http://zfoneproject.com

Glossar

A3, A5, A8	Krypto-Verfahren bei GSM
A5	Algorithm number 5, GSM-Verschlüsselung
ACDs	Access Control Descriptors
ACL	Access Control List
AES	Advanced Encryption Standard
AH	Authentication Header
AID	Application Identifier
AIK	Attestation Identity Key
AKA	Authentication and Key Agreement
APDU	Application Protocol Data Unit
API	Application Programming Interface
ASN.1	Abstract Syntax Notation
ATR	Answer To Reset
AUC	Authentication Center
BAN	Authentications-Logik nach Burrows, Abadi, Needham
BLOB	Binary Length Objects
BSS	Base Station System
CA	Certification Authority
CAP	Converted Applet
CBC	Cipher Block Chaining
CDC	Communications Device Class
CERN	Europäische Organisation für Kernforschung
CFB	Cipher FeedBack
CP	Certificate Policy
CPS	Certificate Practice Statement
CPU	Central Processing Unit
CRL	Certificate Revocation List
CT-API	Card Terminal API
CTR	Counter-Modus
d_A	privater Schlüssel von A
DES	Data Encryption Standard
DF	Dedicated File
DH	Algorithmus von W. Diffie und M. Hellman

DLP	Discrete Logarithm Problem
DSA	Digital Signature Algorithm
DTLS	Datagram Transport Layer Security
e_A	öffentlicher Schlüssel von A
EAP	Extensible Authentication Protocol
EAP	Extensible Authentication Protocol
EAP-AKA	mit Authentication and Key Agreement
EAP-MD5	Passwort mit MD5
EAP-OTP	mitOne-Time Password
EAP-SIM	mit Subsciber Identity Module
EAP-TLS	mit TLS-Authentisierung
EC	Elliptic Curve
ECB	Electronic Code Book
ECC	Elliptic Curve Cryptography
EC-DAS	Digital Signature Algorithm mit elliptischen Kurven
ECDH	Diffie-Hellman mit elliptischen Kurven
ECDLP	Elliptic Curve Discrete Logarithm Problem
EEPROM	Electrically Erasable Programmable Read-Only Memory
EF	Elementary File
EK	Endorsement Key
ElGamal	Algorithmus wurde von Taber ElGamal
ESP	Encapsulated Security Payload
ETU	Elementary Time Unit
GSM	Global System for Mobile Communication
GSM	Global System for Mobile communications
GUI	Graphical User Interface
HLR	Home Location Register
HMAC	keyed-Hash MAC (Message Authentication Code)
HSM	Hardware Security Module
HTML	Hypertext Markup Language
HTTP	Hypertext Transfer Protocol
HTTPS	Hypertext Transfer Protocol Secure
ICC	Integrated Circuit Card
ICMP	Internet Control Message Protocol
ICV	Integrity Check Value
ID_A	Identitätsbezeichner für A
IDEA	International Data Encryption Algorithm

IDS	Issuer Security Domain
IEC	International Electrotechnical Commission
IETF	Internet Engineering Task Force
IKE	Internet Key Exchange (Protokoll)
IMSI	International Mobile Subscriber Identity
IP	Internet Protocol
IPSec	Internet Protocol Security
ISAKMP	Internet Security Association und Key Management Protocol
ISO	International Organization for Standardization
IuKDG	Informations- und Kommunikationsdienste Gesetz
IV	Initialisierungsvektor
J2EE	Java 2 Enterprise Edition
J2ME	Java 2 Platform, Micro Edition
J2SE	Java 2 Platform, Standard Edition
JAR	Java Archive File
JCRE	JavaCard™ Runtime Environment
JCVM	JavaCard™ Virtual Machine
JRE	Java Runtime Environment
JVM	Java Virtual Machine
k_{AB}	symmetrischer Schlüssel zwischen A und B
KEMAC	Key Encrypted + MAC
KSA	Key-Scheduling Algorithm
MAC	Message Authentication Code
MD5	Message Digest number 5
MF	Master File
MIC	Message Integrity Code
MIKEY	Multimedia Internet KEYing
MMC	MultiMedia Card
MMU	Memory Management Unit
mod n	modulo n, "der Modul n, die Moduln"
MPU	Memory Protection Unit
MS	Mobile Station
MSC	Mobile Switching Center
NFC	Near Field Communication
NSF	National Science Foundation (USA)
NVM	Non Volatile Memory
OCF	Open Card Framework

OCSP	Online Certificate Status Protocol
OFB	Output FeedBack
OSI	Open Systems Interconnection
P, NP	Polynomial, Nicht-Polynomial
PDU	Protocol Data Unit
PFS	Perfect Forward Security
PGP	Pretty Good Privacy
Phi, Φ	Euler'sche Funktion
PIN	Personal Identification Number
PKCS	Public Key Cryptographic Standards, von RSA Lab.
PKCS#11	Public Key Cryptographic Standard #11
PKI	Public-Key-Infrastruktur
PN	Pseudo Noise
PS/CS	Personal Computer / Smart Card
PSE	Personal Secure Environment
PSK	Pre-Shared Key
PUK	Personal Unblocking Key
RAM	Random Access Memory
RC4	Ron's Code number 4 (Ronalds L. Rivest)
RE	Runtime Environment
RegTP	Regulierungsbehörde für Telekommunikation und Post
RFC	Request for Comments
RIPEMD	RACE Integrity Primitives Evaluation Message Digest
RNC	Radio Network Controller
RND	Zufallszahl (random)
RNDIS	Remote Network Driver Interface Specification
ROM	Read-Only Memory
RPC	Remote Procedure Call
RSA	Algorithmus von R. Rivest, A. Shamir und L. Adleman
RTCP	RTP Control Protocol
RTP	Real-Time Transport Protocol
SA	Security Association
SCM	Secure Messaging
SD	Secure Digital
SHA	Secure Hash Algorithm
SigG	(deutsches) Signaturgesetz
SigV	(deutsche) Signaturverordnung

SIM	Subscriber Identity Module
SPI	Security Parameter Index
SRK	Storage Root Key
SRTP	Secure Real Time Transport Protocol
SRTP	Secure RTP/RTCP
SSH	Secure Shell (Protokoll)
SSL	Secure Socket Layer (Protokoll)
SSL/TLS	Secure Socket Layer/Transport Layer Security
TAN	Transaction Number
TCG	Trusted Computing Group
TCP	Transmission Control Protocol
TCPA	Trusted Computing Platform Alliance
TKIP	Temporal Key Integrity Protocol
TLS	Transport Layer Security
TLS	Transport Layer Security
TMSI	Temporary Mobile Subscriber Identity
TPDU	Transport Protocol Data Unit
TPM	Trusted Platform Module
TSS	Trusted Support Stack
TTL	Time To Live
TTP	Trusted Third Party
UDP	User Datagram Protocol
UICC	Universal Integrated Circuit Card
UMTS	Universal Mobile Telecommunications System
URI	Uniform/Universal Resource Identifier
USB	Universal Serial Bus
USIM	Universal Subscriber Idendity Module
VLR	Visited Location Register
VM	Virtual Machine
VoIP	Voice over IP
VPN	Virtual Private Network
WEP	Wired Equivalent Privacy
WLAN	Wireless Local Area Network
WPA	Wireless fidelity Protected Access
WWW	World Wide Web
Zfone	Software zu ZRTP
ZRTP	Zimmermann (secured) Realtime Transport Protocol

Deutsch-Englisch, Begriffe

Deutsch	Englisch	Kommentar
abfangen	intercept	
Ablehnung, Verweigerung	denial	denial of service
Anforderungs-Antwort-Protokoll	challenge-response-protocol	
Anonymität	anonymity	vertrauliche Verkehrsbeziehung
Authentifizierung der Nachricht	message authentication	Sicherheit über Herkunft einer Nachricht
Authentifizierung Authentifizierung der Partner einseitige / wechselseitige	authentication peer entity authentication one-way / mutual	Nachweis der Identität(en)
Authentizität	authenticity	Sicherheit über Identität
Bedrohung	threat	
Berechtigung, Autorisierung	authorization (mit „th" !)	
Betrug	fraud	
Chiffre	cipher	auch Verschlüsselungsverfahren
digitale Signatur	digital signature	elektronische Unterschrift
eineindeutige Abbildung	one-to-one mapping	
einmalig benutzte Zufallszahl	nonce	Number used only once
einmalig benutzter "Abreiß-block"	one-time pad	einmalig benutzter Schlüssel
Einwegfunktion	one-way function	Umkehrfunktion nicht durchführbar
Einwegfunktion mit Hintertür	trapdoor one-way function	
enthüllen, offenbaren	reveal	
Falltür	trapdoor	
fälschen, erdichten	fake	identity faking
fälschen, schmieden	forge	
Gruppe, Ring, Körper	group, ring, field	durch Axiome definiert
Humbug, Ulk, Schwindel	spoof	IP spoofing
Integrität	integrity	Sicherheit über Unverfälschtheit
Klartext	plain text	
Lauscher	eaves dropper	eaves: Traufe
Nachweisbarkeit	verifiability	
Nichtabstreitbarkeit, Verbindlichkeit	nonrepudiation	repudiate: ablehnen, nicht anerkennen

Sachwortverzeichnis

IT–Sicherheit und Datenschutz

Alexander Tsolkas | Klaus Schmidt

Rollen und Berechtigungskonzepte

Ansätze für das Identity- und Access Management im Unternehmen
2010. XVIII, 312 S. mit 121 Abb. und 4 Tab. (Edition <kes>) Br. EUR 49,95

ISBN 978-3-8348-1243-8

Sebastian Klipper

Information Security Risk Management

Risikomanagement mit ISO/IEC 27001, 27005 und 31010
2011. XVI, 234 S. mit 31 Abb. (Edition <kes>) Br. EUR 44,95

ISBN 978-3-8348-1360-2

Klaus-Rainer Müller

Handbuch Unternehmenssicherheit

Umfassendes Sicherheits-, Kontinuitäts- und Risikomanagement mit System
2., neu bearb. Aufl. 2010. XII, 503 S. mit 35 Abb. und Online-Service.
Geb. EUR 92,95   ISBN 978-3-8348-1224-7

Bernhard C. Witt

Datenschutz kompakt und verständlich

Eine praxisorientierte Einführung
2., akt. und erg. Aufl. 2010. XII, 246 S. mit 61 Abb. und Online-Service.
(Edition <kes>) Br. EUR 24,95   ISBN 978-3-8348-1225-4

**VIEWEG+
TEUBNER**

Abraham-Lincoln-Straße 46
65189 Wiesbaden
Fax 0611.7878-400
www.viewegteubner.de

Stand Januar 2011.
Änderungen vorbehalten.
Erhältlich im Buchhandel oder im Verlag.

13282666R00161

Printed in Poland
by Amazon Fulfillment
Poland Sp. z o.o., Wrocław